● 工科のための数理 ●
MKM-8

工科のための複素解析

岩下弘一

数理工学社

編者のことば

　本ライブラリ「工科のための数理」は科学技術を学び担い進展させようとする人々を対象に，必要とされる数学の基礎と応用についての教科書そして自習書として編まれたものである．

　現代の科学技術は著しい進展を見せるが，その多岐広範な場面において，線形代数や微分積分をはじめとする種々の数学が問題の本質的な記述と解決のためにきわめて重要な役割を果たしている．さらに，現代の科学技術の先端では数学基礎論，代数学，解析学，幾何学，離散数学など現代数学の多種多様な科目が想像を超えた領域で活用されたり，逆に技術の要請から新たな数学の課題が浮かび上がってきたりすることが科学技術と数学とを取り巻く状況の現代的特徴として見られる．このように現在では，「科学技術」と「数学」とが相互に絡みながら発展していく様がますます強くなり，科学技術者にも高度な数学の素養が求められる．

　本ライブラリでは，科学技術を学び進展させるために必要と考えられる数学を「工科への数学」と「工科の中の数学」の2つに大別することとした．

　「工科への数学」では次ページに挙げるように，高校教育と大学教育との橋渡しとしての「初歩からの入門数学」と，高度な工学を学ぶ上で基礎となる数学の伝統的な8科目をえらんだ．これらの数学は工学部の1年次から3年次までの学生を対象にしたものであり，高等学校と大学の工学専門教育の間の橋渡しを担っている．工学基礎科目としての位置づけがなされている「工科への数学」では，従来の数学教科書で往々にして見られる数学理論の厳密性や抽象性の展開はできるだけ避け，その数学理論が構築される所以や道筋を具体的な例題や演習問題を通して学習し，工学の中で数学を利用できる感覚を養うことを目標にしている．

　また「工科の中の数学」では，「工科への数学」などで数学の基礎知識を既に備えた工学部の学部から大学院博士前期課程までのレベルの学生を対象とし，現代科学技術の様々な分野における数学の応用のされかた，または応用されう

る数学の解説を目指す.最適化手法の開発,情報科学,金融工学などを見るまでもなく科学技術の様々な分野における問題解決の要請が数学的な課題を生み出している.発展的な科目としての位置づけがなされている「工科の中の数学」では,それぞれの分野において活用されている数理的な思考と手法の解説を通して科学技術と数学が深く関連し合っている様子を伝え,それぞれの分野でより専門的な数学の応用へと進む契機になることを目標にしている.

本ライブラリによって読者諸氏が,科学技術全般に数学が浸透し有効に活用されていることを感じるとともに,数学という普遍的な手段を持って,科学技術の新たな地平の開拓に向かう一助となれば,編者としてこれ以上の喜びはない.

2005年7月

編者　足立　俊明
大鑄　史男
吉村　善一

「工科のための数理」書目一覧	
書目群 I （工科への数学）	書目群 II （工科の中の数学）
0　初歩からの 入門数学	A–1　工科のための 確率過程とその応用
1　工科のための 数学序説	A–2　工科のための 応用解析
2　工科のための 線形代数	A–3　工科のための 統計的データ解析
3　工科のための 微分積分	（以下続刊）
4　工科のための 常微分方程式	
5　工科のための 確率・統計	
6　工科のための ベクトル解析	
7　工科のための 偏微分方程式	
8　工科のための 複素解析	

(A: Advanced)

はじめに

　本書は1変数複素関数の微分・積分とその応用への入門書で，主に工学部系の専門科目において実際に道具として複素関数を使用する際の便宜を考慮して書かれている．

　特長の1つとして，習熟することを心がけてなるべく早い段階で初等関数を導入した点がある．その結果，項目のまとまりよりは級数，関数項級数の性質を必要に応じて紹介することを優先させ，級数に限らず微積分の教科書を参照せずに理解できるように配慮した．特に，複素関数として最も特徴があり，扱いもやや難しい複素対数関数を様々な例，例題で繰り返し扱った．

　また，通常の複素関数論の本と比べて2次元ベクトル解析との関係に多くのページを割いている．この項目に関してもまとめて記述するのではなく，扱いが可能になった時点で解説した．その結果いくつかの章をまたぐことになったが，必要に応じて読んでいただければと思っている．

　その一方で，紙面の都合により1次分数変換，無限遠点，リーマン面，偏角の原理などについては解説できなかった．これらの項目については他書を参照していただきたい．

　本書の原型は，高等学校の教育課程で「複素数平面」が導入される前にほぼ仕上がっていた．新教育課程になって「複素数平面」を学んだ学生とそれ以前の学生との間で理解力が明確に異なるわけでもなかったために，新たに書き換えたのは，用語として複素平面を複素数平面と高校の教科書に合わせたことくらいである．そのような理由で高等学校の数Ⅲの教科書と重複している基礎的な部分も敢えてそのまま残し，複素数の初学者にも支障のないようにした．

　例・例題，演習問題は可能な限り掲載したが，演習問題の解答は省略した．略解のみであるが，本書サポートページに掲載されているので必要ならば参照していただきたい．

はじめに

　参考文献に挙げた書籍の多くは筆者が講義で実際に使用したもので，本書を書くにあたって参考にさせていただいた．特にチャーチル-ブラウン[9]，藤本[12]には影響を強く受けた．その点も含めここに記して感謝の意を表したい．

　　2018 年 3 月

　　　　　　　　　　　　　　　　　　　　　　　　　　　　岩下　弘一

　演習問題の解答は，サイエンス社・数理工学社のホームページ (http://www.saiensu.co.jp/) の，本書サポートページから入手できます．

目 次

1 複素数と複素関数　1
1.1 複　素　数 …… 2
1.1.1 複素数とその演算 …… 2
1.1.2 2次方程式の解 …… 5
1.2 複素数平面と極形式 …… 8
1.3 複 素 関 数 …… 16
1.4 複 素 級 数 …… 21
1.5 複素指数関数 …… 27
1章の演習問題 …… 35

2 複素関数の微分　39
2.1 複 素 微 分 …… 40
2.2 正 則 関 数 …… 47
2.3 初 等 関 数 …… 55
2.4 調 和 関 数 …… 67
2.5 正則関数に伴う2次元ベクトル場 …… 70
2章の演習問題 …… 73

目　　次　　　　　　　vii

3　複素積分　　　77

- 3.1　実線積分 ………………………………………… 78
- 3.2　複素積分 ………………………………………… 86
- 3.3　コーシーの積分定理 …………………………… 93
- 3.4　実定積分への応用 (I) …………………………… 100
- 3.5　コーシーの積分公式 …………………………… 106
- 3.6　正則関数, 調和関数の性質 …………………… 112
  - 3.6.1　正則関数の性質 …………………………… 112
  - 3.6.2　調和関数の性質 …………………………… 115
- 3章の演習問題 ………………………………………… 118

4　テイラー展開　　　121

- 4.1　関数項級数 ……………………………………… 122
- 4.2　整級数 …………………………………………… 126
- 4.3　テイラー展開 …………………………………… 133
- 4章の演習問題 ………………………………………… 140

5　ローラン級数　　　143

- 5.1　ローラン展開 …………………………………… 144
- 5.2　孤立特異点 ……………………………………… 150
- 5章の演習問題 ………………………………………… 155

6　留数解析　　　157

- 6.1　留数 ……………………………………………… 158
- 6.2　留数定理 ………………………………………… 163
- 6.3　実定積分への応用 (II) …………………………… 166
  - 6.3.1　三角関数の定積分 ………………………… 166
  - 6.3.2　有理関数の無限積分 ……………………… 169
  - 6.3.3　三角関数を含む無限積分 ………………… 172
  - 6.3.4　フーリエ変換・逆フーリエ変換 ………… 175
  - 6.3.5　多価関数の無限積分 ……………………… 180
- 6章の演習問題 ………………………………………… 186

7　等角写像　　189

7.1　等角写像 ……………………………………………… 190
7.2　ジューコフスキー変換 ……………………………… 195
7 章の演習問題 …………………………………………… 200

参考文献　　201

索　引　　202

1 複素数と複素関数

　まず複素数とその代数および複素数平面における幾何学的性質を復習する．次に幾つかの初等的な複素関数を写像としての性質と共に紹介する．第1章の最後に，実指数関数のマクローリン級数表示において，実変数を複素変数に拡張することにより複素指数関数を導入する．その際に第4章でも必要となる級数の一般論を合わせて学ぶ．

キーワード

実部　虚部　共役複素数　複素数平面
絶対値　偏角　極形式
ド・モアブルの公式　n 乗根　多価関数
主枝　分枝　ダランベールの判定法
コーシーの根号判定法　比較判定法
複素指数関数　オイラーの公式
離散フーリエ変換

1.1 複素数

1.1.1 複素数とその演算

虚数単位 i を導入する．実数 x は $x^2 \geq 0$ を満たすから，z の 2 次方程式
$$z^2 = -1$$
は実数解を持たない．しかしこの方程式を満たす数が存在するとしてその 1 つを i と書き，**虚数単位**という．

実数の集合を $\mathbb{R}$ と書く．任意の実数 a, b，虚数単位 i に対して $\alpha = a + ib$ と表される数 α を考え，それを**複素数**と呼ぶ．複素数の集合を $\mathbb{C}$ と書く．
$$\mathbb{C} = \{\alpha = a + ib \,|\, a, b \in \mathbb{R}\}.$$
ただし $a + i0$ を a と同一視することにより，実数は複素数の部分集合になる：$\mathbb{R} \subset \mathbb{C}$．また，実数ではない複素数を**虚数**といい，$b \neq 0$ のときの虚数 $0 + ib$ を単に ib と書いて**純虚数**という．

複素数 $\alpha = a + ib$ を構成する実数 a, b に対して，a を α の**実部**（real part）と呼んで $\mathrm{Re}\,\alpha$ と書き，b を α の**虚部**（imaginary part）と呼んで $\mathrm{Im}\,\alpha$ と書く．すなわち，$\alpha = \mathrm{Re}\,\alpha + i\,\mathrm{Im}\,\alpha$ と書ける．ここで，<u>虚部は虚数単位 i を含まず，虚数単位の符号を含めた係数であることに注意する</u>．

例 1.1 複素数 $\alpha = 3 - 5i = 3 + (-5)i$ に対して，α の実部は 3 である：$\mathrm{Re}\,\alpha = 3$．虚部は $-5i$ でも，5 でもなく，-5 である：$\mathrm{Im}\,\alpha = -5$．□

実数を含む複素数は，実数と同じ演算規則に従って加減乗除の四則演算ができなければならない．複素数 $a + ib, c + id$ $(a, b, c, d \in \mathbb{R})$ に対して

- (I)（ゼロ） $a + ib = 0$ とは，$a = b = 0$ であることをいう．
- (II)（相等） $a + ib = c + id$ とは，$a = c, b = d$ であることをいう．
- (III)（加法） $(a + ib) + (c + id) = (a + c) + i(b + d)$．
- (IV)（減法） $(a + ib) - (c + id) = (a - c) + i(b - d)$．

加法，減法は実部，虚部どうしそれぞれの和，差で定義され，複素数 $a + ib$ を二項数ベクトル (a, b) と同一視したときの加法の演算と一致する．

乗法については，実数と同じ分配法則に従って形式的に展開し，$i^2 = -1$ を用いて実部，虚部を整理すると

$$(a+ib)(c+id) = ac + ibc + iad + i^2 bd = (ac - bd) + i(ad + bc)$$

となる．そこで乗法を次のように定義する．

> (V)（乗法） $(a+ib)(c+id) = (ac - bd) + i(ad + bc)$.

除法は逆数の積として定義する．

> (VI)（逆数） $a + ib \neq 0$ に対して，$\dfrac{1}{a+ib} = \dfrac{a}{a^2+b^2} - i\dfrac{b}{a^2+b^2}$.
>
> (VII)（除法） $c + id \neq 0$ に対して，$\dfrac{a+ib}{c+id} = \dfrac{ac+bd}{c^2+d^2} + i\dfrac{bc-ad}{c^2+d^2}$.

実際に，(VI) の等式右辺の値を $a + ib$ にかければ

$$(a+ib)\left(\frac{a}{a^2+b^2} - i\frac{b}{a^2+b^2}\right)$$
$$= \left(\frac{a^2}{a^2+b^2} - \frac{-b^2}{a^2+b^2}\right) + i\left(\frac{-ab}{a^2+b^2} + \frac{ba}{a^2+b^2}\right) = 1$$

となる．逆数はあればただ 1 つだから

$$\frac{a}{a^2+b^2} - i\frac{b}{a^2+b^2}$$

は $a + ib$ の逆数である．

以上により複素数 α, β, γ に対して実数と同様に次の演算法則が成り立つ．

> （交換法則） $\alpha + \beta = \beta + \alpha$, $\quad \alpha\beta = \beta\alpha$.
>
> （結合法則） $(\alpha + \beta) + \gamma = \alpha + (\beta + \gamma)$, $\quad (\alpha\beta)\gamma = \alpha(\beta\gamma)$.
>
> （分配法則） $\alpha(\beta + \gamma) = \alpha\beta + \alpha\gamma$, $\quad (\alpha + \beta)\gamma = \alpha\gamma + \beta\gamma$.

さらに二項定理も成り立つ．すなわち，自然数 n に対して等式

$$(\alpha + \beta)^n = \sum_{m=0}^{n} \binom{n}{m} \alpha^m \beta^{n-m}, \quad \binom{n}{m} = {}_n\mathrm{C}_m = \frac{n!}{(n-m)!\, m!}$$

が成り立つ．ただし $0! = 1$ とする．

例1.2 (1) $(1+4i)(3-2i) = (3+8) + (-2+12)i = 11+10i$.

(2) 二項定理により
$$(\sqrt{5}+2i)^3 = (\sqrt{5})^3 + 3(\sqrt{5})^2 2i + 3\sqrt{5}(2i)^2 + (2i)^3$$
$$= (5\sqrt{5}-12\sqrt{5}) + (30-8)i = -7\sqrt{5}+22i. \quad \square$$

除法については新たに記号を導入した後に改めて解説する．複素数 α に対してその虚部の符号を変えたものを α の**共役複素数**といい，$\overline{\alpha}$ と書く．すなわち，$\alpha = a+ib$ のとき $\overline{\alpha} = a-ib$ である．

例1.3 $\overline{i}=-i, \overline{-i}=i, \overline{\pm\sqrt{7}}=\pm\sqrt{7}, \overline{2+3i}=2-3i, \overline{3-5i}=3+5i.$ $\square$

上の例からわかるように，α が実数であるための必要十分条件は，$\overline{\alpha}=\alpha$ が成り立つことであり，$\alpha \neq 0$ が純虚数であるための必要十分条件は，$\overline{\alpha}=-\alpha$ が成り立つことである．さらに次の等式が成り立つ．

$$\overline{\overline{\alpha}}=\alpha, \quad \operatorname{Re}\alpha = \frac{\alpha+\overline{\alpha}}{2}, \quad \operatorname{Im}\alpha = \frac{\alpha-\overline{\alpha}}{2i},$$
$$\overline{\alpha\pm\beta} = \overline{\alpha}\pm\overline{\beta}, \quad \overline{(\alpha\beta)} = \overline{\alpha}\,\overline{\beta}, \quad \overline{\left(\frac{\alpha}{\beta}\right)} = \frac{\overline{\alpha}}{\overline{\beta}} \quad (\beta \neq 0). \tag{1.1}$$

非負数 $|\alpha| = |a+ib| = \sqrt{a^2+b^2}$ を α の**絶対値**という．明らかに，$|\alpha|=0$ であるための必要十分条件は $\alpha=0$ である．次の性質も容易に確かめられる．

$$|\alpha| = |-\alpha| = |\overline{\alpha}|, \quad \alpha\overline{\alpha} = |\alpha|^2, \quad |\alpha| = \sqrt{\alpha\overline{\alpha}},$$
$$|\alpha\beta| = |\alpha||\beta|, \quad \left|\frac{\alpha}{\beta}\right| = \frac{|\alpha|}{|\beta|} \quad (\beta \neq 0). \tag{1.2}$$

さらに，$|\alpha+\beta|^2 = (\alpha+\beta)(\overline{\alpha}+\overline{\beta}) = \alpha\overline{\alpha} + (\alpha\overline{\beta}+\beta\overline{\alpha}) + \beta\overline{\beta}$ だから
$$|\alpha+\beta|^2 = |\alpha|^2 + |\beta|^2 + 2\operatorname{Re}(\alpha\overline{\beta})$$
を得る．ここに，(1.1), (1.2) を使った．

注意 複素数 α に対して，一般的には $\alpha^2 \neq |\alpha|^2$ である．α^2 を $|\alpha|^2$ と，またはその逆に解釈してしまう誤りが多いので注意が必要である．例えば
$$|3-4i|^2 = 3^2 + (-4)^2 = 25,$$
$$(3-4i)^2 = \{3^2 - (-4)^2\} + 2\cdot 3\cdot(-4)i = -7 - 24i$$
となるので，両者は一致しない：$|3-4i|^2 \neq (3-4i)^2$. $\square$

1.1 複 素 数

例1.4 $|\pm i| = 1$, $|\sqrt{2} \pm \sqrt{6}\,i| = \sqrt{(\sqrt{2})^2 + (\pm\sqrt{6})^2} = 2\sqrt{2}$.
また前 **注意** の例では

$$|(3-4i)^2| = |-7-24i| = \sqrt{(-7)^2 + (-24)^2} = \sqrt{625} = 25$$

だから, $|(3-4i)^2| = |3-4i|^2$ と絶対値は等しい. □

逆数の計算に戻る. $\alpha = a + ib \neq 0$ に対して, $a - ib = \overline{\alpha}$, (Ⅵ), (1.2) により

$$\frac{1}{\alpha} = \frac{\overline{\alpha}}{|\alpha|^2} = \frac{\overline{\alpha}}{\alpha\overline{\alpha}}$$

だから, 除法の計算は分母の共役複素数を分母, 分子にかけて整理すれば良い.

(Ⅶ′) (除法) $\beta \neq 0$ に対して, $\dfrac{\alpha}{\beta} = \dfrac{\alpha\overline{\beta}}{\beta\overline{\beta}} = \dfrac{\alpha\overline{\beta}}{|\beta|^2}$.

例1.5 (Ⅶ′) の方法で (1.2) の商の等式両辺を個別に計算すれば

$$\frac{2+i}{4-3i} = \frac{(2+i)(4+3i)}{|4-3i|^2} = \frac{(8-3)+(6+4)i}{16+9} = \frac{1+2i}{5},$$

$$\left|\frac{2+i}{4-3i}\right| = \sqrt{\frac{1^2+2^2}{5^2}} = \frac{\sqrt{5}}{5},$$

$$\frac{|2+i|}{|4-3i|} = \frac{\sqrt{2^2+1^2}}{\sqrt{4^2+(-3)^2}} = \frac{\sqrt{5}}{\sqrt{25}} = \frac{\sqrt{5}}{5}$$

と等式が成り立つ. □

1.1.2 2次方程式の解

実係数の 2 次方程式

$$az^2 + bz + c = 0 \quad (a \neq 0) \tag{1.3}$$

の解 z は次のように与えられる.

$$z = \frac{-b \pm \sqrt{b^2 - 4ac}}{2a}. \tag{1.4}$$

判別式を $D = b^2 - 4ac$ と置くと, $D \geq 0$ ならば上の解は実数であり, $D < 0$ のときには 2 つの虚数となる. ただし $\sqrt{b^2-4ac} = i\sqrt{-D}$ と解釈する.

> **例題 1.1**
>
> 次の方程式を実数の範囲で 2 次方程式まで因数分解し，解の公式 (1.4) によりすべての解を求めなさい．
>
> (1) $z^3 + 1 = 0$ (2) $z^4 + 1 = 0$

【解答】 (1) 左辺を因数分解すれば $z^3 + 1 = (z+1)(z^2 - z + 1)$ だから，$z + 1 = 0$ または $z^2 - z + 1 = 0$ を得る．よって $z = -1$ あるいは (1.4) により

$$z = \frac{1 \pm \sqrt{1-4}}{2} = \frac{1 \pm \sqrt{3}i}{2}.$$

(2) 変形してから因数分解する．

$$\begin{aligned}z^4 + 1 &= z^4 + 2z^2 + 1 - 2z^2 = (z^2+1)^2 - \left(\sqrt{2}\,z\right)^2 \\ &= (z^2 + \sqrt{2}\,z + 1)(z^2 - \sqrt{2}\,z + 1).\end{aligned}$$

よって，$z^2 + \sqrt{2}\,z + 1 = 0$ または $z^2 - \sqrt{2}\,z + 1 = 0$ が従う．(1.4) により

$$z = \frac{-\sqrt{2} \pm \sqrt{2-4}}{2} = \frac{\sqrt{2}}{2}(-1 \pm i),$$

$$z = \frac{\sqrt{2} \pm \sqrt{2-4}}{2} = \frac{\sqrt{2}}{2}(1 \pm i)$$

のように，それぞれの 2 次方程式の解が計算できる． ■

方程式 (1.3) が複素係数 $\alpha z^2 + \beta z + \gamma = 0$ ($\alpha \neq 0$) の場合でも解の公式 (1.4) は形式的には成り立つ．

$$z = \frac{-\beta \pm \sqrt{\beta^2 - 4\alpha\gamma}}{2\alpha}. \tag{1.5}$$

ただし，この場合には複素数の平方根 $\sqrt{\beta^2 - 4\alpha\gamma}$ を実部，虚部がわかるように具体的に表示にしなければ意味がない．その解法を 1.2 節の命題 1.1 でもド・モアブルの公式の応用として紹介するが，ここでは

$$z^2 = a + ib \quad (a, b \in \mathbb{R},\ b \neq 0) \tag{1.6}$$

の解 $z = x + iy$ を直接 x, y の方程式を解いて求めてみよう．$z = x + iy$ を (1.6) の左辺に代入して両辺の実部・虚部を比較すれば，2 つの等式

$$x^2 - y^2 = a, \quad 2xy = b$$

を得る. $b \neq 0$ だから $x \neq 0$ としてよい. そこで $y = \frac{b}{2x}$ を第 1 の等式に代入すると, $4x^4 - 4ax^2 - b^2 = 0$. これを x^2 に関する 2 次方程式として解けば

$$x^2 = \frac{2a \pm \sqrt{4a^2 + 4b^2}}{4} = \frac{a \pm \sqrt{a^2 + b^2}}{2}$$

を得る. ここで x はゼロではない実数だから $x^2 > 0$. よって

$$x^2 = \frac{a + \sqrt{a^2 + b^2}}{2}, \quad \text{すなわち,} \quad x = \pm\sqrt{\frac{a + \sqrt{a^2 + b^2}}{2}}$$

が従う. これから

$$y = \frac{b}{2x} = \pm\frac{b}{2}\frac{\sqrt{2}\sqrt{\sqrt{a^2+b^2} - a}}{\sqrt{b^2}} = \pm\frac{b}{|b|}\sqrt{\frac{-a + \sqrt{a^2+b^2}}{2}}$$

が導かれる. 以上により (1.5) の解は

$$z = \pm\left(\sqrt{\frac{a + \sqrt{a^2+b^2}}{2}} + i\frac{b}{|b|}\sqrt{\frac{-a + \sqrt{a^2+b^2}}{2}}\right) \tag{1.7}$$

となる.

例1.6 $z^2 = \sqrt{3} - i$ の解を求めよう. (1.7) に $a = \sqrt{3}, b = -1$ を代入して計算すれば

$$z = \pm\left(\sqrt{\frac{\sqrt{3} + \sqrt{4}}{2}} - i\sqrt{\frac{-\sqrt{3} + \sqrt{4}}{2}}\right)$$

$$= \pm\left(\sqrt{1 + \frac{\sqrt{3}}{2}} - i\sqrt{1 - \frac{\sqrt{3}}{2}}\right) = \pm\left(\frac{\sqrt{3}+1}{2} - i\frac{\sqrt{3}-1}{2}\right)$$

を得る. □

一般の 2 次方程式 $\alpha z^2 + \beta z + \gamma = 0$ を解くためには, (1.5) の $\sqrt{\beta^2 - 4\alpha\gamma}$ に対して (1.6), (1.7) を適用すれば良い.

1.2 複素数平面と極形式

複素数平面 実数を数直線上の点と同一視したように，複素数 $z = x + iy$ を xy 平面上の点 (x, y) と同一視すれば $\mathbb{C}$ と $\mathbb{R}^2$ とは一対一に対応する．このときの平面を**複素数平面**または**ガウス** (Gauss) **平面**といい，x 軸を**実軸**，y 軸を**虚軸**という．複素数 z に対応する複素数平面上の点も同じ記号 z で表す．z と $\bar{z}, -z$ が表す点は下図左の通りである．複素数平面上で原点を O とするとき，点 z にベクトル $\overrightarrow{Oz}$ を対応させれば，絶対値 $|z|$ は $\overrightarrow{Oz}$ の長さと一致して原点との距離を表す．また，2 つの複素数の和 $z + w$ は 2 つのベクトル $\overrightarrow{Oz}, \overrightarrow{Ow}$ の和に対応するので，$z + w$ が表す点は下図右のようになる．差 $z - w$ が表す点も下図右のように与えられる．絶対値 $|z - w|$ は 2 点 z, w 間の距離を表し，三角不等式等が成り立つ．

$$|z + w| \leq |z| + |w|, \quad ||z| - |w|| \leq |z - w|. \tag{1.8}$$

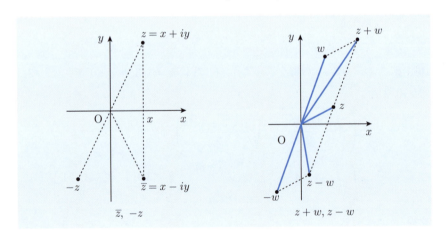

例 1.7 集合

$$\{z \in \mathbb{C} \mid |z - \alpha| = R\} \quad (R > 0)$$

は点 α を中心とする半径 R の**円**を表す．特に，$\{z \in \mathbb{C} \mid |z| = 1\}$ を**単位円**という．集合 $\{z \in \mathbb{C} \mid |z - \alpha| \leq R\}$ は点 α を中心とする半径 R の**閉円板**（円周を含む円板）を表す． □

1.2 複素数平面と極形式

極形式 直交座標で表された複素数平面に極座標 (r,θ) を導入する．r は点 $P(x,y)$ と原点 $O(0,0)$ との距離を表し，θ はベクトル $\overrightarrow{OP}$ が実軸の正の方向となす一般角を表す．その符号は反時計回りの値を正とし，時計回りの値を負とする．$z=x+iy$ に対して，

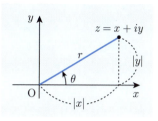

$r = \sqrt{x^2+y^2} = |z| \ (\geq 0)$ となる．角 θ を z の**偏角**（argument）といい，$\arg z$ と書く．ただし，$z=0$ に対しては偏角を定義しない．表示式

$$z = r(\cos\theta + i\sin\theta)$$

を z の**極形式**という．また偏角が

$$\arg z = \{\text{Arg}\, z + 2n\pi \mid n = 0, \pm 1, \pm 2, \dots\}, \quad -\pi < \text{Arg}\, z \leq \pi$$

と表されるとき，$\text{Arg}\, z$ を z の**偏角の主値**という．

注意 偏角の主値の直交座標 (x,y) による表示にはアークタンジェントを使うことが多いが，場合によってはアークコサインも使う（(2.16) 参照）．$x>0$ のとき

$$\theta = \text{Arg}(x+iy) = \arctan\frac{y}{x} = \tan^{-1}\frac{y}{x} = \text{Tan}^{-1}\frac{y}{x}. \qquad \square$$

例1.8 (1) $\text{Arg}\, i = \frac{\pi}{2},\ \text{Arg}(-i) = -\frac{\pi}{2}$．実数 $a>0$ に対して

$$\text{Arg}\, a = 0, \quad \text{Arg}(-a) = \pi.$$

(2) 複素数 $\alpha = -\sqrt{3}+i$ の絶対値，偏角の主値，偏角はそれぞれ

$$|\alpha| = \sqrt{(-\sqrt{3})^2 + 1^2} = 2, \quad \text{Arg}\, \alpha = \frac{5\pi}{6}, \quad \arg\alpha = \frac{5\pi}{6} + 2n\pi$$

であり，極形式は $\alpha = 2\left(\cos\frac{5\pi}{6} + i\sin\frac{5\pi}{6}\right)$ となる．ただし n は任意の整数．

(3) 複素数 $\beta = 1-\sqrt{3}i,\ \gamma = -(\sqrt{3}+i)$ に対する次のような表示は極形式ではなく，一般的に極形式の代わりとして使用できない．

$$\beta = 2\left(\cos\frac{\pi}{3} - i\sin\frac{\pi}{3}\right),\ \gamma = -2\left(\cos\frac{\pi}{6} + i\sin\frac{\pi}{6}\right).$$

それぞれの極形式は，偏角を主値に取れば

$$\beta = 2\left\{\cos\left(-\frac{\pi}{3}\right) + i\sin\left(-\frac{\pi}{3}\right)\right\},\ \gamma = 2\left\{\cos\left(-\frac{5\pi}{6}\right) + i\sin\left(-\frac{5\pi}{6}\right)\right\}$$

である． $\square$

定理 1.1

極形式で表された複素数 $z_j = r_j(\cos\theta_j + i\sin\theta_j)$ $(j = 1, 2)$ の積, 商に対して, 次の等式が成り立つ.

(1) $z_1 z_2 = r_1 r_2 \{\cos(\theta_1 + \theta_2) + i\sin(\theta_1 + \theta_2)\}$, すなわち

$$|z_1 z_2| = |z_1||z_2|, \quad \arg(z_1 z_2) = \arg z_1 + \arg z_2.$$

(2) $z_2 \neq 0$ のとき

$$\frac{z_1}{z_2} = \frac{r_1}{r_2}\{\cos(\theta_1 - \theta_2) + i\sin(\theta_1 - \theta_2)\}.$$

すなわち

$$\left|\frac{z_1}{z_2}\right| = \frac{|z_1|}{|z_2|}, \quad \arg\left(\frac{z_1}{z_2}\right) = \arg z_1 - \arg z_2.$$

注意 集合の等式 $\arg(z_1 z_2) = \arg z_1 + \arg z_2$ は, 任意の $\theta \in \arg(z_1 z_2)$ に対して $\theta_1 \in \arg z_1, \theta_2 \in \arg z_2$ があり, $\theta = \theta_1 + \theta_2$ を満たす. 逆に, 任意の $\theta_1 \in \arg z_1$, $\theta_2 \in \arg z_2$ に対して $\theta \in \arg(z_1 z_2)$ があり, $\theta = \theta_1 + \theta_2$ を満たすことを意味する. 集合の差についても同様に解釈する. □

偏角の主値について定理 1.1 の等式は一般的には成立しない.

[反例] $\operatorname{Arg} z_1 = \frac{3\pi}{4}$, $\operatorname{Arg} z_2 = \frac{\pi}{2}$ である z_1, z_2 に対して

$$\arg(z_1 z_2) = \frac{3\pi}{4} + \frac{\pi}{2} + 2n\pi = \frac{5\pi}{4} + 2n\pi = -\frac{3\pi}{4} + 2(n+1)\pi.$$

よって $\operatorname{Arg}(z_1 z_2) = -\frac{3\pi}{4}$ となり, $\operatorname{Arg} z_1 + \operatorname{Arg} z_2 = \frac{5\pi}{4}$ とは一致しない. □

[定理 1.1 の証明] (1) 積を展開し, 三角関数の加法定理によりまとめれば

$$z_1 z_2 = r_1(\cos\theta_1 + i\sin\theta_1)\, r_2(\cos\theta_2 + i\sin\theta_2)$$
$$= r_1 r_2\{(\cos\theta_1\cos\theta_2 - \sin\theta_1\sin\theta_2) + i(\sin\theta_1\cos\theta_2 + \cos\theta_1\sin\theta_2)\}$$
$$= r_1 r_2\{\cos(\theta_1 + \theta_2) + i\sin(\theta_1 + \theta_2)\}$$

を得る. z_1, z_2 およびその積 $z_1 z_2$ が表す点の位置関係は次ページの図左のようになる. すなわち実軸上の点 $z_0 = 1$ に対して, 三角形 $\mathrm{O} z_0 z_1$ と同じ向きの相似三角形 $\mathrm{O} z_2 \mathrm{P}$ をなす点 P を取れば, P が積 $z_1 z_2$ を表す点となる.

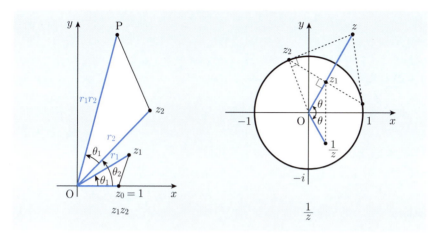

(2) 逆数の極形式を調べれば良い．$z = r(\cos\theta + i\sin\theta), r > 0$ に対して

$$\frac{1}{z} = \frac{1}{r(\cos\theta + i\sin\theta)} = \frac{\cos\theta - i\sin\theta}{r(\cos\theta + i\sin\theta)(\cos\theta - i\sin\theta)}$$
$$= \frac{\cos(-\theta) + i\sin(-\theta)}{r(\cos^2\theta + \sin^2\theta)} = \frac{1}{r}\{\cos(-\theta) + i\sin(-\theta)\}.$$

この等式と (1) の結果を合わせて (2) の等式が導かれる．

 $\frac{1}{z}$ が表す点を $|z| > 1$ のとき求める（上図右参照）．z から単位円に 2 本の接線を引き，その接点を結ぶ線分と線分 Oz との交点を z_1 とすれば，線分 Oz_1 の長さは $\frac{1}{r}$ になる．実際に，直角三角形 Oz_2z と直角三角形 Oz_1z_2 は相似で $Oz_1 : Oz_2 = Oz_2 : Oz$, すなわち $|z_1| : |z_2| = |z_2| : |z|$. ここで $|z_2| = 1$ だから $|z_1||z| = 1$. よって $|z_1| = \frac{1}{|z|} = \frac{1}{r}$. これから z_1 の実軸に関する対称点を取ればそれが $\frac{1}{z}$ を表す点になる． ■

例題 1.2

(1) 複素数 $z = \frac{1+\sqrt{3}i}{1+i}$ の値を求めなさい．

(2) 複素数 $1+i, 1+\sqrt{3}i$ の極形式と (1) の結果を利用して $\cos\frac{\pi}{12}, \sin\frac{\pi}{12}$ の値を求めなさい．

【解答】 (1) 分母, 分子に分母の共役複素数 $1-i$ をかけて整理すれば

$$z = \frac{(1+\sqrt{3}i)(1-i)}{|1+i|^2} = \frac{(\sqrt{3}+1) + i(\sqrt{3}-1)}{2}. \qquad (1.9)$$

(2) $1+i = \sqrt{2}\left(\cos\frac{\pi}{4} + i\sin\frac{\pi}{4}\right)$, $1+\sqrt{3}i = 2\left(\cos\frac{\pi}{3} + i\sin\frac{\pi}{3}\right)$ だから定理 1.1(2) により

$$z = \frac{2}{\sqrt{2}}\left\{\cos\left(\frac{\pi}{3} - \frac{\pi}{4}\right) + i\sin\left(\frac{\pi}{3} - \frac{\pi}{4}\right)\right\} = \sqrt{2}\left(\cos\frac{\pi}{12} + i\sin\frac{\pi}{12}\right). \qquad (1.10)$$

(1.9) と (1.10) の実部, 虚部どうしを比較すれば

$$\cos\frac{\pi}{12} = \frac{\sqrt{3}+1}{2\sqrt{2}} = \frac{\sqrt{6}+\sqrt{2}}{4}, \quad \sin\frac{\pi}{12} = \frac{\sqrt{3}-1}{2\sqrt{2}} = \frac{\sqrt{6}-\sqrt{2}}{4} \qquad (1.11)$$

を得る. ∎

定理 1.2 (ド・モアブル (de Moivre) の公式)

極形式の複素数 $z = r(\cos\theta + i\sin\theta)$, 整数 n に対して次の等式が成り立つ.

$$z^n = r^n\{\cos(n\theta) + i\sin(n\theta)\}.$$

この定理は帰納法により定理 1.1 と同様に示すことができる.

命題 1.1 (n 乗根)

$z = r(\cos\theta + i\sin\theta)$ $(r > 0, -\pi < \theta \leq \pi)$ の n 乗根 $w = z^{1/n}$, または方程式 $w^n = z$ の解 w は次の n 個の値で与えられる.

$$w_k = \sqrt[n]{r}\left(\cos\frac{\theta + 2k\pi}{n} + i\sin\frac{\theta + 2k\pi}{n}\right)$$
$$= \sqrt[n]{r}\left(\cos\frac{\theta}{n} + i\sin\frac{\theta}{n}\right)\omega^k \quad (k = 0, 1, 2, \ldots, n-1).$$

ここに $\sqrt[n]{r}$ は r の n 乗根で, $n = 2$ のときは単に $\sqrt{r}$ と書く. また ω(オメガ) は次の値を表す.

$$\omega = \cos\frac{2\pi}{n} + i\sin\frac{2\pi}{n}.$$

1つの解 $w_0 = \sqrt[n]{r}\left(\cos\frac{\theta}{n} + i\sin\frac{\theta}{n}\right)$ を $\frac{2\pi}{n}$ ずつ反時計回りに回転して行けば, 順番に他の解 $w_1, w_2, \ldots, w_{n-1}$ が得られる (次ページ図参照).

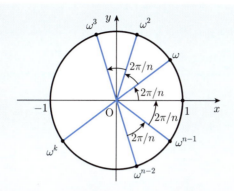

[証明] 解を極形式 $w = \rho(\cos\varphi + i\sin\varphi)$ で書き，ド・モアブルの公式を適用すれば

$$w^n = \rho^n\{\cos(n\varphi) + i\sin(n\varphi)\} = r(\cos\theta + i\sin\theta).$$

三角関数の 2π 周期性に注意して最後の等式の両辺を比較すると

$$\rho^n = r, \quad n\varphi = \theta + 2k\pi \ (k = 0, \pm 1, \pm 2, \ldots)$$

を得る．$\rho > 0$ だから $\rho = \sqrt[n]{r}$, $\varphi = \frac{\theta + 2k\pi}{n}$ となる．k はすべての整数を取るが，w の値が互いに相異なるのは，例えば $k = 0, 1, 2, \ldots, n-1$ のときである．これ以外に解がないことは代数学の基本定理 (3.6 節の定理 3.11) による． ∎

系 1.1

$\omega = \cos\frac{2\pi}{n} + i\sin\frac{2\pi}{n}$ と置くと，1 の n 乗根は

$$1, \quad \omega, \quad \omega^2, \quad \ldots, \quad \omega^{n-1}$$

で与えられる (上図参照)．

注意 (1) $z = \omega$ は次の方程式の 1 つの解である．

$$z^{n-1} + z^{n-2} + \cdots + z + 1 = 0.$$

(2) $n = 2, 4$ の場合には ω を使うと計算が簡単になる．実際に，次のようになる．

$$n = 2 : \omega = \cos\pi + i\sin\pi = -1, \quad n = 4 : \omega = \cos\frac{\pi}{2} + i\sin\frac{\pi}{2} = i.$$

例題 1.3

(1) $z = i$ の平方根（2乗根）$w = i^{1/2}$ をすべて求めなさい．

(2) $z = -1 + \sqrt{3}\,i$ の 4 乗根 $w = \left(-1 + \sqrt{3}\,i\right)^{1/4}$ をすべて求めなさい．

【解答】 (1) $|i| = 1$, $\mathrm{Arg}\,i = \frac{\pi}{2}$ により

$$w_0 = \cos\frac{\pi}{4} + i\sin\frac{\pi}{4} = \frac{\sqrt{2}}{2}(1 + i)$$

が 1 つの解で，もう 1 つは $w_1 = (-1)w_0 = -\frac{\sqrt{2}}{2}(1 + i)$ となる．

(2) $\left|-1 + \sqrt{3}\,i\right| = 2$, $\mathrm{Arg}\left(-1 + \sqrt{3}\,i\right) = \frac{2\pi}{3}$ により

$$w_0 = \sqrt[4]{2}\left(\cos\frac{\pi}{6} + i\sin\frac{\pi}{6}\right) = \frac{\sqrt[4]{2}}{2}(\sqrt{3} + i).$$

残りの 3 つの解は次のように計算できる．

$$w_1 = iw_0 = \frac{\sqrt[4]{2}}{2}(-1 + \sqrt{3}\,i),\quad w_2 = iw_1 = -w_0 = -\frac{\sqrt[4]{2}}{2}(\sqrt{3} + i),$$

$$w_3 = iw_2 = -w_1 = \frac{\sqrt[4]{2}}{2}(1 - \sqrt{3}\,i).$$ ∎

例題 1.4

(1) $z = 1$ の 3 乗根 $w = 1^{1/3}$ をすべて求めなさい．

(2) $z = 1 - i$ の 3 乗根 $w = (1 - i)^{1/3}$ をすべて求めなさい．

【解答】 (1) 例題 1.1(1) のように計算する．解を w として $w^3 - 1 = 0$ を因数分解すると $w^3 - 1 = (w - 1)(w^2 + w + 1)$．これからまず $w = w_0 = 1$ を得る．$w^2 + w + 1 = 0$ に対しては，2 次方程式の解の公式 (1.4) により

$$w = \frac{-1 \pm \sqrt{1 - 4}}{2} = \frac{-1 \pm \sqrt{3}\,i}{2}$$

を得る．$\mathrm{Arg}\,1 = 0$ だから，1 以外の解と w_k の関係は

$$\frac{-1 + \sqrt{3}\,i}{2} = \cos\frac{2\pi}{3} + i\sin\frac{2\pi}{3} = w_1,\quad -\frac{1 + \sqrt{3}\,i}{2} = \cos\frac{4\pi}{3} + i\sin\frac{4\pi}{3} = w_2$$

となる．

(2)
$$|1-i| = \sqrt{2}, \quad \text{Arg}(1-i) = -\frac{\pi}{4},$$
$$\sqrt[3]{\sqrt{2}} = \left(2^{\frac{1}{2}}\right)^{\frac{1}{3}} = 2^{\frac{1}{2} \times \frac{1}{3}} = 2^{1/6} = \sqrt[6]{2}$$

だから
$$w_k = \sqrt[6]{2}\left\{\cos\left(-\frac{\pi}{12} + \frac{2k\pi}{3}\right) + i\sin\left(-\frac{\pi}{12} + \frac{2k\pi}{3}\right)\right\} \quad (k=0,1,2).$$

$k=0$ のとき，等式 (1.11) を使って
$$w_0 = \frac{\sqrt[6]{2}}{4}\left\{\left(\sqrt{6}+\sqrt{2}\right) - i\left(\sqrt{6}-\sqrt{2}\right)\right\}.$$

$k=1$ のとき，w_1 の偏角は $\frac{7\pi}{12} = \frac{\pi}{2} + \frac{\pi}{12}$. 加法定理により
$$\cos\frac{7\pi}{12} = -\sin\frac{\pi}{12}, \quad \sin\frac{7\pi}{12} = \cos\frac{\pi}{12}$$

だから
$$w_1 = \frac{\sqrt[6]{2}}{4}\left\{-\left(\sqrt{6}-\sqrt{2}\right) + i\left(\sqrt{6}+\sqrt{2}\right)\right\}.$$

最後に $k=2$ のとき，w_2 の偏角は $\frac{5\pi}{4}$ となるので
$$w_2 = \sqrt[6]{2}\,\frac{-(1+i)}{\sqrt{2}} = -\frac{\sqrt[3]{4}}{2}(1+i)$$

と計算できる．ここに，$\sqrt[6]{2} \times \sqrt{2} = 2^{\frac{1}{6}+\frac{1}{2}} = 2^{2/3} = \sqrt[3]{4}$ と計算した．■

注意 $n=3$ のとき ω は
$$\omega = \cos\frac{2\pi}{3} + i\sin\frac{2\pi}{3} = \frac{-1+\sqrt{3}\,i}{2}$$

となる．3乗根の場合でも扱い易い偏角の w_k があるときには，それをもとに ω, ω^2 をかけて計算する方が簡単である．例題 1.4(2) の場合には，w_2 の値が容易に計算できるので，それから ωw_2, $\omega^2 w_2$ を計算すればそれぞれ w_0, w_1 に一致する．さらに
$$\omega^2 = \cos\frac{4\pi}{3} + i\sin\frac{4\pi}{3} = \overline{\omega}, \quad w_2 = \overline{\omega}w_0$$

を使えば，計算がより簡単になる．□

1.3 複素関数

複素数 $\mathbb{C}$ 全体あるいは部分集合 D の各点 z に複素数 w が対応しているとき,この対応関係を $w = f(z)$ と書いて D を**定義域**とする**複素関数**という.実関数との違いの 1 つは,z に対応する複素数値 w が必ずしも 1 つではない関数も扱うことである.

例 1.9 $D = \mathbb{C} \setminus \{0\} \equiv \{z \in \mathbb{C} \mid z \neq 0\}$ の各点 z に偏角の主値 $\mathrm{Arg}\, z$ を対応させる関数 $F(z)$ は,z に対してただ 1 つの値 $F(z) = \mathrm{Arg}\, z$ を定める.一方で,D 上の関数 $f(z) = \arg z$ を考えると

$$f(z) = \arg z = \{\mathrm{Arg}\, z + 2n\pi \mid n = 0, \pm 1, \pm 2, \ldots\}$$

のように,$f(z)$ は無限個の値を取る. □

定義域 D の各点 z に対してただ 1 つの値 $w = f(z)$ が定まるとき,$f(z)$ を**1 価関数**といい,そうでない関数を**多価関数**という.$\mathrm{Arg}\, z$ は 1 価関数であり,$\arg z$ は多価関数である.

実関数の場合でも,周期関数の三角関数に対して定義域を制限せずに逆関数を考えれば,逆三角関数は多価関数になる.しかし実際には,例えば $\sin x$ に対してはその定義域を有限閉区間 $\left[-\frac{\pi}{2}, \frac{\pi}{2}\right]$ に制限することにより,1 価の逆関数 $\arcsin x = \mathrm{Sin}^{-1} x$ を定義した.複素関数でも常に多価関数のままで扱うのでは都合が悪いこともあるので,例えば偏角 $\arg z$ に対する偏角の主値 $\mathrm{Arg}\, z$ のように特別な値を選んだ 1 価関数も同時に考える.以下では特に断らない限りは,関数といえば 1 価関数を意味する.

前節で z とその像 $w = f(z)$ をそれぞれ複素数平面上の点と同一視した.$z = x + iy$, $w = u + iv$ と表すとき,u, v は x, y の関数になるので $f(z) = u(x, y) + iv(x, y)$ と書くことができる.すなわち,複素関数 $w = f(z)$ を扱うことは実 2 変数関数の組 $u(x, y), v(x, y)$ を扱うことであり,このような 1 組の実関数は xy 平面から uv 平面への変換である 2 次元ベクトル場

$$f : (x, y) \longmapsto (u(x, y), v(x, y))$$

を表すと解釈できる.今後は xy 平面を z 平面,uv 平面を w 平面と呼ぶ.

例1.10 (**平行移動**) 複素定数 α に対して $f(z) = z + \alpha$ を考える．$z = x + iy$, $\alpha = a + ib$ と書けば，$f : (x, y) \longmapsto (x + a, y + b)$ だから，f は (a, b) だけの平行移動を表す． □

例1.11 (**相似・回転**) 複素定数 $\alpha \neq 0$ に対して $f(z) = \alpha z$ を考える．極形式 $\alpha = \rho(\cos\varphi + i\sin\varphi)$, $z = r(\cos\theta + i\sin\theta)$ を使うと

$$\alpha z = \rho r \{\cos(\theta + \varphi) + i\sin(\theta + \varphi)\}.$$

すなわち f は $|\alpha|$ 倍の相似変換と原点を反時計回りに $\operatorname{Arg}\alpha$ だけ回転の合成変換を表す．$z = x + iy$, $\alpha = a + ib$ とすれば，$f(z) = (ax - by) + i(bx + ay)$ だから

$$f : \begin{pmatrix} x \\ y \end{pmatrix} \longmapsto \begin{pmatrix} ax - by \\ bx + ay \end{pmatrix} = \begin{pmatrix} a & -b \\ b & a \end{pmatrix} \begin{pmatrix} x \\ y \end{pmatrix}$$

となり，$\mathbb{R}^2$ 上の1次変換と同一視できる． □

例1.12 (**反転**) $f(z) = \frac{1}{z}$ を考える．z の反転先 z^{**} は定理1.1(2) の証明で述べた通りである．z の偏角を保ったまま原点からの距離を逆数にした点 z^*, すなわち $|z^*| = \frac{1}{|z|}$, $\operatorname{Arg} z^* = \operatorname{Arg} z$, に移した後に実軸に関して折り返した点 $\overline{z^*}$ が z^{**} である．変換 $z \longmapsto z^*$ を単位円 $|z| = 1$ に関する**鏡映**といい，z^* を z の**鏡像**という．同様に変換 $z^* \longmapsto z^{**}$ を実軸に関する鏡映といい，z^{**} を z^* の鏡像という．像の

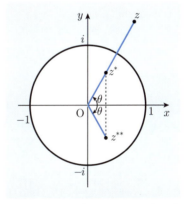

集合を調べる．$x = a\ (\neq 0)$ に対して $u = \frac{a}{y^2 + a^2}$, $v = -\frac{y}{y^2 + a^2}$, $y = b\ (\neq 0)$ に対して $u = \frac{x}{x^2 + b^2}$, $v = -\frac{b}{x^2 + b^2}$ だから，軸に平行な直線の像は円になる．

$$x = a \longrightarrow \left(u - \frac{1}{2a}\right)^2 + v^2 = \frac{1}{4a^2}, \quad y = b \longrightarrow u^2 + \left(v + \frac{1}{2b}\right)^2 = \frac{1}{4b^2}.$$

次ページ図は $a = \frac{1}{2}, 1, 2, 3$, および $b = \frac{1}{2}, 1, 2, 3$ のときの対応を表す． □

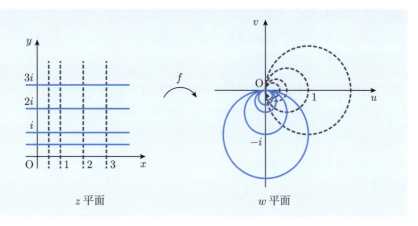

z 平面　　　　　　　　　　w 平面

例 1.13　$f(z) = z^2$ を考える．$z = x + iy$ と表せば $u = x^2 - y^2$, $v = 2xy$ となる．$x = a\ (\neq 0)$ のときには $u = a^2 - y^2$, $v = 2ay$ だから，$4a^2 u = 4a^4 - v^2$ となる．一方，$y = b\ (\neq 0)$ のときには $u = x^2 - b^2$, $v = 2bx$ だから，$4b^2 u = v^2 - 4b^4$ となる．いずれの場合でも軸に平行な直線の像は放物線になる．

$$x = a \longrightarrow u = a^2 - \frac{v^2}{4a^2}, \quad y = b \longrightarrow u = \frac{v^2}{4b^2} - b^2.$$

次図は $a = 1, 2, 3, b = 1, 2, 3$ のときの対応を表す． □

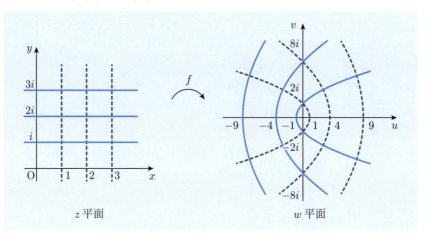

z 平面　　　　　　　　　　w 平面

1.3 複素関数

その他の関数として，自然数 n に対して複素係数の n 次多項式

$$P(z) = \alpha_n z^n + \alpha_{n-1} z^{n-1} + \cdots + \alpha_1 z + \alpha_0,$$

自然数 m, n に対して分母，分子がそれぞれ m, n 次多項式である有理関数

$$R(z) = \frac{\alpha_n z^n + \alpha_{n-1} z^{n-1} + \cdots + \alpha_1 z + \alpha_0}{\beta_m z^m + \beta_{m-1} z^{m-1} + \cdots + \beta_1 z + \beta_0}$$

が考えられる．ただし $\beta_m \neq 0$．$P(z)$ の定義域は $\mathbb{C}$ 全体であり，$R(z)$ の定義域 D は $\mathbb{C}$ から分母の多項式 $Q(z) = \beta_m z^m + \cdots + \beta_1 z + \beta_0$ のゼロ点を除いた集合である．

$$D = \{z \in \mathbb{C} \mid Q(z) \neq 0\}.$$

n 乗根 $z^{1/n}$　　$z \in D = \mathbb{C} \setminus \{0\}$ に対して方程式 $w^n = z$ の解を $w = z^{1/n}$ と表す．命題 1.1 により w は n 個の値を取り，それは各 $k = 0, 1, 2, \ldots, n-1$ に対して

$$\begin{aligned} w = w_k(z) &= \sqrt[n]{|z|} \left(\cos \frac{\operatorname{Arg} z + 2k\pi}{n} + i \sin \frac{\operatorname{Arg} z + 2k\pi}{n} \right) \\ &= \sqrt[n]{|z|} \left(\cos \frac{\operatorname{Arg} z}{n} + i \sin \frac{\operatorname{Arg} z}{n} \right) \omega^k \end{aligned} \quad (1.12)$$

となる．ここに $\omega = \cos \frac{2\pi}{n} + i \sin \frac{2\pi}{n}$ と置いた．すなわち，関数

$$D \ni z \longmapsto z^{1/n} = \{w_0(z), w_1(z), \ldots, w_{n-1}(z)\}$$

は n 個の相異なる値を取ることから **n 価関数** という．各関数 $w_k(z)$ を $z^{1/n}$ の**分枝**といい，特に $w_0(z)$ を**主枝**または**主値**という．

$n = 2$ のときには $-\frac{\pi}{2} < \frac{1}{2} \operatorname{Arg} z \leq \frac{\pi}{2}$ となるから，主枝 w_0 は $\operatorname{Re} w_0 \geq 0$ を満たす．したがって等式 (1.7) により主枝 $w_0(z)$ は次のように表すことができる．

$$w_0(z) = \begin{cases} \sqrt{\dfrac{x + \sqrt{x^2 + y^2}}{2}} + i \dfrac{y}{|y|} \sqrt{\dfrac{-x + \sqrt{x^2 + y^2}}{2}}, & y \neq 0, \\ \sqrt{x}, & y = 0,\ x > 0, \\ i\sqrt{|x|}, & y = 0,\ x < 0. \end{cases} \quad (1.13)$$

もう 1 つの解である分枝 $w_1(z)$ は $w_1(z) = -w_0(z)$ で与えられる．

(1.13) により主枝 $w_0(z)$ の軸に平行な直線の像を調べれば

$$x = 0, \ \pm y > 0 \ \longrightarrow \ v = \pm u,$$
$$x = a, \ \pm y > 0 \ \longrightarrow \ u^2 - v^2 = a \ (v = \pm\sqrt{u^2 - a}),$$
$$y = b \ \longrightarrow \ uv = \frac{b}{2}, \ u > 0$$

となる．ただし $ab \neq 0$．下図は $x = 0$ および $a = 1, 2, 3, b = 1, 2, 3$ のときの対応である． □

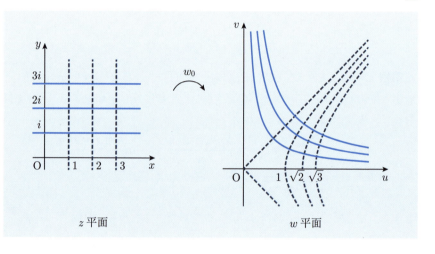

1.4 複素級数

複素数列の収束　複素数列 $\{\alpha_n\}$, 複素数 α に対して

$$\lim_{n\to\infty}|\alpha_n-\alpha|=0 \tag{1.14}$$

が成り立つならば，複素数列 $\{\alpha_n\}$ は α に**収束する**，または α は $\{\alpha_n\}$ の**極限値**であるという．このとき

$$\alpha=\lim_{n\to\infty}\alpha_n, \quad \text{または} \quad \alpha_n\to\alpha\ (n\to\infty)$$

と書く．数列，極限値をそれぞれ $\alpha_n=a_n+ib_n, \alpha=a+ib$ と表すと，不等式

$$|a_n-a|,|b_n-b|\leq|\alpha_n-\alpha|\leq|a_n-a|+|b_n-b|$$

により (1.14) が成り立つための必要十分条件は

$$\lim_{n\to\infty}a_n=a, \quad \text{および} \quad \lim_{n\to\infty}b_n=b$$

である．これから，複素数列の収束性については実数列と同じ性質がある．

命題 1.2

複素数列 $\{\alpha_n\},\{\beta_n\}$ がそれぞれ極限値 α,β を持つとき，次の等式が成り立つ．

(1) $\lim_{n\to\infty}(\alpha_n\pm\beta_n)=\alpha\pm\beta,\ \lim_{n\to\infty}\gamma\alpha_n=\gamma\alpha$. ただし γ は複素数.

(2) $\lim_{n\to\infty}\alpha_n\beta_n=\alpha\beta$.

(3) $\beta\neq 0$ ならば，$\lim_{n\to\infty}\dfrac{\alpha_n}{\beta_n}=\dfrac{\alpha}{\beta}$.

複素数列 $\{\alpha_n\}$ が収束しないとき，$\{\alpha_n\}$ は**発散する**という．

複素級数の収束　複素級数について調べる．与えられた複素級数

$$\sum_{n=0}^{\infty}\alpha_n=\alpha_0+\alpha_1+\alpha_2+\cdots+\alpha_n+\cdots$$

の収束・発散は，次の部分和の数列 $\{S_m\}$ の収束・発散により定義する．

$$S_m = \sum_{n=0}^{m} \alpha_n = \alpha_0 + \alpha_1 + \cdots + \alpha_m.$$

すなわち，部分和の数列 $\{S_m\}$ が複素数 S に収束するとき，複素級数 $\sum \alpha_n$ は S に収束するといい

$$\sum_{n=0}^{\infty} \alpha_n = S$$

と書く．このとき S をこの複素級数の **和** という．また $\{S_m\}$ が収束しないとき，$\sum \alpha_n$ は発散するという．$\alpha_n = a_n + ib_n$ と表せば

$$S_m = \sum_{n=0}^{m} a_n + i \sum_{n=0}^{m} b_n$$

だから，複素級数 $\sum \alpha_n$ が収束するための必要十分条件は，その実部，虚部の級数 $\sum a_n, \sum b_n$ が共に収束することである．このとき $\sum \alpha_n = \sum a_n + i \sum b_n$ が成り立つ．また，$\sum \alpha_n$ が収束するとき各項 α_n はゼロに収束する．

$$\lim_{n \to \infty} \alpha_n = 0. \tag{1.15}$$

例題 1.5 　　　　　　　　　　　　　　　　　　　　　　　　　**幾何級数**

複素数 z の **幾何級数** $\sum z^n$ は $|z| < 1$ ならば収束して，次の等式が成り立つことを示しなさい．

$$\sum_{n=0}^{\infty} z^n = \frac{1}{1-z}. \tag{1.16}$$

また，$|z| \geq 1$ のとき幾何級数は発散することを示しなさい．

【解答】 部分和 $S_m = \sum_{n=0}^{m} z^n$ に対して，S_m から zS_m を引けば

$$S_m - zS_m = 1 + z + z^2 + \cdots + z^m - (z + z^2 + \cdots + z^m + z^{m+1})$$
$$= 1 - z^{m+1}$$

となる．$z \neq 1$ のとき，$1-z$ で割って

$$S_m = \frac{1 - z^{m+1}}{1 - z} \tag{1.17}$$

を得る．$|z| < 1$ ならば，$m \to \infty$ のとき $|z^{m+1}| = |z|^{m+1} \to 0$ が成り立つか

ら,等式 (1.17) で $m \to \infty$ と極限を取れば (1.16) が従う.$z = 1$ のときは,$S_m = m+1$ だから無限大に発散する.その他の $|z| \geq 1$ を満たす z に対しては,$|z^m| = |z|^m \geq 1$ だから,複素級数が収束するための必要条件 (1.15) を満たさない.したがって発散する. ∎

複素数列と同様に,複素級数 $\sum \alpha_n, \sum \beta_n$ が収束すれば,$\sum(\alpha_n \pm \beta_n), \sum \gamma \alpha_n$ ($\gamma \in \mathbb{C}$) も収束して,次の等式が成り立つ.

$$\sum_{n=0}^{\infty}(\alpha_n \pm \beta_n) = \sum_{n=0}^{\infty} \alpha_n \pm \sum_{n=0}^{\infty} \beta_n, \quad \sum_{n=0}^{\infty} \gamma \alpha_n = \gamma \sum_{n=0}^{\infty} \alpha_n.$$

複素級数の収束判定条件　　複素級数が収束するための十分条件を調べる.

> **定義 1.1**
>
> 複素級数 $\sum \alpha_n$ に対してその**絶対値級数** $\sum |\alpha_n|$ が収束するとき,$\sum \alpha_n$ は**絶対収束する**という.

例 1.14　$|z| < 1$ ならば $\sum |z|^n$ は収束するので,幾何級数 $\sum z^n$ は $|z| < 1$ に対して絶対収束する. ∎

複素級数 $\sum \alpha_n$ の絶対値級数 $\sum |\alpha_n|$ は各項が非負だから,部分和の数列 $\sum_{n=0}^{m} |\alpha_n|$ は収束するか,さもなければ $+\infty$ に発散するかのいずれかである.したがって判定は比較的容易で,証明なしに結果を述べておく.

> **定理 1.3**
>
> (1) 絶対収束する複素級数は収束する.
>
> (2) 複素級数 $\sum \alpha_n$ が絶対収束するならば,$\sum \alpha_n$ の項の順番を任意に入れ換えた級数 $\sum \beta_n$ もまた絶対収束し,2 つの級数の和は一致する.
>
> $$\sum_{n=0}^{\infty} \alpha_n = \sum_{n=0}^{\infty} \beta_n.$$

注意　定理 1.3(1) の逆は成り立たない.すなわち級数 $\sum \alpha_n$ 自体は収束するが,その絶対値級数 $\sum |\alpha_n|$ が発散するものがある.このとき複素級数は**条件収束する**という.また絶対収束しない級数の項の順番を入れ換えれば,級数の和の値が変わることもある.次のよく知られた例ではこのいずれの結果も成り立つ. ∎

例1.15 級数 $\sum (-1)^{n-1}\frac{1}{n}$ は条件収束する．すなわち

$$\sum_{n=1}^{\infty}(-1)^{n-1}\frac{1}{n}=\ln 2,\quad \sum_{n=1}^{\infty}\left|(-1)^{n-1}\frac{1}{n}\right|=\sum_{n=1}^{\infty}\frac{1}{n}=+\infty.$$

ただし，本書では実自然対数関数には表記 $\ln x$ を用いる：$\ln x = \log_e x$.
元の級数の和が

$$1-\frac{1}{2}+\frac{1}{3}-\frac{1}{4}+\frac{1}{5}-\frac{1}{6}+\frac{1}{7}-\frac{1}{8}+\frac{1}{9}-\frac{1}{10}+\frac{1}{11}-\frac{1}{12}+\cdots=\ln 2$$

であるのに対して，級数の項の順番を入れ換えた場合には，例えば

$$1-\underbrace{\frac{1}{2}-\frac{1}{4}}_{1/2}+\underbrace{\frac{1}{3}-\frac{1}{6}-\frac{1}{8}}_{1/6}+\underbrace{\frac{1}{5}-\frac{1}{10}-\frac{1}{12}}_{1/10}+\underbrace{\frac{1}{7}-\frac{1}{14}-\frac{1}{16}}_{1/14}+\cdots=\frac{1}{2}\ln 2$$

となる． □

次の判定法は重要である．

定理 1.4

複素級数 $\sum \alpha_n$ のすべての項 α_n は $\alpha_n \neq 0$ を満たすとする．
(1) **（ダランベール（D'Alembert）の判定法）** $+\infty$ を含む極限

$$\rho = \lim_{n\to\infty}\left|\frac{\alpha_{n+1}}{\alpha_n}\right|$$

があるとき，$\sum \alpha_n$ は $\rho<1$ ならば絶対収束し，$\rho>1$ ならば発散する．
(2) **（コーシー（Cauchy）の根号判定法）** $+\infty$ を含む極限

$$\rho = \lim_{n\to\infty}\sqrt[n]{|\alpha_n|}$$

があるとき，$\sum \alpha_n$ は $\rho<1$ ならば絶対収束し，$\rho>1$ ならば発散する．

注意 $\rho=1$ のときにはどちらの判定法でも収束・発散を直接判定することはできない．実際に 例1.15 の級数に適用すれば $\rho=1$ で，条件収束している．しかし，(1) で $\rho=1$ となっても (2) では $\rho\neq 1$ となり，収束・発散を判定できる場合もある．そういう意味で (2) の判定法の方が精密である． □

次の定理 1.5 はより一般的な結果であるが，定理 1.4 の証明にも使われる．

定理 1.5 （比較判定法）

複素級数 $\sum \alpha_n$ に対して収束する級数 $\sum a_n$ $(a_n \geq 0)$ があって，$|\alpha_n| \leq a_n$ $(n = 0, 1, 2, \ldots)$ が成り立つ．このとき $\sum \alpha_n$ は絶対収束する．級数 $\sum a_n$ を $\sum \alpha_n$ の**収束する優級数**という．

通常使う収束する優級数は，$0 < r < 1$ のときの幾何級数 $\sum r^n$ のみである．

[**定理 1.4 の証明**]　(1)　$\rho < 1$ とする．$\rho < r < 1$ を満たす定数 r，自然数 N があって，$n \geq N$ ならば

$$\frac{|\alpha_{n+1}|}{|\alpha_n|} \leq r, \quad \text{すなわち，} \quad |\alpha_{n+1}| \leq r|\alpha_n|$$

が成り立つ．この不等式を任意の $n \geq N+1$ に対して繰返し用いれば

$$|\alpha_n| \leq r|\alpha_{n-1}| \leq r^2|\alpha_{n-2}| \leq \cdots \leq r^{n-N}|\alpha_N|$$

を得る．$r < 1$ だから例題 1.5 により級数 $\sum_{n=N}^{\infty} |\alpha_N| r^{n-N}$ は収束し，定理 1.5 により $\sum |\alpha_n|$ も収束する．

$\rho > 1$ のとき，自然数 N があって $n \geq N$ ならば $|\alpha_{n+1}| \geq |\alpha_n|$ が成り立つ．すなわち $n \geq N$ ならば $|\alpha_n| \geq |\alpha_N| > 0$ だから，級数が収束するための必要条件 (1.15) を満たさない．よって $\sum \alpha_n$ は発散する．

(2) の証明は (1) と同様に行えるので演習問題 **1.18** として残しておく．　∎

例題 1.6

次の級数の収束・発散を調べなさい．

(1) $\displaystyle\sum_{n=1}^{\infty} \frac{(5i)^{2n}}{(2n)!}$　　(2) $\displaystyle\sum_{n=1}^{\infty} \frac{n^n}{n!}$

(3) $\displaystyle\sum_{n=1}^{\infty} \left\{\frac{8n-7i}{(5+6i)n}\right\}^n$　　(4) $\displaystyle\sum_{n=1}^{\infty} \left(\frac{\sqrt[n]{2}\,n}{n+1}\right)^{n^2}$

【**解答**】　各級数の第 n 項を α_n と置く．

(1)　ダランベールの判定法を用いれば，$n \to \infty$ のとき

$$\left|\frac{\alpha_{n+1}}{\alpha_n}\right| = \left|\frac{(5i)^{2n+2}(2n)!}{(5i)^{2n}(2n+2)!}\right| = \frac{25}{(2n+2)(2n+1)} \to 0$$

だから，$\rho = 0$ となり絶対収束する．

(2) ダランベールの判定法を用いれば，$n \to \infty$ のとき
$$\left|\frac{\alpha_{n+1}}{\alpha_n}\right| = \frac{(n+1)^{n+1}n!}{n^n(n+1)!} = \left(1+\frac{1}{n}\right)^n \to e$$
だから，$\rho = e > 1$ となり発散する．

(3) コーシーの根号判定法を用いれば，$n \to \infty$ のとき
$$\sqrt[n]{|\alpha_n|} = \left|\frac{8n-7i}{(5+6i)n}\right| = \frac{\sqrt{64n^2+49}}{\sqrt{61}\,n} \to \frac{8}{\sqrt{61}}$$
だから，$\rho = \frac{8}{\sqrt{61}} > 1$ となり発散する．

(4) コーシーの根号判定法を用いれば，$n \to \infty$ のとき
$$\sqrt[n]{|\alpha_n|} = \left(\frac{\sqrt[n]{2}\,n}{n+1}\right)^n = \frac{2}{\left(1+\frac{1}{n}\right)^n} \to \frac{2}{e}$$
だから，$\rho = \frac{2}{e} < 1$ となり（絶対）収束する． ∎

級数の積の収束については次の結果がよく知られている．定理の絶対収束の条件は項の順番を入れ換えるために用いる．証明は辻[10, p.87] を参照しなさい．

> **定理 1.6（コーシー積）**
> 絶対収束する級数 $\sum \alpha_k, \sum \beta_\ell$ に対して，その積は
> $$\left(\sum_{k=0}^{\infty} \alpha_k\right)\left(\sum_{\ell=0}^{\infty} \beta_\ell\right) = \sum_{n=0}^{\infty} \sum_{m=0}^{n} \alpha_m \beta_{n-m}$$
> $$= \alpha_0\beta_0 + (\alpha_0\beta_1 + \alpha_1\beta_0) + (\alpha_0\beta_2 + \alpha_1\beta_1 + \alpha_2\beta_0) + \cdots$$
> と計算できる．右辺の級数を $\sum \alpha_k$ と $\sum \beta_\ell$ の**コーシー積**という．

1.5 複素指数関数

この節では,多項式,有理関数を除いた初等関数の中で最も重要な複素指数関数を導入する.複素多項式,複素有理関数は実係数多項式,実係数有理関数において係数および変数 x をそれぞれ複素係数および複素変数 z で置き換えることにより拡張定義できる.しかし 1.3 節で見たように,2 乗根でさえも形式的に実変数を複素変数で置き換えても,その意味付けなしでは定義したことにはならない.そこで多項式の拡張である整級数を用いて複素指数関数を導く.

1 変数の微積分学で学んだように,すべての実数 x に対して指数関数 e^x は

$$e^x = \sum_{n=0}^{\infty} \frac{x^n}{n!} = 1 + \frac{x}{1} + \frac{x^2}{2!} + \frac{x^3}{3!} + \cdots + \frac{x^n}{n!} + \cdots \tag{1.18}$$

とマクローリン級数に展開できる.ただし $0! = 1$.最初に,(1.18) の整級数において,実数 x を複素数 $z = x + iy$ で置き換えることが可能かを考える.

補題 1.1

複素数 z に対して複素級数

$$\varphi(z) = \sum_{n=0}^{\infty} \frac{z^n}{n!} = 1 + \frac{z}{1} + \frac{z^2}{2!} + \frac{z^3}{3!} + \cdots + \frac{z^n}{n!} + \cdots \tag{1.19}$$

は絶対収束する.

[証明] 任意の $z \neq 0$ に対して $\alpha_n = \frac{z^n}{n!}$ と置けば

$$\rho = \lim_{n \to \infty} \frac{|\alpha_{n+1}|}{|\alpha_n|} = \lim_{n \to \infty} \frac{|z|^{n+1}}{(n+1)!} \frac{n!}{|z|^n} = \lim_{n \to \infty} \frac{|z|}{n+1} = 0.$$

したがってダランベールの判定法により $\sum \alpha_n$ は絶対収束する.また $z = 0$ のときは,$n \geq 1$ に対して $\alpha_n = 0$ だから 1 に収束する.∎

次に,$z = x + iy \in \mathbb{C}$ に対する複素級数 (1.19) を x, y を用いて実部・虚部を具体的に書き表そう.まず $y = 0$ の場合には,定義と (1.18) から $\varphi(x) = e^x$ となる.一方,純虚数 $z = iy$ のときの値を求める.

補題 1.2

任意の $y \in \mathbb{R}$ に対して，等式 $\varphi(iy) = \cos y + i \sin y$ が成り立つ．

[証明] $\varphi(z)$ の第 $m+1$ 項までの部分和を S_m と置く．$\varphi(iy)$ は絶対収束するので，$m = 2k$ のとき，偶数べきの項と奇数べきの項に分けて和を取ると

$$S_{2k} = \sum_{\ell=0}^{2k} \frac{(iy)^n}{n!} = \sum_{\ell=0}^{k} \frac{(iy)^{2\ell}}{(2\ell)!} + \sum_{\ell=0}^{k-1} \frac{(iy)^{2\ell+1}}{(2\ell+1)!}$$
$$= \sum_{\ell=0}^{k} \frac{(-1)^\ell y^{2\ell}}{(2\ell)!} + i \sum_{\ell=0}^{k-1} \frac{(-1)^\ell y^{2\ell+1}}{(2\ell+1)!}. \tag{1.20}$$

ここで実三角関数 $\cos y, \sin y$ は次のようにマクローリン展開できる．

$$\cos y = \sum_{n=0}^{\infty} \frac{(-1)^n y^{2n}}{(2n)!} = 1 - \frac{y^2}{2!} + \frac{y^4}{4!} - \cdots + \frac{(-1)^n y^{2n}}{(2n)!} + \cdots,$$
$$\sin y = \sum_{n=0}^{\infty} \frac{(-1)^n y^{2n+1}}{(2n+1)!} = y - \frac{y^3}{3!} + \frac{y^5}{5!} - \cdots + \frac{(-1)^n y^{2n+1}}{(2n+1)!} + \cdots.$$

これらと (1.20) を比較すると，S_{2k} の実部は $\cos y$ のマクローリン級数の部分和であり，S_{2k} の虚部は $\sin y$ のマクローリン級数の部分和になっている．よって $k \to \infty$ のとき $S_{2k} \to \cos y + i \sin y$ と収束する．m が奇数の場合も同様に計算できて極限は一致するので，$S_m \to \cos y + i \sin y$ $(m \to \infty)$ を得る．■

最後に次の等式を示そう．

補題 1.3

$$\sum_{n=0}^{\infty} \frac{(x+iy)^n}{n!} = \left\{ \sum_{k=0}^{\infty} \frac{x^k}{k!} \right\} \left\{ \sum_{\ell=0}^{\infty} \frac{(iy)^\ell}{\ell!} \right\}. \tag{1.21}$$

[証明] 定理 1.6 の結果を用いて，右辺の級数の積をコーシー積で計算すると

$$w_n = \sum_{m=0}^{n} \frac{x^m}{m!} \frac{(iy)^{n-m}}{(n-m)!} = \frac{1}{n!} \sum_{m=0}^{n} \frac{n!}{(n-m)! \, m!} x^m (iy)^{n-m}$$
$$= \frac{1}{n!} \sum_{m=0}^{n} \binom{n}{m} x^m (iy)^{n-m} = \frac{1}{n!} (x+iy)^n.$$

ここに最後の等式では二項定理を使った．これから等式 (1.21) が導かれる．■

1.5 複素指数関数

補題 1.1-1.3 から複素指数関数を次のように定義する.

定義 1.2（複素指数関数）

各 $z = x + iy \in \mathbb{C}$ に対して

$$e^z = e^{x+iy} = \sum_{n=0}^{\infty} \frac{z^n}{n!} = e^x(\cos y + i \sin y)$$

と定義し，複素指数関数または単に指数関数と呼ぶ．これは実指数関数の拡張で，次の**オイラー**（Euler）**の公式**が成り立つ．

$$e^{i\theta} = \cos\theta + i\sin\theta, \quad \theta \in \mathbb{R}. \tag{1.22}$$

定義から直ちに次の性質が導かれる.

定理 1.7

(1) e^z は周期 $2\pi i$ の周期関数である：$e^{z+2\pi i} = e^z$.

(2) $|e^z| = e^{\operatorname{Re} z}$, $\arg e^z = \operatorname{Im} z + 2n\pi$ $(n = 0, \pm 1, \pm 2, \ldots)$.

(3) 任意の $z \in \mathbb{C}$ に対して $e^z \neq 0$.

(4) 次の指数法則が成り立つ．

   (i) $e^z e^w = e^{z+w}$.

   (ii) $\dfrac{1}{e^z} = e^{-z}$.

   (iii) $(e^z)^n = e^{nz}$, $n = \pm 1, \pm 2, \pm 3, \ldots$.

オイラーの公式 (1.22) を用いれば，複素数 z の極形式や n 乗根 $z^{1/n}$ の各分枝 $w_k(z)$ $(k = 1, 2, \ldots, n-1)$ は次のように表示できる．

$$z = |z|e^{i\operatorname{Arg} z}, \quad w_k(z) = \sqrt[n]{|z|} e^{i\operatorname{Arg} z/n} e^{2k\pi i/n}.$$

また (1.22) の θ の代わりに $-\theta$ を代入すれば $e^{-i\theta} = \cos\theta - i\sin\theta$ だから，次の重要な関係式を得る．

$$\cos\theta = \frac{e^{i\theta} + e^{-i\theta}}{2}, \quad \sin\theta = \frac{e^{i\theta} - e^{-i\theta}}{2i}. \tag{1.23}$$

後に (1.23) の θ を複素数 z に拡張して複素三角関数 $\cos z, \sin z$ を定義する．

例 1.16　e^z は負の値も取る：整数 m に対して $e^{x+i(2m+1)\pi} = -e^x$.
また，$e^{x+i(\pi/2+m\pi)} = (-1)^m i e^x$ と純虚数の値も取る．　□

軸に平行な直線の指数関数による像を調べると
$$x = a \longrightarrow u^2 + v^2 = e^a, \quad y = b \longrightarrow \operatorname{Arg} w = b$$
で，下図のようになる．ただし $-\pi < b \leq \pi$ とする．

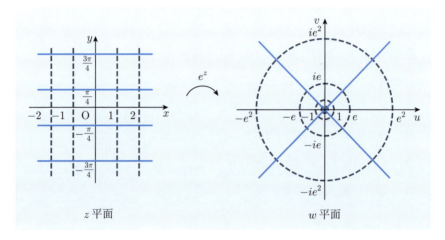

例 1.16 の逆を考えよう．一般の方程式については複素対数関数を利用する．

例題 1.7

次の方程式を解きなさい．　(1) $e^z = -3$　(2) $e^z = 2i$

【解答】 (1) $z = x + iy$ と置けば，$e^x \cos y + i e^x \sin y = -3$. 両辺の虚部を比較して $e^x \sin y = 0$. $e^x > 0$ により $y = n\pi$ (n は整数) でなければならない．一方，実部を比較して $e^x \cos y = -3$ となる．既知の $y = n\pi$ を代入して $(-1)^n e^x = -3$，すなわち $e^x = (-1)^{n+1} 3$. 再び $e^x > 0$ により $n+1 = 2m$ (m は整数) でなければならない．よって $n = 2m - 1$. このとき $e^x = 3$ から $x = \ln 3$ を得る．ただし $\ln x = \log_e x$ は自然対数関数．m を改めて $m+1$ と置くことにより，解 $z = \ln 3 + i(2m+1)\pi$ ($m = 0, \pm 1, \pm 2, \ldots$) を得る．

(2) $z = x + iy$ と置けば，$e^x \cos y + i e^x \sin y = 2i$. 両辺の実部を比較して $e^x \cos y = 0$，よって $y = (n + \frac{1}{2})\pi$（n は整数）．虚部を比較して $e^x \sin y = 2$. 既知の $y = (n + \frac{1}{2})\pi$ を代入して $(-1)^n e^x = 2$. すなわち $e^x = (-1)^n 2$ が従うので，$n = 2m$（m は整数）でなければならない．このとき $x = \ln 2$. 以上から解 $z = \ln 2 + i(2m + \frac{1}{2})\pi$（$m = 0, \pm 1, \pm 2, \dots$）を得る． ■

次の 2 つの例題では必ずしも複素指数関数を用いる必要はないが，使えば計算途中の表記が簡単になる．

例題 1.8 ──────────── **ラグランジュ（Lagrange）の三角恒等式**

$\theta \neq 2k\pi$（k は整数）に対して次の等式が成立することを導きなさい．
$$1 + \sum_{n=1}^{m} \cos(n\theta) = \frac{1}{2} + \frac{\sin\left(m + \frac{1}{2}\right)\theta}{2\sin\frac{\theta}{2}}. \tag{1.24}$$

右辺の三角関数の部分を**ディリクレ（Dirichlet）核**といい，フーリエ（Fourier）級数の収束定理やフーリエ変換の反転公式の証明に重要な役割を演じる．

【解答】 幾何級数の部分和 (1.17) の両辺に $z = e^{i\theta}$ を代入して指数法則を用いれば
$$1 + e^{i\theta} + e^{i2\theta} + \cdots + e^{im\theta} = \frac{1 - e^{i(m+1)\theta}}{1 - e^{i\theta}}.$$
この等式左辺の実部を取れば，オイラーの公式により (1.24) の左辺の式を得る．一方，右辺の分母，分子に $1 - e^{-i\theta}$ をかけて実部，虚部を整理すると
$$\frac{1 - e^{i(m+1)\theta}}{1 - e^{i\theta}} = \frac{\{1 - e^{i(m+1)\theta}\}(1 - e^{-i\theta})}{(1 - e^{i\theta})(1 - e^{-i\theta})} = \frac{1 - e^{i(m+1)\theta} - e^{-i\theta} + e^{im\theta}}{2 - (e^{i\theta} + e^{-i\theta})}$$
$$= \frac{1 - \cos\theta - \cos(m+1)\theta + \cos(m\theta)}{2(1 - \cos\theta)}$$
$$+ i\frac{-\sin(m+1)\theta + \sin\theta + \sin(m\theta)}{2(1 - \cos\theta)}.$$
ここで半角の公式 $1 - \cos\theta = 2\sin^2\frac{\theta}{2}$ および和積公式
$$\cos(m+1)\theta - \cos(m\theta) = -2\sin\left(m + \frac{1}{2}\right)\theta \sin\frac{\theta}{2}$$
を用いれば，部分和の実部は

$$\frac{1-\cos\theta-\cos(m+1)\theta+\cos(m\theta)}{2(1-\cos\theta)} = \frac{1}{2} + \frac{2\sin\left(m+\frac{1}{2}\right)\theta\sin\frac{\theta}{2}}{4\sin^2\frac{\theta}{2}}$$
$$= \frac{1}{2} + \frac{\sin\left(m+\frac{1}{2}\right)\theta}{2\sin\frac{\theta}{2}}$$

となる．以上をまとめて (1.24) を得る． ■

> **例題 1.9**
>
> $0 < r < 1$ を満たす r，実数 θ に対して次の等式が成立することを導きなさい．
> $$\sum_{n=0}^{\infty} r^n \cos(n\theta) = \frac{1-r\cos\theta}{1-2r\cos\theta+r^2}, \quad \sum_{n=0}^{\infty} r^n \sin(n\theta) = \frac{r\sin\theta}{1-2r\cos\theta+r^2}.$$

【解答】 $0 < r < 1$ により $z = re^{i\theta}$ に対して $|z| < 1$ となるので，幾何級数の和 (1.16) に $z = re^{i\theta}$ を代入して整理すれば

$$\sum_{n=0}^{\infty} r^n e^{in\theta} = \frac{1}{1-re^{i\theta}} = \frac{1-re^{-i\theta}}{(1-re^{i\theta})(1-re^{-i\theta})}$$
$$= \frac{1-re^{-i\theta}}{1-r(e^{i\theta}+e^{-i\theta})+r^2} = \frac{1-r\cos\theta+ir\sin\theta}{1-2r\cos\theta+r^2}.$$

一方，左辺においてはオイラーの公式を用いて計算し，実部，虚部を比較すれば求める等式を得る． ■

離散フーリエ変換　自然数 N に対して，1 の N 乗根の複素指数関数表示を使った離散フーリエ変換を紹介する．N は標本の個数を意味する．

> **定義 1.3（離散フーリエ変換）**
>
> N 項の複素数列 $\boldsymbol{z} = \{z_0, z_1, \ldots, z_{N-1}\}$ に対して
> $$Z_m = \sum_{n=0}^{N-1} z_n e^{-i2mn\pi/N} = \sum_{n=0}^{N-1} z_n \left(e^{-i2m\pi/N}\right)^n$$
> ($m = 0, 1, \ldots, N-1$) で定まる複素数列 $\boldsymbol{Z} = \{Z_0, Z_1, \ldots, Z_{N-1}\}$ を $\boldsymbol{z}$ の **離散フーリエ変換** という．

1.5 複素指数関数

例題 1.10

$N=8$ のとき,数列 $\boldsymbol{z}=\{1,0,0,\ldots,0\}$ の離散フーリエ変換
$$\boldsymbol{Z}=\{Z_0, Z_1, \ldots, Z_7\}$$
を計算しなさい.また $\boldsymbol{w}=\{0,1,0,\ldots,0\}$ に対して離散フーリエ変換 $\boldsymbol{W}=\{W_0, W_1, \ldots, W_7\}$ を計算しなさい.

【解答】 $m=0,1,\ldots,7$ のとき $Z_m=z_0\,e^{-i0}=1$ だから,$\boldsymbol{Z}=\{1,1,\ldots,1\}$ となる.

次に $\boldsymbol{W}$ を計算すると,$e^{-2\pi i/8}=e^{-\pi i/4}$ だから

$$W_0 = w_1 = 1, \qquad\qquad W_1 = w_1 e^{-\pi i/4} = \frac{1-i}{\sqrt{2}},$$

$$W_2 = w_1 e^{-2\pi i/4} = -i, \qquad W_3 = w_1 e^{-3\pi i/4} = \frac{-1-i}{\sqrt{2}},$$

$$W_4 = w_1 e^{-4\pi i/4} = -1, \qquad W_5 = w_1 e^{-5\pi i/4} = \frac{-1+i}{\sqrt{2}},$$

$$W_6 = w_1 e^{-6\pi i/4} = i, \qquad\quad W_7 = w_1 e^{-7\pi i/4} = \frac{1+i}{\sqrt{2}}$$

となり,次を得る.

$$\boldsymbol{W} = \left\{1,\ \frac{1-i}{\sqrt{2}},\ -i,\ \frac{-1-i}{\sqrt{2}},\ -1,\ \frac{-1+i}{\sqrt{2}},\ i,\ \frac{1+i}{\sqrt{2}}\right\}.$$ ■

定義 1.4(逆離散フーリエ変換)

N 項の複素数列 $\boldsymbol{W}=\{W_0, W_1, \ldots, W_{N-1}\}$ に対して

$$w_n = \frac{1}{N}\sum_{m=0}^{N-1} W_m e^{i2mn\pi/N} = \frac{1}{N}\sum_{m=0}^{N-1} W_m \bigl(e^{i2n\pi/N}\bigr)^m$$

($n=0,1,\ldots,N-1$)で定まる複素数列 $\boldsymbol{w}=\{w_0, w_1, \ldots, w_{N-1}\}$ を $\boldsymbol{W}$ の**逆離散フーリエ変換**という.

定理 1.8

N 項の複素数列を $\mathbb{C}^N$ のベクトルと同一視することにより，離散フーリエ変換は $\mathbb{C}^N$ 上の正則な変換となり，逆離散フーリエ変換が逆変換である．

[証明] 複素数列 $\boldsymbol{z} = \{z_0, z_1, \ldots, z_{N-1}\}$ を $\boldsymbol{z} = {}^t(z_0 \ z_1 \ \ldots \ z_{N-1}) \in \mathbb{C}^N$ と同一視する．このとき $\boldsymbol{Z} = \boldsymbol{S}_N \boldsymbol{z}$ と書ける．ここに N 次行列 $\boldsymbol{S}_N$ は対称で

$$\boldsymbol{S}_N = \begin{pmatrix} 1 & 1 & 1 & \cdots & 1 \\ 1 & w & w^2 & \cdots & w^{N-1} \\ 1 & w^2 & w^4 & \cdots & w^{2(N-1)} \\ \vdots & \vdots & \vdots & \ddots & \vdots \\ 1 & w^{N-1} & w^{2(N-1)} & \cdots & w^{(N-1)^2} \end{pmatrix}, \ w = \overline{\omega} = e^{-i2\pi/N}$$

と表される．$\boldsymbol{S}_N$ とその共役転置行列 $\boldsymbol{S}_N^* = \overline{{}^t \boldsymbol{S}_N} = \overline{\boldsymbol{S}}_N$ の積を調べる．$\boldsymbol{S}_N \overline{\boldsymbol{S}}_N$ の $(j+1, k+1)$ 成分は，$k = j \geq 0$ のときには，$w^j \overline{w}^j = |w^j|^2 = 1$ だから

$$1^2 + w^j \overline{w}^j + w^{2j} \overline{w}^{2j} + \cdots + w^{(N-1)j} \overline{w}^{(N-1)j} = N$$

が成り立つ．$k \neq j$ のときを考える．$w^j \ (j = 1, 2, \ldots, N-1)$ は 1 とは異なる 1 の N 乗根だから，系 1.1 後の 注意 と同様に $z = w^j$ は $1 + z + z^2 + \cdots + z^{N-1} = 0$ を満たす．これから $j, k \geq 1$ に対して $(1, k+1)$ 成分，$(j+1, 1)$ 成分はゼロになる．さらに，$w^j \overline{w}^k = w^{j-k}$ は再び 1 とは異なる 1 の N 乗根になるので，$(j+1, k+1)$ 成分は

$$1^2 + w^j \overline{w}^k + w^{2j} \overline{w}^{2k} + \cdots + w^{(N-1)j} \overline{w}^{(N-1)k}$$
$$= 1 + w^{j-k} + w^{2(j-k)} + \cdots + w^{(N-1)(j-k)} = 0$$

のようにゼロとなる．以上から N 次単位行列 I_N に対して，$\boldsymbol{S}_N \boldsymbol{S}_N^* = N I_N$ を得る．ゆえに $\boldsymbol{S}_N$ は正則で $\boldsymbol{S}_N^{-1} = \frac{\boldsymbol{S}_N^*}{N} = \frac{\overline{\boldsymbol{S}}_N}{N}$．これから逆離散フーリエ変換がフーリエ変換の逆変換であることも導かれる． ■

通常のフーリエ変換については後の 6.3.4 項，または岩下 [3, 第 7 章] を参照しなさい．

1章の演習問題

1.1 (1.1) の各等式が成り立つことを確かめなさい．

1.2 (1.2) の各性質を導きなさい．

1.3 次の複素数 z の絶対値を求めなさい．

(1) $-1+i$ (2) $\sqrt{3}-i$ (3) $3+i$

(4) $-1-3i$ (5) $\sqrt{6}-\sqrt{2}\,i$ (6) $\dfrac{1}{2}+\dfrac{i}{3}$

(7) $\dfrac{2}{\sqrt{3}}-\dfrac{i}{\sqrt{2}}$ (8) $\dfrac{4}{-\sqrt{6}+\sqrt{2}}+(\sqrt{6}-\sqrt{2})i$

1.4 次の複素数 z の値を求めなさい．

(1) $(2-3i)+(5-4i)$ (2) $\dfrac{-1-4i}{3}-\dfrac{3-7i}{2}$ (3) $(2+i)(3+5i)$

(4) $(\sqrt{2}+i)(2-\sqrt{3}\,i)$ (5) $(2+3i)^4$ (6) $\dfrac{3+4i}{2-3i}$

(7) $\dfrac{\sqrt{2}-\sqrt{3}\,i}{2+2i}$ (8) $\dfrac{(2+\sqrt{3}\,i)^3}{(1+2i)^4}$

(9) $\dfrac{1-i}{i}+\dfrac{i}{1-i}$ (10) $\dfrac{1+i}{2}\left(1+2i+\dfrac{1}{1+2i}\right)$

(11) $\dfrac{-\sqrt{3}+i}{2}\dfrac{(3-i)+(2+i)}{(3-i)+(1-i)}$ (12) $\dfrac{(2-i)(5+4i)+(1+3i)}{(1+2i)(5+4i)+(1-i)}$

1.5 次で与える値 α に対して 2 次方程式 $z^2=\alpha$ を解きなさい．

(1) $3-4i$ (2) $5+12i$ (3) $15-8i$ (4) $7+24i$

(5) $-\sqrt{3}-i$ (6) $3+\sqrt{3}\,i$ (7) $2+2i$ (8) $-2+2i$

1.6 次の z の 2 次方程式を解きなさい．

(1) $z^2+2iz+(3+4i)=0$ (2) $z^2-2\sqrt[4]{2}\,iz-(3\sqrt{2}+3i)=0$

(3) $z^2-2(2+i)z+(1+2i)=0$ (4) $z^2-2(\sqrt{2}+\sqrt{3}\,i)z-2=0$

1.7 (1.8) の各不等式を導きなさい．

1.8 次の複素数 z を極形式で表しなさい．

(1) $1+i$ (2) $-2+2i$ (3) $\dfrac{1}{1+i}$ (4) $\dfrac{5-5i}{\sqrt{2}\,i}$

(5) $\sqrt{3}-i$ (6) $-\sqrt{3}-3i$ (7) $\sqrt{6}+\sqrt{2}\,i$ (8) $\dfrac{6i}{-\sqrt{3}+i}$

(9) $i\left(\dfrac{1}{\sqrt{2}}+\dfrac{\sqrt{6}\,i}{2}\right)$ (10) $\dfrac{1+i}{1-\sqrt{3}\,i}$ (11) $2+\sqrt{3}+i$

(12) $-2i-1-\sqrt{3}\,i$ (13) $\sqrt{2}+1-i$ (14) $(\sqrt{2}+1+i)(3-\sqrt{3}\,i)$

(15) $\dfrac{\sqrt{2}+1+i}{2+\sqrt{3}-i}$

1.9 $\arg z + \arg z \neq 2\arg z$ となることを，両辺の集合の包含関係を調べることによって確かめなさい．

1.10 ド・モアブルの公式を利用して $\cos(3\theta), \sin(3\theta)$ をそれぞれ $\cos\theta, \sin\theta$ のみを用いて表しなさい．すなわち，3 倍角の公式を導きなさい．

1.11 (1) ド・モアブルの公式を利用して，5 倍角の公式

$$\cos(5\theta) = 16\cos^5\theta - 20\cos^3\theta + 5\cos\theta, \qquad (1.25)$$

$$\sin(5\theta) = 16\sin^5\theta - 20\sin^3\theta + 5\sin\theta \qquad (1.26)$$

をそれぞれ導きなさい．

(2) 等式 (1.25) で $\theta = \dfrac{\pi}{5}$ と取り，$x = 2\cos\theta$ と置いて $x^5 - 5x^3 + 5x + 2 = 0$ を導きなさい．さらに $x^5 - 5x^3 + 5x + 2 = (x^2 - x - 1)^2(x+2)$ と因数分解されることを確かめなさい．

(3) (2) から $\cos\dfrac{\pi}{5}$ の値を導きなさい．また $\sin\dfrac{\pi}{5}$ の値を等式 (1.26) から直接求めなさい．

(4) (3) と同様にして $\cos\dfrac{\pi}{10}, \sin\dfrac{\pi}{10}$ の値を求めなさい．

1.12 ド・モアブルの公式を利用して次の値を計算しなさい．

(1) $(\sqrt{3}-i)^{15}$ (2) $\left(\dfrac{1-i}{1+i}\right)^{90}$ (3) $\dfrac{(1-i)^5}{(1+\sqrt{3}i)^6}$

(4) $\left(\dfrac{\sqrt{3}+3i}{-1+i}\right)^8$ (5) $\left(\dfrac{1+i}{-\sqrt{3}+i}\right)^{10}$ (6) $\left(1-\dfrac{\sqrt{3}-i}{2}\right)^8$

1.13 $\alpha = 7+i, \beta = 3+i$ と置く．

(1) $\alpha\beta^2$ の偏角の主値を求めなさい．

(2) (1) の結果を利用して次の**オイラーの公式**が成り立つことを示しなさい．

$$\arctan\dfrac{1}{7} + 2\arctan\dfrac{1}{3} = \dfrac{\pi}{4}.$$

1.14 $\alpha = 5+i, \beta = 239+i$ と置く．

(1) $\dfrac{\alpha^4}{\beta}$ の偏角の主値を求めなさい．

(2) (1) の結果を利用して次の**マチン（Machin）の公式**が成り立つことを示しなさい．

$$4\arctan\dfrac{1}{5} - \arctan\dfrac{1}{239} = \dfrac{\pi}{4}.$$

1.15 ω を 1 以外の 1 の n 乗根とするとき，次の等式が成り立つことを示しなさい．

(1) $\omega^{n-1} + \omega^{n-2} + \cdots + \omega^2 + \omega + 1 = 0$

(2) $1 + 2\omega + 3\omega^2 + \cdots + n\omega^{n-1} = \dfrac{n}{\omega - 1}$

1.16 次の w についての方程式を解きなさい．

(1) $w^2 = -3i$ (2) $w^2 = -2\sqrt{3} + 6i$ (3) $w^2 = 10 + 10\sqrt{3}\,i$

(4) $w^2 = -2\sqrt{3} + 2i$ (5) $w^3 = i$ (6) $w^3 = -4i$

(7) $w^3 = -1 + i$ (8) $w^3 = 3 + 3i$ (9) $w^4 = -4$

(10) $w^4 = -1 - \sqrt{3}\,i$ (11) $w^4 = 8 - 8\sqrt{3}\,i$ (12) $w^5 = 1$

(13) $w^6 = -64$

1.17 関数 $f(z) = z^2$ により集合 $|z - 1| < 1$ はカージオイド（心臓形）の内部に移ることを確かめなさい．ただし，カーディオイドは $r = a(1 + \cos\theta)$, $0 \leq \theta \leq 2\pi$ の形で与えられる．

1.18 定理 1.4(2) を示しなさい．

1.19 次の級数の収束・発散を調べなさい．ただし $\beta \neq 0$ は複素数，k は自然数．

(1) $\displaystyle\sum_{n=1}^{\infty} \frac{n}{(1+i)^n}$ (2) $\displaystyle\sum_{n=1}^{\infty} \frac{1}{(n+2i)^k}$ (3) $\displaystyle\sum_{n=1}^{\infty} \frac{\beta^n}{n^2}$

(4) $\displaystyle\sum_{n=1}^{\infty} \frac{n^3}{\beta^n}$ (5) $\displaystyle\sum_{n=1}^{\infty} \beta^{n^2}$ (6) $\displaystyle\sum_{n=1}^{\infty} \left(1 - \frac{1}{n}\right)^{n^2}$

(7) $\displaystyle\sum_{n=1}^{\infty} \left(\frac{\sqrt{5} + \sqrt{3}\,i}{2n}\right)^n n!$ (8) $\displaystyle\sum_{n=1}^{\infty} \left(1 - \frac{i}{\sqrt{n}}\right)^{-n^2}$ (9) $\displaystyle\sum_{n=1}^{\infty} \frac{n!}{(n+i)^n}$

(10) $\displaystyle\sum_{n=1}^{\infty} \frac{1}{1 + \beta^n}$

1.20 実数 x, y に対して次の等式が成り立つことを示しなさい．

$$\lim_{n\to\infty} \left(1 + \frac{x+iy}{n}\right)^n = e^x(\cos y + i \sin y).$$

1.21 等式 $\overline{e^z} = e^{\bar{z}}$ を示しなさい．

1.22 次の複素数 z の値を求めなさい．

(1) e^{2+3i} (2) $e^{-1/2 + i\ln 3}$ (3) $e^{\ln 2 + \pi i/4}$

(4) $e^{(1-i)^3}$ (5) $e^{1/(1+i)^2}$

1.23 次の z に関する方程式を解きなさい.

(1) $e^z = 5$ (2) $e^z = -\sqrt{2}$ (3) $e^{2z} = -4i$

(4) $e^z = 2 - 2i$ (5) $e^{-z} = -3 + \sqrt{3}\,i$ (6) $e^{1/z} = i$

(7) $e^{z^2} = \dfrac{-1 + \sqrt{3}\,i}{2}$

1.24 定理 1.6 の結果を用いて指数法則 $e^z e^w = e^{z+w}$ を確かめなさい.

1.25 (1) 等式 (1.23) と指数法則を用い，任意の自然数 n に対して次の等式を導きなさい．また，$n = 4, 5, 6$ のときの等式右辺を計算しなさい.

$$\cos^n \theta = \frac{1}{2^n} \sum_{k=0}^{n} \binom{n}{k} \cos\{(n-2k)\theta\}.$$

(2) 上の等式と同様な $\sin^n \theta$ に関する等式を導きなさい.

1.26 $\theta \neq 2m\pi$ に対して次の等式を導きなさい.

$$\sum_{k=1}^{n} \sin(k\theta) = \frac{\sin \frac{n\theta}{2} \sin \frac{(n+1)\theta}{2}}{\sin \frac{\theta}{2}}$$

1.27 $N = 8$ に対して次の複素数列 $\boldsymbol{z}$ の離散フーリエ変換を計算しなさい.

(1) $\boldsymbol{z} = \{1, 1, \ldots, 1\}$

(2) $\boldsymbol{z} = \{z_n\},\ z_n = \begin{cases} 1, & n = 偶数, \\ 0, & n = 奇数. \end{cases}$

2 複素関数の微分

　複素数値関数の複素変数による微分を扱う．微分の定義自体は実関数のものと同じあっても，導かれる性質は非常に強い．微分可能な関数である正則関数の性質のほとんどは，関数の実部，虚部間の重要な関係式であるコーシー–リーマンの微分方程式から導かれる．それと共に指数関数から導かれる初等関数を導入する．正則関数の実2次元ベクトル場への応用も合わせて紹介する．

キーワード

コーシー–リーマンの微分方程式
正則関数　　複素対数関数　　複素累乗関数
複素三角関数　　複素逆三角関数　　調和関数

2.1 複素微分

点 $\alpha \in \mathbb{C}$, 正数 ε に対して

$$U_\varepsilon(\alpha) = \{z \in \mathbb{C} \,|\, |z-\alpha| < \varepsilon\}$$

を α の **ε 近傍** という. 半径 ε を表す必要がない場合には $U(\alpha)$ と書き, α の**近傍**と呼ぶ. 記号 $U(\alpha)$ が必要ないときには単に『α の近傍』という言葉を使うことも多い.

複素関数 $f(z)$ は α の近傍で定義されているとする. ただし $z=\alpha$ では必ずしも定義されていなくてもよい. 点 z が α に近づくとき $f(z)$ がある複素数 β に近づくならば, β を z が α に近づくときの**極限値**といい

$$\lim_{z \to \alpha} f(z) = \beta, \quad \text{または} \quad f(z) \to \beta \quad (z \to \alpha)$$

と書く. さらに α が $f(z)$ の定義域に含まれ, 等式

$$\lim_{z \to \alpha} f(z) = f(\alpha)$$

が成り立つとき, $f(z)$ は α で連続であるという. $f(z) = u(x,y) + iv(x,y)$ と表示すると, 任意の $\beta = c + id$ に対して不等式

$$|u(x,y)-c|, |v(x,y)-d| \leq |f(z)-\beta| \leq |u(x,y)-c| + |v(x,y)-d|$$

が成り立つから, 複素関数の極限・連続性はその実部, 虚部の実 2 変数関数の極限・連続性の問題に帰着される.

例2.1 多項式 $P(z)$, 指数関数 e^z は $\mathbb{C}$ 上で連続である. 既約多項式 $P(z)$, $Q(z)$ で表される有理関数 $R(z) = \frac{P(z)}{Q(z)}$ はその定義域 $\{z \in \mathbb{C} \,|\, Q(z) \neq 0\}$ において連続である. 同様に z の共役複素数 $\bar{z}$ の多項式 $P(\bar{z})$, $\bar{z}$ の指数関数 $e^{\bar{z}} = \overline{e^z}$ もまた $\mathbb{C}$ 上で連続である. □

例2.2 (1.13) で与えられる平方根の主枝 $\sqrt{z}$ は, $\sqrt{0}=0$ と定義すればすべての $z \in \mathbb{C}$ で定義される. 負の数 $z = x < 0$ に対しては $\sqrt{z} = i\sqrt{|x|}$ となり, $x < 0$ に対する上半平面 $\operatorname{Im} z > 0$ 内からの極限値は実軸上での値と一致する. すなわち

$$\lim_{z \to x+i0} \sqrt{z} = i\sqrt{|x|}$$

が成り立つ．しかし，下半平面 $\mathrm{Im}\, z < 0$ 内からの極限値は，例えば
$$\lim_{y \to -0} \sqrt{x+iy} = -i\sqrt{|x|}$$
だから，実軸の負の部分での値とは一致しないので，$z = x < 0$ では連続ではない．$\sqrt{z}$ は実軸の負の部分を除いた複素数平面 $\{z \in \mathbb{C} \,|\, z \neq x \in (-\infty, 0)\} = \mathbb{C} \setminus (-\infty, 0)$ 上に限って連続になる． □

点 α の近傍を定義域に含む複素関数 $f(z)$ に対して，極限値
$$\lim_{z \to \alpha} \frac{f(z) - f(\alpha)}{z - \alpha} = \lim_{\Delta z \to 0} \frac{f(\alpha + \Delta z) - f(\alpha)}{\Delta z} \tag{2.1}$$
が存在するとき，$f(z)$ は $z = \alpha$ で**微分可能**であるという．極限値 (2.1) を
$$f'(\alpha), \quad \text{または} \quad \frac{df}{dz}(\alpha)$$
と表し，$f(z)$ の α における**微分係数**という．$f(z)$ が集合 S の各点で微分可能であるとき，$z \in S$ に微分係数 $f'(z)$ を対応させる関数を $f(z)$ の**導関数**といい，$f'(z)$ と書く．実関数と同様に，関数の和，積，商に対して微分係数を求める公式が成り立ち，合成関数の微分公式も成り立つ．さらに次の結果が従う．

命題 2.1

複素関数 $f(z)$ が $z = \alpha$ で微分可能であるための必要十分条件は，複素定数 λ があって $z \to \alpha$ のとき次のように表示できることである．
$$f(z) - f(\alpha) = \lambda(z - \alpha) + \varepsilon(z), \quad \lim_{z \to \alpha} \frac{\varepsilon(z)}{z - \alpha} = 0.$$

命題 2.1 から，$f(z)$ が $z = \alpha$ で微分可能ならば連続であることも導かれる．

例題 2.1

自然数 n に対して $f(z) = z^n$ は任意の点 $z \in \mathbb{C}$ で微分可能で，導関数は $f'(z) = nz^{n-1}$ となることを確かめなさい．

【解答】 二項定理により $(z + \Delta z)^n$ を展開して計算すれば
$$\frac{f(z + \Delta z) - f(z)}{\Delta z} = \frac{1}{\Delta z}\left\{z^n + \sum_{k=1}^{n} \binom{n}{k} z^{n-k} (\Delta z)^k - z^n\right\}$$
$$= nz^{n-1} + \Delta z \sum_{k=2}^{n} \binom{n}{k} z^{n-k} (\Delta z)^{k-2} \quad \longrightarrow \quad nz^{n-1} \quad (\Delta z \to 0). \blacksquare$$

例題 2.1 から多項式は $\mathbb{C}$ 上で微分可能となり，商の微分法を使えば有理関数はその定義域上で微分可能であることがわかる．

> **例題 2.2**
>
> (1.13) で与えられる平方根の主枝 $f(z) = \sqrt{z}$ は $D = \mathbb{C} \setminus (-\infty, 0]$ 上で微分可能で，導関数は $f'(z) = \frac{1}{2\sqrt{z}}$ となることを導きなさい．

【解答】 任意の点 $z \in D$ に対して，$|\Delta z|$ が十分小さければ $z + \Delta z \in D$ となる．実平方根の場合と同様に分子の有理化を行えば，$\Delta z \to 0$ のとき

$$\frac{f(z+\Delta z) - f(z)}{\Delta z} = \frac{\sqrt{z+\Delta z} - \sqrt{z}}{\Delta z}$$
$$= \frac{(\sqrt{z+\Delta z} - \sqrt{z})(\sqrt{z+\Delta z} + \sqrt{z})}{\Delta z(\sqrt{z+\Delta z} + \sqrt{z})} = \frac{\Delta z}{\Delta z(\sqrt{z+\Delta z} + \sqrt{z})}$$
$$= \frac{1}{\sqrt{z+\Delta z} + \sqrt{z}} \longrightarrow \frac{1}{2\sqrt{z}}.\qquad\blacksquare$$

平方根とは異なり，$e^z = e^x \cos y + i e^x \sin y$ により定義された複素指数関数 e^z に対しては，微分可能性を (2.1) によって直接確かめることはできない．実部，虚部が良い性質を持つ実 2 変数関数であっても，複素微分可能ではない例もある．

例を紹介する前に，実 2 変数関数の微分について復習しておく．関数 $u(x,y)$ とその定義域内の点 (a,b) に対して $u(x,y)$ が $(x,y) = (a,b)$ で**全微分可能**であるとは，実定数 A, B があって $(h,k) \to (0,0)$ のとき

$$u(a+h, b+k) = u(a,b) + Ah + Bk + \varepsilon(h,k),$$
$$\text{ただし，}\quad \frac{\varepsilon(h,k)}{\sqrt{h^2+k^2}} \to 0 \;(\sqrt{h^2+k^2} \to 0) \tag{2.2}$$

と表されることをいう．$u(x,y)$ が (a,b) で全微分可能ならば偏微分可能で，偏微分係数は $u_x(a,b) = A$, $u_y(a,b) = B$ となる．関数 $u(x,y)$ が偏微分可能で 2 つの偏導関数が共に連続であるとき，$u(x,y)$ は C^1 **級**または連続微分可能であるという．$u(x,y)$ が C^1 級ならば全微分可能となる．帰納的に $u(x,y)$ が n 回偏微分可能で第 n 次偏導関数がすべて連続であるとき，$u(x,y)$ は C^n **級**であるという．このとき第 $n-1$ 次以下の偏導関数はすべて連続になる．また任意の自然数 n に対して C^n 級となる関数を C^∞ **級**関数という．

例2.3 関数 $f(z) = \bar{z} = x - iy$ の実部 x, 虚部 $-y$ は実 2 変数 (x, y) の関数として C^∞ 級であるが, $f(z)$ はいかなる点でも微分可能ではない. 実際に, 任意の点 z に対して $\Delta z = h + ik$ と置くと

$$\frac{f(z + \Delta z) - f(z)}{\Delta z} = \frac{\{\bar{z} + (h - ik)\} - \bar{z}}{h + ik}$$
$$= \frac{(h - ik)^2}{h^2 + k^2}$$
$$= \frac{h^2 - k^2}{h^2 + k^2} - i\frac{2hk}{h^2 + k^2}.$$

最後の等式右辺の実部, 虚部は $(h, k) \to (0, 0)$ のとき極限を持たない. よって関数 $\bar{z}$ はすべての点で微分可能ではない. □

実部, 虚部が全微分可能であるだけではなく, 互いに何らかの関係が必要になる. そこで $f(z) = u + iv$ は $\alpha = a + ib$ で微分可能, $u(x, y), v(x, y)$ は点 (a, b) で偏微分可能としてその関係を調べる. 極限 (2.1) が存在するので Δz として $\Delta z = h \in \mathbb{R}$ と選ぶ. すなわち下図左のように実軸に平行に極限を取れば, $u(x, y), v(x, y)$ は (a, b) で偏微分可能だから次の等式が成り立つ.

$$f'(\alpha) = \lim_{\Delta z \to 0} \frac{f(\alpha + \Delta z) - f(\alpha)}{\Delta z} = \lim_{h \to 0} \frac{f(\alpha + h) - f(\alpha)}{h}$$
$$= \lim_{h \to 0} \left\{ \frac{u(a + h, b) - u(a, b)}{h} + i\frac{v(a + h, b) - v(a, b)}{h} \right\}$$
$$= u_x(a, b) + iv_x(a, b). \tag{2.3}$$

一方, 下図右のように虚軸に平行に極限を取る. すなわち $\Delta z = ik \ (k \in \mathbb{R})$ と選んで $k \to 0$ とすれば, $u_y(a, b), v_y(a, b)$ が存在するので

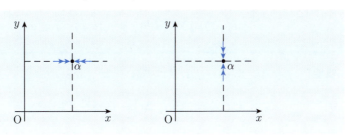

$$f'(\alpha) = \lim_{\Delta z \to 0} \frac{f(\alpha + \Delta z) - f(\alpha)}{\Delta z} = \lim_{k \to 0} \frac{f(\alpha + ik) - f(\alpha)}{ik}$$
$$= \lim_{k \to 0} \frac{1}{i} \left\{ \frac{u(a, b+k) - u(a,b)}{k} + i \frac{v(a, b+k) - v(a,b)}{k} \right\}$$
$$= \frac{1}{i} \{u_y(a,b) + iv_y(a,b)\}$$
$$= v_y(a,b) - iu_y(a,b) \tag{2.4}$$

が従う.どのように極限 $\Delta z \to 0$ を取っても同じ値に収束するので,(2.3),(2.4)から

$$u_x(a,b) + iv_x(a,b) = v_y(a,b) - iu_y(a,b)$$

が成り立つ.両辺の実部,虚部を比較して次の定理のように u, v 間の偏微分係数の関係式を得る.

> **定理 2.1（微分可能性の必要条件）**
>
> 関数 $f(z) = u(x,y) + iv(x,y)$ が $\alpha = a + ib$ で微分可能ならば,実部 $u(x,y)$,虚部 $v(x,y)$ は $(x,y) = (a,b)$ で全微分可能で,さらに次の**コーシー-リーマン**（Cauchy-Riemann）**の関係式** (CR) を満たす.
>
> $$\begin{cases} u_x(a,b) = v_y(a,b), \\ u_y(a,b) = -v_x(a,b). \end{cases} \tag{CR}$$
>
> このとき微分係数 $f'(\alpha)$ は次のように 2 通りの形で表される.
>
> $$f'(\alpha) = u_x(a,b) + iv_x(a,b)$$
> $$= \frac{1}{i}\{u_y(a,b) + iv_y(a,b)\} = v_y(a,b) - iu_y(a,b). \tag{2.5}$$

[証明] $f'(\alpha) = A + iB$（A, B は実数）,$\Delta z = h + ik$ と置く.また

$$\varepsilon(\Delta z) = f(\alpha + \Delta z) - f(\alpha) - f'(\alpha)\Delta z$$

と置いて $\varepsilon(\Delta z)$ の実部 $\varepsilon_r(h,k)$,虚部 $\varepsilon_i(h,k)$ を計算すれば,それぞれ

2.1 複素微分

$$\varepsilon_r(h,k) = u(a+h, b+k) - u(a,b) - Ah + Bk,$$
$$\varepsilon_i(h,k) = v(a+h, b+k) - v(a,b) - Bh - Ak$$

となる．命題 2.1 により

$$\lim_{\Delta z \to 0} \frac{\varepsilon(\Delta z)}{|\Delta z|} = 0$$

が成り立つので

$$\lim_{(h,k) \to (0,0)} \frac{\varepsilon_r(h,k)}{\sqrt{h^2 + k^2}} = 0, \quad \lim_{(h,k) \to (0,0)} \frac{\varepsilon_i(h,k)}{\sqrt{h^2 + k^2}} = 0 \qquad (2.6)$$

が従う．以上を合わせれば $(h,k) \to (0,0)$ のとき

$$\begin{aligned} u(a+h, b+k) &= u(a,b) + Ah + (-B)k + \varepsilon_r(h,k), \\ v(a+h, b+k) &= v(a,b) + Bh + Ak + \varepsilon_i(h,k) \end{aligned} \qquad (2.7)$$

が従う．(2.6), (2.7) は条件 (2.2) を意味するので $u(x,y), v(x,y)$ は (a,b) で全微分可能となり，偏微分係数は

$$\begin{cases} u_x(a,b) = A, \\ u_y(a,b) = -B, \end{cases} \quad \begin{cases} v_x(a,b) = B, \\ v_y(a,b) = A \end{cases}$$

で与えられる．この等式からコーシー-リーマンの関係式 (CR) が従う． ∎

定理 2.1 の証明を逆にたどれば，必要条件が十分条件にもなっていることを確認できる．すなわち

定理 2.2（微分可能性の十分条件）

関数 $f(z) = u(x,y) + iv(x,y)$ に対して，$u(x,y), v(x,y)$ が $(x,y) = (a,b)$ で全微分可能でコーシー-リーマンの関係式 (CR) を満たすならば，$f(z)$ は $\alpha = a + ib$ で微分可能となり微分係数は (2.5) で与えられる．

注意 『全微分可能性』の確認は容易でないことが多いので，代わりに『C^1 級である』ことを十分条件として使うことが多い．

例 2.4 例 2.3 の関数 $f(z) = \bar{z} = x - iy$ を再び考える．$u(x,y) = x$, $v(x,y) = -y$ と置けば，u, v は $\mathbb{R}^2$ 上 C^1 級で，偏導関数は

$$\begin{cases} u_x(x,y) = 1, \\ u_y(x,y) = 0, \end{cases} \quad \begin{cases} v_y(x,y) = -1, \\ -v_x(x,y) = 0 \end{cases}$$

となる．恒等的に $u_y(x,y) = -v_x(x,y)$ かつ $u_x(x,y) \neq v_y(x,y)$ だから，(CR) が成立する点は 1 点もない．よって $f(z)$ が微分可能な点は 1 点もなく，すべての点で微分不可能である． □

例 2.4 から $\bar{z}$ の関数については微分可能性を期待できないが，微分可能な点を持つ場合もある．

例 2.5 $f(z) = |z|^2 = z\bar{z} = x^2 + y^2$ は $z = 0$ のみで微分可能である．実際に，$f(z) = u + iv$ と置けば，$u(x,y) = x^2 + y^2$, $v(x,y) = 0$ のどちらの関数も C^1 級で

$$\begin{cases} u_x(x,y) = 2x, \\ u_y(x,y) = 2y, \end{cases} \quad \begin{cases} v_y(x,y) = 0, \\ -v_x(x,y) = 0. \end{cases}$$

(CR) が成立するための必要十分条件は $x = 0, y = 0$ となる．よって原点のみで微分可能で，微分係数は

$$f'(0) = u_x(0,0) + iv_x(0,0) = 0$$

となる．

それでは $g(z) = \bar{z}^2$ には微分可能な点があるかどうか，調べなさい（演習問題 **2.1**(5)）． □

2.2 正則関数

実質的には $\mathbb{R}^2$ である複素数平面 $\mathbb{C}$ の部分集合 S について名称を確認する. 点 $\alpha \in S$ に対して適当な近傍 $U(\alpha)$ を取れば $U(\alpha) \subset S$ となるとき, α を S の**内点**という. また点 $\beta \notin S$ に対して適当な近傍 $U(\beta)$ を選べば

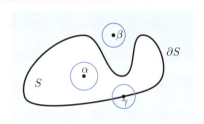

$U(\beta) \subset \mathbb{C} \setminus S$ となるとき, β を S の**外点**という. 内点でも外点でもない点を**境界点**という. すなわち γ が境界点であるとは, 任意の $\varepsilon > 0$ に対して $U_\varepsilon(\gamma) \cap S \neq \emptyset$ かつ $U_\varepsilon(\gamma) \cap (\mathbb{C} \setminus S) \neq \emptyset$ を満たすことをいう. S の境界点すべての集合を ∂S と書き, S の**境界**という. S が内点のみから構成されるとき, S を**開集合**という. また S の任意の 2 点 α, β が S に含まれる連続な曲線で結べるとき, S は**連結**（**弧状連結**）であるという. さらに連結な開集合を**領域**という. 最後に, S が**閉集合**とは補集合 $\mathbb{C} \setminus S$ が開集合であることをいう.

例2.6 (1) 複素数平面 $\mathbb{C}$ は開集合であり, 任意の 2 点を線分で結べるから連結, したがって領域である.

(2) 任意の $\varepsilon > 0, \alpha \in \mathbb{C}$ に対して, $U_\varepsilon(\alpha)$ は開集合であり領域でもある. 境界 $\partial U_\varepsilon(\alpha)$ は中心が α で半径が ε の円である: $\partial U_\varepsilon(\alpha) = \{z \in \mathbb{C} \mid |z - \alpha| = \varepsilon\}$.

(3) 複素数平面から原点と実軸の負の部分を取り除いた集合 $D = \mathbb{C} \setminus (-\infty, 0]$ は領域である.

(4) 相異なる 2 点 $\alpha, \beta \in \mathbb{C}$ に対して, $\varepsilon > 0, \delta > 0$ を $\varepsilon + \delta < |\alpha - \beta|$ と選ぶ. 集合 $S = U_\varepsilon(\alpha) \cup U_\delta(\beta)$ は連結ではない開集合で, 領域ではない. □

定義 2.1

(1) 関数 $f(z)$ が点 α で**正則**であるとは, α のある近傍の任意の点 z で $f(z)$ が微分可能であることをいう.

(2) 関数 $f(z)$ が領域 D で**正則**であるとは, 領域 D の任意の点 z で正則であることをいう. 特に $\mathbb{C}$ 全体で正則な関数を**整関数**という.

例2.7 (1) 多項式は $\mathbb{C}$ 上で正則，したがって多項式は整関数である．

(2) 平方根の主値 $\sqrt{z}$ は領域 $D = \mathbb{C} \setminus (-\infty, 0]$ 上で正則な関数である． □

例2.8 関数 $f(z) = |z|^2$ は原点で微分可能であるが，原点以外の点では微分可能ではない．よって原点で正則ではなく，いかなる点でも正則ではない． □

注意 1点においては，単に微分可能であることと正則であることを区別しなければならないが，開集合 S においては S で正則であることと S で微分可能である（S の任意の点で微分可能）ことは同じである． □

1点 α のみで微分可能な関数 $g(z)$ と 1点 α で正則な関数 $f(z)$ の違いを確認しておく．複素関数においても高次微分，高次微分係数・導関数を実関数と同様に帰納的に定義する．$f(z)$ は α のある近傍 $U(\alpha)$ の任意の点で微分可能だから，$z \in U(\alpha)$ ならば $f'(z)$ が存在し，さらに極限

$$\lim_{\Delta z \to 0} \frac{f'(\alpha + \Delta z) - f'(\alpha)}{\Delta z}$$

を考えることができる．これが収束すれば極限値を $f''(\alpha)$ と書いて**第2次微分係数**と呼び，$f(z)$ は α で **2回微分可能**であるという．一方で，α のみで微分可能な関数 $g(z)$ に対しては，$z \neq \alpha$ ならば $g'(z)$ は存在しないので，α で $g(z)$ の第2次微分係数を考えることはできない．もちろん実関数でも状況は同じであるが，最大の違いは 3.5 節の定理 3.7 で見るように 1点で正則ならば必ず導関数も正則で，従って任意回微分可能になることである．

正則関数に対する微分公式をまとめておく．実関数との違いはない．

命題 2.2

正則関数 $f(z), g(z)$，定数 α に対して次の微分公式が成り立つ．

(1) $\bigl(f(z) + g(z)\bigr)' = f'(z) + g'(z), \quad \bigl(\alpha f(z)\bigr)' = \alpha f'(z)$.

(2) $\bigl(f(z)g(z)\bigr)' = f'(z)g(z) + f(z)g'(z)$.

(3) $\left(\dfrac{f(z)}{g(z)}\right)' = \dfrac{f'(z)g(z) - f(z)g'(z)}{g(z)^2}, \quad g(z) \neq 0$.

特に，$\left(\dfrac{1}{g(z)}\right)' = -\dfrac{g'(z)}{g(z)^2}$．

(4) （**合成関数の微分法**） $\{f(g(z))\}' = f'(g(z))g'(z)$．

2.2 正則関数

定理 2.1, 2.2 から，関数 $f(z) = u(x,y) + iv(x,y)$ が領域 D 上で正則であるための必要十分条件は，u, v が D 上で全微分可能かつ**コーシー-リーマンの微分方程式**

$$\begin{cases} u_x(x,y) = v_y(x,y), \\ u_y(x,y) = -v_x(x,y) \end{cases} \tag{CR}$$

を満たすことである．

例 2.9 複素指数関数 $f(z) = e^z = e^x \cos y + i e^x \sin y$ は整関数である．実際に，$u(x,y) = e^x \cos y$, $v(x,y) = e^x \sin y$ と置けば u, v は $\mathbb{R}^2$ 上 C^1 級で

$$\begin{cases} u_x(x,y) = e^x \cos y, \\ u_y(x,y) = -e^x \sin y, \end{cases} \quad \begin{cases} v_y(x,y) = e^x \cos y, \\ -v_x(x,y) = -e^x \sin y \end{cases}$$

のようにコーシー-リーマンの微分方程式 (CR) を満たす．このとき導関数は

$$f'(z) = u_x(x,y) + iv_x(x,y) = e^x \cos y + i e^x \sin y = e^z$$

となる．特に，複素数 α，実変数 t に対して $\frac{d}{dt} e^{\alpha t} = \alpha e^{\alpha t}$ が成り立つ． □

例 2.10 右半平面 $D = \{z = x + iy \in \mathbb{C} \mid x > 0\}$ 上で定義された関数

$$f(z) = \ln \sqrt{x^2 + y^2} + i \arctan \frac{y}{x}$$

は D 上正則である．ただし $\ln x = \log_e x$ は自然対数関数を表す．実際に，$u(x,y) = \ln \sqrt{x^2 + y^2}$, $v(x,y) = \arctan \frac{y}{x}$ と置けば u, v は D 上 C^1 級で

$$\begin{cases} u_x(x,y) = \dfrac{x}{x^2 + y^2}, \\ u_y(x,y) = \dfrac{y}{x^2 + y^2}, \end{cases} \quad \begin{cases} v_y(x,y) = \dfrac{1}{1 + \left(\dfrac{y}{x}\right)^2} \dfrac{1}{x} = \dfrac{x}{x^2 + y^2}, \\ -v_x(x,y) = -\dfrac{1}{1 + \left(\dfrac{y}{x}\right)^2} \left(-\dfrac{y}{x^2}\right) = \dfrac{y}{x^2 + y^2} \end{cases}$$

のように (CR) を満たす．よって $f(z)$ は D 上で正則となり，導関数は次のように計算される．

$$\begin{aligned} f'(z) &= v_y(x,y) - i u_y(x,y) \\ &= \frac{x}{x^2 + y^2} - \frac{iy}{x^2 + y^2} = \frac{\overline{z}}{|z|^2} = \frac{1}{z}. \end{aligned}$$

□

2.3節で見るように,実は,$f(z) = \ln\sqrt{x^2+y^2} + i\arctan\frac{y}{x}$ は複素対数関数の主枝 $\mathrm{Log}(x+iy)$ の右半平面 $\mathrm{Re}\,z = x > 0$ における表示である.

例題 2.3

実数値のみを取る整関数 $f(z) = u(x,y)$ はどのような関数か,調べなさい.

【解答】 $f(z)$ の虚部を $v(x,y)$ と置けば,条件から $v(x,y) \equiv 0$ となる.定理 2.1 により $\mathbb{C}$ 上で (CR) を満たすから

$$\begin{cases} u_x(x,y) = v_y(x,y) = 0, \\ u_y(x,y) = -v_x(x,y) = 0. \end{cases}$$

すなわち $u_x = u_y = 0$ となり,$f(z)$ は実定数関数である. ∎

命題 2.3

$f(z)$ は領域 D 上正則で導関数は $f'(z) = 0\ (z \in D)$ とする.このとき $f(z)$ は定数関数である.

[証明] 実関数の場合には平均値の定理の応用として紹介される結果である.以下の命題 2.4 で複素関数に対する平均値の定理を結果のみで紹介するが,使うことはまれである.そこで複素関数の平均値の定理は使わず,実 2 変数関数の平均値の定理を使って命題を示そう.

$z = x+iy \in D$ に対して $f(z) = u(x,y) + iv(x,y)$ と置く.条件 $f'(z) = 0$ から $u_x + iv_x = v_y - iu_y = 0$,すなわち,任意の $(x,y) \in D$ に対して $u_x = u_y = 0$,$v_x = v_y = 0$ を得る.よって平均値の定理から $u(x,y)$,$v(x,y)$ は定数となり,$f(z)$ は複素定数関数である. ∎

命題 2.4 (平均値の定理)

$f(z)$ は領域 D 上正則で,2 点 $z, w \in D$ を結ぶ線分は D に含まれるとする.このとき $0 < \theta_1, \theta_2 < 1$ があって,等式

$$f(z) - f(w) = \bigl(\mathrm{Re}\,f'(\xi) + i\,\mathrm{Im}\,f'(\eta)\bigr)(z-w)$$

が成り立つ.ただし,$\xi = w + \theta_1(z-w)$,$\eta = w + \theta_2(z-w)$ で,一般的には $\theta_1 \neq \theta_2$,すなわち $\xi \neq \eta$ となる.

2.2 正則関数

$(z,\overline{z})$ によるコーシー-リーマンの微分方程式　　コーシー-リーマンの微分方程式の別の表現を紹介する．$z = x+iy, \overline{z} = x-iy$ に対して形式的に (x,y) から $(z,\overline{z})$ への変数変換を行う．x, y は互いに独立な変数であるのに対して，$z, \overline{z}$ は独立ではないので本来は変数変換ではない．次の等式は形式的な計算から導かれるが，しばしば用いられる．

$$\frac{\partial}{\partial z} = \frac{1}{2}\left(\frac{\partial}{\partial x} - i\frac{\partial}{\partial y}\right), \quad \frac{\partial}{\partial \overline{z}} = \frac{1}{2}\left(\frac{\partial}{\partial x} + i\frac{\partial}{\partial y}\right).$$

等式左辺の作用素を**ヴィルティンガー**（Wirtinger）**微分**という．実際に

$$x = \frac{z+\overline{z}}{2}, \quad y = \frac{z-\overline{z}}{2i}$$

だから偏微分の連鎖律（合成関数の微分法）を用いれば，関数 w に対して

$$\frac{\partial w}{\partial z} = \frac{\partial w}{\partial x}\frac{\partial x}{\partial z} + \frac{\partial w}{\partial y}\frac{\partial y}{\partial z} = \frac{1}{2}\left(\frac{\partial w}{\partial x} - i\frac{\partial w}{\partial y}\right),$$

$$\frac{\partial w}{\partial \overline{z}} = \frac{\partial w}{\partial x}\frac{\partial x}{\partial \overline{z}} + \frac{\partial w}{\partial y}\frac{\partial y}{\partial \overline{z}} = \frac{1}{2}\left(\frac{\partial w}{\partial x} + i\frac{\partial w}{\partial y}\right)$$

となる．$f(z) = u(x,y) + iv(x,y)$ の両辺に上で得られた $\frac{\partial}{\partial z}, \frac{\partial}{\partial \overline{z}}$ を作用させて整理すれば

$$\frac{\partial f}{\partial z} = \frac{1}{2}\{(u_x + iv_x) - i(u_y + iv_y)\} = \frac{1}{2}(u_x + v_y) + \frac{i}{2}(-u_y + v_x),$$

$$\frac{\partial f}{\partial \overline{z}} = \frac{1}{2}\{(u_x + iv_x) + i(u_y + iv_y)\} = \frac{1}{2}(u_x - v_y) + \frac{i}{2}(u_y + v_x)$$

を得る．(CR)：$u_x - v_y = 0, u_y + v_x = 0$ が成立するための必要十分条件は

$$\frac{\partial f}{\partial \overline{z}} = 0 \tag{2.8}$$

が成り立つことになる．このとき，再び (CR)：$v_y = u_x, -u_y = v_x$ から

$$\frac{\partial f}{\partial z} = u_x + iv_x = \frac{1}{i}(u_y + iv_y) = \frac{d}{dz}f(z)$$

が導かれる．(2.8) は次のように書き直すこともできる．

$$\frac{\partial f}{\partial x} = \frac{1}{i}\frac{\partial f}{\partial y}.$$

定理 2.1 の証明の前にも述べたように，左辺は微分の際の極限を実軸に平行に取ったものであり，右辺は極限を虚軸に平行に取ったもので，微分可能ならばそれらは一致しなければならないことを表している．

例2.11　$f(z) = \bar{z}$ とすれば
$$\frac{\partial}{\partial \bar{z}} f(z) = 1 \neq 0$$
だから，あらゆる点で微分不可能である．これは **例2.4** の結果と一致する．□

例2.12　$f(z) = |z|^2 = z\bar{z}$ を再び考えてみよう．
$$\frac{\partial}{\partial \bar{z}} f(z) = z$$
だから，これがゼロとなるのは原点 $z=0$ のみである．$z=0$ では
$$\left.\frac{\partial}{\partial z} f(z)\right|_{z=0} = \bar{z}|_{z=0} = 0$$
が成立するから，$f'(0) = 0$ となり **例2.5** の結果と一致する．それでは，自然数 $n \geq 2$ に対して $g(z) = \bar{z}^n$ とするとき，$g(z)$ には微分可能な点があるかどうか，あればそこでの微分係数を調べてみなさい．□

極座標 (r, θ) によるコーシー-リーマンの微分方程式

まだ厳密には定義していない複素対数関数の主枝の正則性を調べる際に便利な，極座標 (r, θ) によるコーシー-リーマンの微分方程式の表現を紹介する．ただし z 平面のみに極座標を導入し，w 平面では直交座標をそのまま使う．w 平面に極座標を導入した場合の結果は演習問題 **2.6** にある．

$U(r, \theta) = u(r\cos\theta, r\sin\theta)$, $V(r, \theta) = v(r\cos\theta, r\sin\theta)$ と置き，$\{U_r, U_\theta\}$ と $\{V_r, V_\theta\}$ の関係を調べる．偏微分の連鎖律により

$$\begin{aligned}
\frac{\partial U}{\partial r} &= \frac{\partial u}{\partial x}\frac{\partial x}{\partial r} + \frac{\partial u}{\partial y}\frac{\partial y}{\partial r} = \cos\theta\, u_x + \sin\theta\, u_y = \frac{1}{r}\begin{pmatrix} x \\ y \end{pmatrix} \cdot \begin{pmatrix} u_x \\ u_y \end{pmatrix}, \\
\frac{\partial U}{\partial \theta} &= \frac{\partial u}{\partial x}\frac{\partial x}{\partial \theta} + \frac{\partial u}{\partial y}\frac{\partial y}{\partial \theta} = -r\sin\theta\, u_x + r\cos\theta\, u_y = \begin{pmatrix} -y \\ x \end{pmatrix} \cdot \begin{pmatrix} u_x \\ u_y \end{pmatrix}.
\end{aligned} \tag{2.9}$$

等式 (2.9) は u, U をそれぞれ v, V で置き換えても成り立つので，(2.9) の最後

2.2 正則関数

の等式右辺で $u_x = v_y$, $u_y = -v_x$ を代入すれば次の等式が従う.

$$U_r = \frac{1}{r}\{xv_y + y(-v_x)\} = \frac{1}{r}V_\theta, \quad U_\theta = -yv_y + x(-v_x) = -rV_r.$$

すなわち, 極座標によるコーシー-リーマンの微分方程式

$$\begin{cases} U_r = \dfrac{1}{r}V_\theta, \\ \dfrac{1}{r}U_\theta = -V_r \end{cases} \tag{2.10}$$

が導かれる. 極座標による導関数の表現も導くために $\{u_x, u_y\}$ を $\{U_r, U_\theta\}$ で表そう. (2.9) を u_x, u_y に関する連立1次方程式とみなしてクラメル (Cramer) の公式により解く. 係数行列の行列式は

$$\begin{vmatrix} \cos\theta & \sin\theta \\ -r\sin\theta & r\cos\theta \end{vmatrix} = r\cos^2\theta + r\sin^2\theta = r$$

だから, 原点以外では正となる. u_x のみを求めると

$$u_x = \frac{1}{r}\begin{vmatrix} U_r & \sin\theta \\ U_\theta & r\cos\theta \end{vmatrix} = U_r\cos\theta - U_\theta\frac{\sin\theta}{r} \tag{2.11}$$

を得る. 等式 (2.11) の u, U をそれぞれ v, V で置き換えても成り立つので

$$\frac{dw}{dz} = u_x + iv_x = \left(U_r\cos\theta - U_\theta\frac{\sin\theta}{r}\right) + i\left(V_r\cos\theta - V_\theta\frac{\sin\theta}{r}\right) \tag{2.12}$$

を得る. これを r に関する偏導関数のみで表すと, (2.10) を使って

$$\frac{dw}{dz} = (U_r\cos\theta + V_r\sin\theta) + i(V_r\cos\theta - U_r\sin\theta)$$
$$= (\cos\theta - i\sin\theta)U_r + i(\cos\theta - i\sin\theta)V_r = e^{-i\theta}(U_r + iV_r)$$

を得る. θ に関する偏導関数のみで表すと, (2.12) から (2.10) により

$$\frac{dw}{dz} = \left(V_\theta\frac{\cos\theta}{r} - U_\theta\frac{\sin\theta}{r}\right) + i\left(-U_\theta\frac{\cos\theta}{r} - V_\theta\frac{\sin\theta}{r}\right)$$
$$= \frac{-i(\cos\theta - i\sin\theta)}{r}U_\theta + i\frac{-i(\cos\theta - i\sin\theta)}{r}V_\theta = \frac{1}{ire^{i\theta}}(U_\theta + iV_\theta)$$

が従う. 以上により極座標による導関数の表現は次のようになる.

$$\frac{dw}{dz} = \frac{1}{e^{i\theta}}(U_r + iV_r) = \frac{1}{ire^{i\theta}}(U_\theta + iV_\theta). \tag{2.13}$$

例2.13 $f(z) = z^n$ (n は自然数) に対して (2.10) が成り立つことを確認する．直交座標による (CR) を調べるよりも簡単である．$z = re^{i\theta}$ と表されるから $f(z) = r^n e^{in\theta} = r^n \cos(n\theta) + ir^n \sin(n\theta)$ となる．$U = r^n \cos(n\theta)$, $V = r^n \sin(n\theta)$ と置けば

$$\begin{cases} U_r = nr^{n-1}\cos(n\theta), \\ \dfrac{1}{r}U_\theta = -nr^{n-1}\sin(n\theta), \end{cases} \qquad \begin{cases} \dfrac{1}{r}V_\theta = nr^{n-1}\cos(n\theta), \\ -V_r = -nr^{n-1}\sin(n\theta) \end{cases}$$

だから原点 $r=0$ 以外で (2.10) が成り立つ．(2.13) から導関数は次のように求められる．

$$\begin{aligned} f'(z) &= e^{-i\theta}(U_r + iV_r) = e^{-i\theta}\{nr^{n-1}\cos(n\theta) + inr^{n-1}\sin(n\theta)\} \\ &= e^{-i\theta}nr^{n-1}e^{in\theta} = nr^{n-1}e^{i(n-1)\theta} = nz^{n-1}. \end{aligned} \qquad \square$$

負ベキの関数 $\dfrac{1}{z^n}$ に対しても，原点以外の正則性が同様に確かめられることを演習問題 **2.7** として残しておく．

例2.14 (1.12) で与えられる n 乗根 $z^{1/n}$ の主枝 $f(z) = w_0(z)$ について $D = \mathbb{C} \setminus (-\infty, 0]$ で考える．$-\pi < \theta < \pi$ とするとき，主枝は

$$f(z) = \sqrt[n]{r}\,e^{i\theta/n} = \sqrt[n]{r}\cos\frac{\theta}{n} + i\sqrt[n]{r}\sin\frac{\theta}{n}$$

となるので，$U = \sqrt[n]{r}\cos\dfrac{\theta}{n}$, $V = \sqrt[n]{r}\sin\dfrac{\theta}{n}$ と置けば

$$\begin{cases} U_r = \dfrac{1}{n\sqrt[n]{r^{n-1}}}\cos\dfrac{\theta}{n}, \\ \dfrac{1}{r}U_\theta = -\dfrac{1}{n\sqrt[n]{r^{n-1}}}\sin\dfrac{\theta}{n}, \end{cases} \qquad \begin{cases} \dfrac{1}{r}V_\theta = \dfrac{1}{n\sqrt[n]{r^{n-1}}}\cos\dfrac{\theta}{n}, \\ -V_r = -\dfrac{1}{n\sqrt[n]{r^{n-1}}}\sin\dfrac{\theta}{n}. \end{cases}$$

D 上で (2.10) が成り立ち，$f(z)$ は正則で，導関数は (2.13) から次のようになる．

$$\begin{aligned} f'(z) &= e^{-i\theta}(U_r + iV_r) = e^{-i\theta}\frac{1}{n\sqrt[n]{r^{n-1}}}\left(\cos\frac{\theta}{n} + i\sin\frac{\theta}{n}\right) \\ &= \frac{\sqrt[n]{r}\,e^{i\theta/n}}{nre^{i\theta}} = \frac{z^{1/n}}{nz}. \end{aligned} \qquad \square$$

2.3 初等関数

複素初等関数の多くは 1.4 節で導入した指数関数 e^z から導かれる．まず最も特徴のある複素対数関数から定義する．既に述べているように実対数関数（自然対数関数）と複素対数関数とを混同しないように，実対数関数に対しては

$$\ln x, \quad x > 0$$

の記号を用いる．

複素対数関数　複素指数関数 e^z の逆関数として複素対数関数を定義する．すなわち，$z = e^w$ を $z \neq 0$ のとき $w = u + iv \in \mathbb{C}$ について解く．z には直交座標 $z = x + iy$ よりも極形式 $z = re^{i\theta}$ を用いた方が便利である．$re^{i\theta} = e^{u+iv} = e^u e^{iv}$ だから，複素指数関数が周期 $2\pi i$ の周期関数であることに注意して両辺を比較すれば

$$e^u = r, \quad v = \theta + 2n\pi \quad (n = 0, \pm 1, \pm 2, \ldots)$$

を得る．これから逆関数は 1 価関数ではなく，無限個の値

$$u = \ln r = \ln |z|, \quad v = \mathrm{Arg}\, z + 2n\pi = \arg z$$

を取る**無限多価関数**になる．改めて $z \neq 0$ に対して**複素対数関数** $\log z$ を

$$\log z = \ln |z| + i \arg z \tag{2.14}$$

と定義し，その**主枝**または**主値** $\mathrm{Log}\, z$ を

$$\mathrm{Log}\, z = \ln |z| + i \mathrm{Arg}\, z \tag{2.15}$$

と書く．すなわち

$$\log z = \{\mathrm{Log}\, z + 2n\pi i \,|\, n = 0, \pm 1, \pm 2, \ldots\}$$

となる．各 $n = \pm 1, \pm 2, \ldots$ に対する $\mathrm{Log}\, z + 2n\pi i$ を $\log z$ の**分枝**という．本書では，実数 $x > 0$ に対しても $\log x$ は次の無限個の値を意味する．

$$\log x = \ln x + 2n\pi i, \quad n = 0, \pm 1, \pm 2, \ldots.$$

例2.15 (1) z が実数 $x \neq 0$ のとき，$n = 0, \pm 1, \pm 2, \ldots$ に対して

$$\mathrm{Log}\, x = \begin{cases} \ln x, & x > 0, \\ \ln |x| + \pi i, & x < 0, \end{cases} \qquad \log x = \begin{cases} \ln x + 2n\pi i, & x > 0, \\ \ln |x| + (2n+1)\pi i, & x < 0. \end{cases}$$

(2) z が純虚数 iy $(y \neq 0)$ のとき，$n = 0, \pm 1, \pm 2, \ldots$ に対して

$$\mathrm{Log}(iy) = \begin{cases} \ln y + \frac{\pi}{2} i, & y > 0, \\ \ln |y| - \frac{\pi}{2} i, & y < 0, \end{cases} \qquad \log(iy) = \begin{cases} \ln y + \left(2n + \frac{1}{2}\right) \pi i, & y > 0, \\ \ln |y| + \left(2n - \frac{1}{2}\right) \pi i, & y < 0. \end{cases}$$

(3) $\mathrm{Log}(\sqrt{3} + i) = \ln 2 + \frac{\pi}{6} i$, $\mathrm{Log}(2 - 2\sqrt{3}\, i) = 2\ln 2 - \frac{\pi}{3} i$,

$\mathrm{Log}(-1 - i) = \frac{1}{2} \ln 2 - \frac{3\pi}{4} i$, $\mathrm{Log}(e^{3+4i}) = 3 - i(2\pi - 4)$. □

直交座標を用いるならば，主枝は次のように表すことができる．

$$\mathrm{Log}(x + iy) = \ln \sqrt{x^2 + y^2} + \begin{cases} i \arctan \frac{y}{x}, & x > 0, \\ i\left(\arctan \frac{y}{x} \pm \pi\right), & x < 0, \pm y > 0, \\ i \arccos \frac{x}{\sqrt{x^2+y^2}}, & y > 0, \\ -i \arccos \frac{x}{\sqrt{x^2+y^2}}, & y < 0. \end{cases} \qquad (2.16)$$

実軸，虚軸に平行な直線の $w = \mathrm{Log}\, z$ による像は下図のようになる．

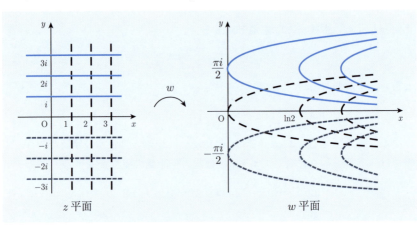

命題 2.5 （複素対数関数の性質）

(1) $\log(z_1 z_2) = \log z_1 + \log z_2$.

(2) $\log \dfrac{z_1}{z_2} = \log z_1 - \log z_2$.

(3) 一般的に，$\log z^n \neq n \log z$．実際には集合として，$\log z^n \supset n \log z$．

(4) $e^{\log z} = z$ である一方で，$\log e^z = z + 2n\pi i$ となる．

注意 等式 (1), (2) は両辺の『集合』が一致することを意味する．

注意 (1) と (3) は矛盾しない．実際に，$n = 2$ のときに等式 (1) は

$$\log z + \log z = \{\ln|z| + i(\operatorname{Arg} z + 2k\pi)\} + \{\ln|z| + i(\operatorname{Arg} z + 2\ell\pi)\}$$
$$= \{2\ln|z| + i\{2\operatorname{Arg} z + 2(k+\ell)\pi\}\}$$
$$= \{\ln|z|^2 + i(2\operatorname{Arg} z + 2m\pi)\} = \log z^2$$

を意味する．ただし，k, ℓ, m は整数である．一方，(3) は次のように確認できる．

$$2 \log z = 2\{\ln|z| + i(\operatorname{Arg} z + 2m\pi)\} = \{2\ln|z| + i(2\operatorname{Arg} z + 4m\pi)\}.$$

ここで，$2\operatorname{Arg} z = \operatorname{Arg} z^2$ または $2\operatorname{Arg} z = \operatorname{Arg} z^2 \pm 2\pi$ のいずれかが成り立ち，必要ならば表現を変えることによって $2\log z \subsetneq \log z^2$ となる．

注意 対数関数の主枝 $\operatorname{Log} z$ に対して (1), (2) は成り立たない．これは定理 1.1 の後で述べたように，偏角の主値に対して一般的には $\operatorname{Arg}(z_1 z_2) \neq \operatorname{Arg} z_1 + \operatorname{Arg} z_2$ だからである．例えば，$z_1 = i$, $z_2 = -1 + \sqrt{3}i$ に対して $z_1 z_2 = -(\sqrt{3} + i)$ だから $\operatorname{Log}(z_1 z_2) = \ln 2 - \frac{5\pi}{6}i$．一方で

$$\operatorname{Log} z_1 + \operatorname{Log} z_2 = \tfrac{\pi i}{2} + \left(\ln 2 + \tfrac{2\pi i}{3}\right) = \ln 2 + \tfrac{7\pi i}{6}.$$

よって，$\operatorname{Log}(z_1 z_2) \neq \operatorname{Log} z_1 + \operatorname{Log} z_2$.

[命題 2.5 の証明] (1), (2) のみ示す．$|z_j| = r_j > 0$, $\operatorname{Arg} z_j = \theta_j$ $(j = 1, 2)$ とする．

(1) 等式の両辺をそれぞれ計算すれば，次のように整理できる．

$$\log(z_1 z_2) = \log\{r_1 r_2 e^{i(\theta_1 + \theta_2)}\} = \ln(r_1 r_2) + i(\theta_1 + \theta_2) + 2\ell\pi i$$
$$= (\ln r_1 + \ln r_2) + i\{(\theta_1 + \theta_2) + 2\ell\pi\},$$

$$\log z_1 + \log z_2 = \ln r_1 + i(\theta_1 + 2m\pi) + \ln r_2 + i(\theta_2 + 2n\pi)$$
$$= (\ln r_1 + \ln r_2) + i\{(\theta_1 + \theta_2) + 2(m+n)\pi\}.$$

$m+n$ を ℓ で置き換えれば両辺は一致する.ただし $\mathrm{Arg}(z_1 z_2) = \theta_1 + \theta_2$ とは限らない.

(2) 等式の左辺は
$$\log \frac{z_1}{z_2} = \log\left\{\frac{r_1}{r_2} e^{i(\theta_1 - \theta_2)}\right\} = \ln \frac{r_1}{r_2} + i\{(\theta_1 - \theta_2) + 2\ell\pi\}$$
$$= (\ln r_1 - \ln r_2) + i\{(\theta_1 - \theta_2) + 2\ell\pi\}$$

となる.右辺は (1) と同様に計算でき,上の式と一致することがわかる. ∎

例題 2.4

方程式 $e^z = 2+i$ を解きなさい.

【解答】 等式 $e^z = 2+i$ の両辺の対数を取れば
$$z + 2\ell\pi i = \log(2+i) = \ln\sqrt{5} + i\{\mathrm{Arg}(2+i) + 2m\pi\}.$$

ここで,$\mathrm{Re}(2+i) = 2 > 0$ だから等式 (2.16) と $\arctan x$ の性質により $\mathrm{Arg}(2+i) = \arctan\frac{1}{2} = \frac{\pi}{2} - \arctan 2$.よって
$$z = \frac{1}{2}\ln 5 + i\left(\frac{\pi}{2} - \arctan 2 + 2n\pi\right). \qquad \blacksquare$$

命題 2.6

対数関数の主枝 $w = \mathrm{Log}\, z$ は $D = \mathbb{C} \setminus (-\infty, 0]$ 上で正則となり
$$\frac{d}{dz}\mathrm{Log}\, z = \frac{1}{z}$$
を満たす.各分枝
$$\log z = \ln|z| + i\arg z, \quad (2n-1)\pi < \arg z < (2n+1)\pi$$
も正則で,次の等式が成り立つ.
$$\frac{d}{dz}\log z = \frac{1}{z}.$$

[証明] 極座標によるコーシー–リーマンの微分方程式 (2.10) により正則性を確認し,(2.13) を用いて導関数を導く.$U = \ln r$, $V = \theta$ と置けば,$r > 0$ において全微分可能である.また

2.3 初等関数

$$\begin{cases} U_r = \dfrac{1}{r}, \\ U_\theta = 0, \end{cases} \quad \begin{cases} \dfrac{1}{r}V_\theta = \dfrac{1}{r}, \\ -V_r = 0 \end{cases}$$

だから，(2.10) が成り立つ．このとき (2.13) により

$$\frac{dw}{dz} = \frac{1}{e^{i\theta}}(U_r + iV_r) = \frac{1}{re^{i\theta}} = \frac{1}{z}$$

が従い，命題の主張が導かれる． ∎

複素累乗関数 正数 x，有理数 $r = \frac{m}{n}$ (n は自然数，m は整数) に対して実累乗関数は $x^r = \sqrt[n]{x^m} = \left(\sqrt[n]{x}\right)^m$ と，無理数 a に対しては $x^a = e^{a\ln x}$ と定義される．そこで無理数の場合と同様に，複素累乗関数 z^α を指数関数と対数関数を用いて定義する．すなわち，定数 $\alpha \in \mathbb{C}$，任意の $z \in \mathbb{C} \setminus \{0\}$ に対して

$$z^\alpha = e^{\alpha \log z} \tag{2.17}$$

と定義する．$\log z$ の多価性から一般的に z^α は多価関数となる．

例2.16 α が整数 n のとき，e^z は周期 $2\pi i$ の周期関数だから

$$e^{n\log z} = e^{n\{\ln|z| + i\operatorname{Arg} z + 2m\pi i\}} = e^{n\ln|z| + in\operatorname{Arg} z + 2mn\pi i}$$
$$= e^{n\ln|z| + in\operatorname{Arg} z} = \left(e^{\ln|z| + i\operatorname{Arg} z}\right)^n = z^n$$

となり，(2.17) の右辺は通常の z^n の定義と一致して 1 価関数になる． □

例題 2.5

$\alpha = \frac{1}{n}$ のとき，(1.12) で与えられる n 乗根 $z^{1/n}$ は $e^{(\log z)/n}$ と一致することを確かめなさい．

【解答】 $e^{(\log z)/n}$ を計算する．定義とオイラーの公式 (1.22) により

$$e^{(\log z)/n} = e^{\{\ln|z| + i(\operatorname{Arg} z + 2k\pi)\}/n} = e^{(\ln|z|)/n}e^{i(\operatorname{Arg} z + 2k\pi)/n}$$
$$= \sqrt[n]{|z|}\left(\cos\frac{\operatorname{Arg} z + 2k\pi}{n} + i\sin\frac{\operatorname{Arg} z + 2k\pi}{n}\right)$$

となり，等式 (1.12) の右辺の $w_k(z)$ と一致する． ∎

例2.17 (1) $i^i = e^{i\log i} = e^{i(\pi i/2 + 2n\pi i)} = e^{-\pi/2 - 2n\pi}$ $(n = 0, \pm 1, \pm 2, \ldots)$.

(2) 定数 $a > 0, a \neq e$ に対して

$$a^{1+i} = e^{(1+i)\log a} = e^{(1+i)(\ln a + 2n\pi i)} = e^{\ln a - 2n\pi} e^{i(\ln a + 2n\pi)}$$
$$= a e^{-2n\pi} \{\cos(\ln a) + i\sin(\ln a)\}.$$
□

z^α に対して $e^{\alpha \operatorname{Log} z}$ を z^α の**主枝**または**主値**と呼ぶ．n 乗根に対しても従来の主値の定義と一致する．合成関数の微分法から次の結果が成り立つ．

命題 2.7

複素累乗関数 z^α の主枝 $w_0 = e^{\alpha \operatorname{Log} z}$ は $D = \mathbb{C} \setminus (-\infty, 0]$ 上で正則となり，導関数は

$$\frac{dw_0}{dz} = \alpha z^{\alpha - 1}$$

である．ただし右辺も主枝を表す．各分枝についても同じ結果が成り立つ．

[証明] 合成関数の微分法により

$$\frac{dw_0}{dz} = \frac{d}{dz} e^{\alpha \operatorname{Log} z} = e^{\alpha \operatorname{Log} z} \frac{d}{dz}(\alpha \operatorname{Log} z) = \alpha e^{\alpha \operatorname{Log} z} \frac{1}{z}.$$

ここで 例2.16 から $\frac{1}{z} = e^{-\operatorname{Log} z}$ であったから，上の等式と指数法則を使えば命題の主張が得られる． ■

例2.18（**オイラーの微分方程式**） 複素累乗関数を実関数で使う例として，オイラーの微分方程式の解を紹介する．実数 $x > 0$，複素数 $\alpha = a + ib$ に対して，複素ベキ x^α は実関数の範囲では通常主値を取る．すなわち

$$x^\alpha = e^{\alpha \operatorname{Log} x} = e^{\alpha \ln x} = e^{a \ln x} e^{ib \ln x} = x^a \{\cos(b \ln x) + i\sin(b \ln x)\}$$

と解釈する．このとき $\frac{d}{dx} x^\alpha = \alpha x^{\alpha - 1}$ が直接確かめられる．

実定数 p, q，実独立変数 x，未知関数 y に対する 2 階線形常微分方程式

$$x^2 \frac{d^2 y}{dx^2} + px \frac{dy}{dx} + qy = 0$$

を**オイラーの微分方程式**という．この方程式の解 y を $y = x^\alpha$ の形で求める．ただし $x > 0$ とし，未定指数 α を複素数の範囲で考える．$y' = \alpha x^{\alpha - 1}$,

$y'' = \alpha(\alpha-1)x^{\alpha-2}$ を微分方程式に代入すれば
$$0 = \{\alpha(\alpha-1) + p\alpha + q\}x^\alpha = \{\alpha^2 + (p-1)\alpha + q\}x^\alpha$$
が従う．そこで α を**決定方程式**と呼ばれる 2 次方程式
$$k^2 + (p-1)k + q = 0$$
の解に選べば，少なくとも 1 つの解が求まる．この決定方程式が虚数解 α，例えば $\alpha = 2 + 3i$ を持てば $2 - 3i$ も決定方程式の解で
$$y = x^{2 \pm 3i} = x^2 \{\cos(3\ln x) \pm i \sin(3\ln x)\}$$
は微分方程式の解になる．ただし通常は実数解のみを扱うので，実部，虚部を使って
$$y = C_1 x^2 \cos(3\ln x) + C_2 x^2 \sin(3\ln x)$$
を一般解とする． □

底が $\alpha \in \mathbb{C} \setminus \{0\}$ の複素指数関数も (2.17) と同様に
$$\alpha^z = e^{z \log \alpha}$$
で定義される．ただし，α が自然対数の底 e の場合には 1.5 節で導入した複素指数関数と解釈し，対数関数 $\log e$ は必ず主値 $\text{Log}\, e = \ln e = 1$ を取る．

複素双曲線関数 実双曲線関数と全く同様に，複素数 z に対して
$$\cosh z = \frac{e^z + e^{-z}}{2}, \quad \sinh z = \frac{e^z - e^{-z}}{2}, \quad \tanh z = \frac{\sinh z}{\cosh z}$$
と定義し，ハイパボリック・コサイン，ハイパボリック・サイン，ハイパボリック・タンジェントという．指数関数の性質から明らかなように，これらは周期 $2\pi i$ の周期関数で，$\cosh z, \sinh z$ は整関数である．等式 $\cosh^2 z - \sinh^2 z = 1$ も成り立つ．

実双曲線関数の場合には，$\cosh x \geq 1$ だから $\tanh x$ の定義域は $\mathbb{R}$ 全体である．複素変数に拡張した場合には，$\cosh z$ のゼロ点：$e^{2z} = -1$ は定義域から除外される．等式 $e^{2z} = -1$ の両辺の対数を取れば，$2z + 2m\pi i = \log(-1) = (2\ell+1)\pi i$，すなわち，$z = (n + \frac{1}{2})\pi i$ $(n = \pm 1, \pm 2, \dots)$ となる．これらの点では定義されないので $\tanh z$ は整関数ではないが，これらの点を除けば正則である．

複素三角関数　ここではオイラーの公式から導かれる複素指数関数と実三角関数の関係式 (1.23) を使い，実数 x を複素数 $z = x + iy$ に拡張することにより複素三角関数を定義する．すなわち，$z \in \mathbb{C}$ に対して次のように定義する：

$$\cos z = \frac{e^{iz} + e^{-iz}}{2}, \quad \sin z = \frac{e^{iz} - e^{-iz}}{2i}. \tag{2.18}$$

指数関数 $e^{\pm iz}$ は整関数だから $\cos z, \sin z$ もまた整関数で，(2.18) から

$$\frac{d}{dz} \cos z = -\sin z, \quad \frac{d}{dz} \sin z = \cos z$$

が成り立つ．指数関数から導かれる三角関数の性質をまとめておく．

命題 2.8（複素三角関数の性質）

(1) $\cos z, \sin z$ は周期 2π の周期関数である．

(2) $\cos(-z) = \cos z, \sin(-z) = -\sin z$.

(3) $\cos^2 z + \sin^2 z = 1$.

(4) 実三角関数と同じ加法定理が成り立つ．

$$\cos(z \pm w) = \cos z \cos w \mp \sin z \sin w,$$
$$\sin(z \pm w) = \sin z \cos w \pm \cos z \sin w.$$

(5) 実部，虚部は双曲線関数を用いて次のように表せる．

$$\cos(x + iy) = \cos x \cosh y - i \sin x \sinh y,$$
$$\sin(x + iy) = \sin x \cosh y + i \cos x \sinh y. \tag{2.19}$$

特に $\cos(ix) = \cosh x, \sin(ix) = i \sinh x$ が成り立つが，これは次の性質の特別な場合である．

(6) $\cos(iz) = \cosh z, \sin(iz) = i \sinh z$ が成り立つ．

(7) 複素三角関数 $\cos z, \sin z$ のゼロ点は実軸上にあり，それぞれ実三角関数 $\cos x, \sin x$ のゼロ点と同じ集合である．

注意　(3) の性質は実三角関数と同じだが，導かれる結果に異なる部分がある．実三角関数の場合には $|\cos x| \leq 1, |\sin x| \leq 1$ となるが，複素三角関数に対してこの不等式は成り立たない．例えば (5) の表示を用いれば

2.3 初等関数　　　　　　　　　63

$$\cos(3i) = \cosh 3 = \tfrac{1}{2}(e^3 + e^{-3}) > \tfrac{1}{2}e^3 > e^2 > 7$$

となるので，複素三角関数 $\cos z, \sin z$ は有界ではない． □

$w = \cos z$ による実軸，虚軸に平行な直線の像は下図の通りである．

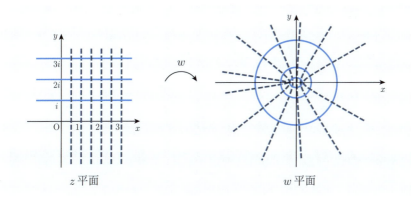

その他の複素三角関数も実三角関数と同様に

$$\tan z = \frac{\sin z}{\cos z}, \quad \sec z = \frac{1}{\cos z}, \quad \operatorname{cosec} z = \frac{1}{\sin z}, \quad \cot z = \frac{\cos z}{\sin z}$$

と定義する．

例題 2.6

方程式 $\cos z = -5$ を解きなさい．すなわち，解 z をすべて求めなさい．

【解答】　（その1）　$z = x + iy$ と置き，表示式 (2.19) を用いて両辺の実部，虚部を比較すれば次の等式を得る：$\cos x \cosh y = -5$, $\sin x \sinh y = 0$．

虚部の等式から $x = n\pi$（n は整数）または $y = 0$ を得る．$y = 0$ のとき $\cos x = -5$ が従うが，これを満たす実数 x は存在しないので $y \neq 0$ かつ $x = n\pi$ でなければならない．実部の等式に代入すれば，$\cosh y = (-1)^{n+1} 5$ となる．$\cosh y \geq 1$ により n は奇数でなければならない：$n = 2m + 1$．よって，$x = (2m+1)\pi$ が従う．

$\cosh y = 5$ を解こう．$\tfrac{1}{2}(e^y + e^{-y}) = 5$ から $w = e^y$ に関する2次方程式 $w^2 - 10w + 1 = 0$ が導かれる．解けば $w = 5 \pm 2\sqrt{6}$ となり，どちらも正だから解である．$5 - 2\sqrt{6} = (5 + 2\sqrt{6})^{-1}$ に注意すれば，$y = \ln w = \pm \ln(5 + 2\sqrt{6})$

を得る．逆双曲線関数を使って $y = \cosh^{-1} 5$ とすれば，$y = -\ln(5 + 2\sqrt{6})$ が除外されるので注意が必要である．まとめて $z = (2m+1)\pi \pm i\ln(5 + 2\sqrt{6})$ が導かれる．

（その 2） $\cosh y = 5$ を解いたように，$\cos z$ の指数関数による表示 (2.18) から直接解 z を求めよう．$\cos z = -5$ を $w = e^{iz}$ の 2 次方程式に直せば，$w^2 + 10w + 1 = 0$ を得る．これを解いて $w = -5 \pm 2\sqrt{6}$ を得る．どちらも負の数であることに注意して，両辺の複素対数を取れば

$$iz = \log(-5 \pm 2\sqrt{6}) = \ln(5 \mp 2\sqrt{6}) + i(\pi + 2n\pi)$$
$$= \mp\ln(5 + 2\sqrt{6}) + (2n+1)\pi i.$$

両辺に $-i$ をかけて（その 1）と同じ結果が導かれる． ■

例題 2.6 の計算から，$u > 1$ または $u < -1$ に対する $\cos z = u$ の解は次のようになる．

$$z = \begin{cases} 2m\pi \pm i\ln(u + \sqrt{u^2 - 1}), & u > 1, \\ (2m+1)\pi \pm i\ln(|u| + \sqrt{u^2 - 1}), & u < -1. \end{cases}$$

例題 2.7

方程式 $\sin z = 3i$ を解きなさい．

【解答】（その 1） $z = x + iy$ と置き，表示式 (2.19) を用いて両辺の実部，虚部を比較すれば次の等式を得る：$\sin x \cosh y = 0$, $\cos x \sinh y = 3$．

実部の等式から $\cosh y \geq 1$ により $\sin x = 0$ でなければならない．すなわち整数 n に対して，$x = n\pi$ を得る．

これを虚部の等式に代入すれば $\sinh y = (-1)^n 3$ となる．$\frac{1}{2}(e^y - e^{-y}) = (-1)^n 3$ から $w = e^y$ に関する 2 次方程式 $w^2 - (-1)^n 6w - 1 = 0$ を得る．解いて $w = (-1)^n 3 \pm \sqrt{10}$ が導かれる．例題 2.6 とは異なり n の偶・奇に関わらず常に $(-1)^n 3 - \sqrt{10} < 0$ だから，解 $w = e^y > 0$ は $(-1)^n 3 + \sqrt{10} > 0$ のみとなる．よって $y = \ln w = (-1)^n \ln(3 + \sqrt{10})$．以上から

$$z = n\pi + (-1)^n i\ln(3 + \sqrt{10}) \quad (n \text{ は整数})$$

が導かれる．

(その 2) (2.18) から $w = e^{iz}$ の 2 次方程式に直して直接解を求める．w は $w^2 + 6w - 1 = 0$ を満たすので，$w = w_{\pm} = -3 \pm \sqrt{10}$ となる．ここで，符号 $-3 - \sqrt{10} < 0, -3 + \sqrt{10} > 0$ に注意して複素対数を取れば

$$iz_+ = \log w_+ = \ln(\sqrt{10} - 3) + 2n\pi i = -\ln(3 + \sqrt{10}) + 2n\pi i,$$
$$iz_- = \log w_- = \ln(\sqrt{10} + 3) + i(\pi + 2n\pi)$$
$$= \ln(3 + \sqrt{10}) + (2n+1)\pi i.$$

これらを $(-i)$ 倍して，表現は異なるが（その 1）と同じ結果を得る． ∎

例題 2.7 から $v \in \mathbb{R}$ に対する $\sin z = vi$ の解は

$$z = n\pi + (-1)^n i \ln(v + \sqrt{v^2 + 1})$$

となることが容易に導かれる．

一般の $w \in \mathbb{C}$ に対して，$\cos z = w, \sin z = w$ を解くことは逆三角関数の値を計算することと同じである．

複素逆三角関数　$\tan z$ の逆関数である逆正接関数 $\tan^{-1} z$ から調べる．実関数での逆三角関数とは異なり，初めから多価関数として計算する．

$$z = \tan w = \frac{e^{iw} - e^{-iw}}{i(e^{iw} + e^{-iw})}$$

を $\zeta = e^{iw}$ について解く．$\zeta^2 - 1 = iz(\zeta^2 + 1)$ だから，$(1 - iz)\zeta^2 = (1 + iz)$. よって $z \neq -i$ ならば

$$\zeta^2 = \frac{1 + iz}{1 - iz} = \frac{i - z}{i + z}.$$

さらに $z \neq i$ のとき，$\zeta^2 = e^{2iw}$ に注意して両辺の複素対数を取れば

$$\tan^{-1} z = \frac{1}{2i} \log\left(\frac{i - z}{i + z}\right) \quad (z \neq \pm i) \tag{2.20}$$

となる．対数関数を変形せずそのまま合成関数の微分法により微分すれば

$$\frac{d}{dz} \tan^{-1} z = \frac{1}{2i} \frac{1}{\frac{i - z}{i + z}} \frac{-(i+z) - (i-z)}{(i+z)^2} = \frac{1}{2i} \frac{-2i}{-z^2 - 1} = \frac{1}{z^2 + 1}$$

と実逆正接関数 $\arctan x$ の微分と同じ形の結果が得られる．

逆正弦関数 $w = \sin^{-1} z$ について考えよう．
$$z = \sin w = \frac{1}{2i}(e^{iw} - e^{-iw})$$
を $\zeta = e^{iw}$ について解く．2次方程式 $\zeta^2 - 2iz\zeta - 1 = 0$ を解いて
$$\zeta = iz \pm \sqrt{-z^2 + 1}$$
を得る．ただし $\sqrt{z}$ は平方根の主値を表す．両辺の複素対数を取れば
$$w = \sin^{-1} z = \frac{1}{i} \log\bigl(iz \pm \sqrt{1-z^2}\bigr)$$
を得る．微分すれば
$$\begin{aligned}
\frac{d}{dz}\sin^{-1} z &= \frac{1}{i} \frac{1}{iz \pm \sqrt{1-z^2}} \left(i \pm \frac{-z}{\sqrt{1-z^2}} \right) \\
&= \frac{1}{i} \frac{1}{iz \pm \sqrt{1-z^2}} \frac{\pm i\bigl(iz \pm \sqrt{1-z^2}\bigr)}{\sqrt{1-z^2}} = \pm \frac{1}{\sqrt{1-z^2}}
\end{aligned}$$
となる．

例2.19 $x > 1$ に対して $\sin^{-1} x$ を計算すると，$\sqrt{1-x^2} = i\sqrt{x^2-1}$ に注意して
$$\begin{aligned}
\sin^{-1} x &= \frac{1}{i} \log\bigl(ix \pm \sqrt{1-x^2}\bigr) = \frac{1}{i} \log \left\{ i\bigl(x \pm \sqrt{x^2-1}\bigr) \right\} \\
&= \frac{1}{i} \left\{ \ln\bigl(x \pm \sqrt{x^2-1}\bigr) + \left(\frac{\pi}{2} + 2n\pi\right)i \right\} \\
&= \left(2n\pi + \frac{\pi}{2}\right) \mp i\ln\bigl(x + \sqrt{x^2-1}\bigr)
\end{aligned}$$
を得る． □

2.4 調和関数

定義 2.2

実 2 変数関数 $u(x,y)$ が**調和関数**であるとは，$u(x,y)$ は C^2 級で**ラプラス（Laplace）方程式**
$$\Delta u(x,y) \equiv u_{xx}(x,y) + u_{yy}(x,y) = 0$$
を満たすことをいう．偏微分作用素 Δ は **2 次元ラプラス作用素**と呼ばれる．

[例 2.20] 関数 $u(x,y) = \ln\sqrt{x^2 + y^2}$ は領域 $\mathbb{R}^2 \setminus \{(0,0)\}$ 上の調和関数である．実際に，$u(x,y) = \frac{1}{2}\ln(x^2 + y^2)$ と書き換えてから偏微分すれば
$$u_x(x,y) = \frac{1}{2}\frac{2x}{x^2+y^2} = \frac{x}{x^2+y^2},$$
$$u_{xx}(x,y) = \frac{(x^2+y^2)-2x^2}{(x^2+y^2)^2} = \frac{y^2-x^2}{(x^2+y^2)^2}.$$
$u(x,y)$ は変数 x,y を入れ換えても変わらないので，u_{xx} と同様に $u_{yy}(x,y) = (x^2-y^2)(x^2+y^2)^{-2}$ を得る．これから $u_{xx} + u_{yy} = 0$ が導かれる． □

定理 2.3

正則関数の実部，虚部は調和関数である．

[証明] ここでは，関数 $f(z) = u(x,y) + iv(x,y)$ が正則ならば u,v は C^2 級となることを認めた上で，ラプラス方程式を満たすことを示す．コーシー-リーマンの微分方程式 $u_x = v_y, u_y = -v_x$ を使えば
$$u_{xx}(x,y) = \{u_x(x,y)\}_x = \{v_y(x,y)\}_x = v_{yx}(x,y),$$
$$u_{yy}(x,y) = \{u_y(x,y)\}_y = \{-v_x(x,y)\}_y = -v_{xy}(x,y).$$
v は C^2 級だから偏微分の順序を交換できるので $v_{yx} = v_{xy}$，したがって $u_{xx} + u_{yy} = 0$ を得る．同様にして
$$v_{xx}(x,y) = \{v_x(x,y)\}_x = \{-u_y(x,y)\}_x = -u_{yx}(x,y),$$
$$v_{yy}(x,y) = \{v_y(x,y)\}_y = \{u_x(x,y)\}_y = u_{xy}(x,y)$$
となる．u は C^2 級だから $u_{xy} = u_{yx}$ となり，v もまた調和関数である． ■

例2.21　(1) 関数 $e^x\cos y, e^x\sin y$ はそれぞれ正則関数 e^z の実部，虚部だから調和関数である．

(2)　$x>0$ のとき，関数 $\arctan\frac{y}{x}$ は対数関数の主値 $\mathrm{Log}\,z$ の虚部を表していたから調和関数である． □

　定理 2.3 とは逆に，2 つの調和関数 $u(x,y), v(x,y)$ がコーシー-リーマンの微分方程式を満たすとき，$f(z)=u(x,y)+iv(x,y)$ と置けば $f(z)$ は正則関数になる．このとき v を u の**共役調和関数**という．$-if(z)=v(x,y)-iu(x,y)$ もまた正則だから，$-u$ は v の共役調和関数になる．

　調和関数 $u(x,y)$ が与えられたとき，その共役調和関数 $v(x,y)$ を構成しよう．$v(x,y)$ をコーシー-リーマンの微分方程式

$$v_x(x,y) = -u_y(x,y), \quad v_y(x,y) = u_x(x,y) \tag{2.21}$$

を満たすように構成すれば良い．常微分方程式における完全微分方程式の解法と同様に，初等的な方法で構成する．$v_x(x,y)=-u_y(x,y)$ の両辺を変数 x で積分すれば，任意の関数 $\psi(y)$ に対して

$$v(x,y) = -\int u_y(x,y)\,dx + \psi(y) \tag{2.22}$$

となる．$v_y(x,y)=u_x(x,y)$ を満たすよう未知関数 $\psi(y)$ を決める．すなわち

$$\psi'(y) = u_x(x,y) + \frac{\partial}{\partial y}\int u_y(x,y)\,dx \tag{2.23}$$

を解けば良い．このような $\psi(y)$ が存在するためには，(2.23) の右辺の関数が x 変数に独立でなければばならない．実際に右辺を変数 x で偏微分し，偏微分の順序を交換して $u(x,y)$ が調和関数であることを用いると

$$\begin{aligned}
&\frac{\partial}{\partial x}\left\{u_x(x,y) + \frac{\partial}{\partial y}\int u_y(x,y)\,dx\right\} \\
&= u_{xx}(x,y) + \frac{\partial}{\partial x}\left\{\frac{\partial}{\partial y}\int u_y(x,y)\,dx\right\} \\
&= u_{xx}(x,y) + \frac{\partial}{\partial y}\left\{\frac{\partial}{\partial x}\int u_y(x,y)\,dx\right\} = u_{xx}(x,y) + \frac{\partial}{\partial y}u_y(x,y) \\
&= u_{xx}(x,y) + u_{yy}(x,y) = 0
\end{aligned}$$

2.4 調 和 関 数

を得る．ここに (2.22) の右辺の積分は不定積分だから，偏微分 $\frac{\partial}{\partial y}$ と積分 $\int dx$ との順序を交換することはできない．こうして構成した $v(x,y)$ が調和関数であることは，定理 2.3 の証明と同様に (2.21) から導かれる．

(2.22) の構成法の他に (2.21) の第 2 式を変数 y で積分して

$$v(x,y) = \int u_x(x,y)\,dy + \varphi(x)$$

と置き，未知関数 $\varphi(x)$ を (2.21) の第 1 式を満たすように求める方法もある．

3.1 節の 例3.2 で，線積分を使った共役調和関数の構成法を紹介する．

例題 2.8

$u(x,y) = x^3 - 3xy^2$ が調和関数であることを確かめて，u の共役調和関数 v を求めなさい．

【解答】 $u_x = 3x^2 - 3y^2$, $u_{xx} = 6x$, $u_y = -6xy$, $u_{yy} = -6x$ だから，$\Delta u = 0$ となり u は調和関数である．共役調和関数 $v(x,y)$ を (2.22) により計算しよう．

$$v(x,y) = -\int (-6xy)\,dx + \psi(y) = 3x^2 y + \psi(y)$$

と置けば，条件 $v_y = u_x$ により

$$3x^2 + \psi'(y) = 3x^2 - 3y^2, \quad \text{すなわち} \quad \psi'(y) = -3y^2.$$

よって $\psi(y) = -y^3 + C$（C は任意定数）．ゆえに $v(x,y) = 3x^2 y - y^3$ は共役調和関数であり，$f(z) = u + iv = z^3$ は正則関数となる． ∎

2.5 正則関数に伴う 2 次元ベクトル場

正則関数 $f(z) = u(x,y) + iv(x,y)$ に伴う 2 次元ベクトル場 $\boldsymbol{v}(x,y)$ の性質について説明する．ベクトル場 $\boldsymbol{v}(x,y)$ は $f(z)$ の実部 u，虚部 v を成分とするのではなく，その複素共役関数 $\overline{f(z)}$ の実部，虚部を成分とする．

$$\boldsymbol{v}(x,y) = \bigl(u(x,y), -v(x,y)\bigr). \tag{2.24}$$

関数 $f(z)$ が正則ならばコーシー–リーマンの微分方程式（CR）から $u_y = -v_x$ が成り立つので，$\boldsymbol{v}$ の回転 $\mathrm{rot}\,\boldsymbol{v}$ はゼロとなる．このときベクトル場 $\boldsymbol{v}$ は**渦なし**であるという．実際に

$$\begin{aligned}\mathrm{rot}\,\boldsymbol{v}(x,y) &= \frac{\partial}{\partial x}\bigl(-v(x,y)\bigr) - \frac{\partial}{\partial y}u(x,y) \\ &= -v_x(x,y) - u_y(x,y) = 0.\end{aligned}$$

これから $\boldsymbol{v}(x,y)$ のスカラーポテンシャル $\varphi(x,y)$ が存在する（系 3.1 参照）．

$$\boldsymbol{v}(x,y) = \mathrm{grad}\,\varphi(x,y) = \bigl(\varphi_x(x,y), \varphi_y(x,y)\bigr).$$

また（CR）から $u_x = v_y$ が成り立つので，$\boldsymbol{v}$ の発散 $\mathrm{div}\,\boldsymbol{v}$ もゼロとなる．このとき $\boldsymbol{v}$ は**湧出しなし**であるという．実際に

$$\begin{aligned}\mathrm{div}\,\boldsymbol{v} &= \frac{\partial}{\partial x}u(x,y) + \frac{\partial}{\partial y}\bigl(-v(x,y)\bigr) \\ &= u_x(x,y) - v_y(x,y) = 0.\end{aligned}$$

この等式から，$\boldsymbol{v}$ のスカラーポテンシャル $\varphi(x,y)$ は調和関数になる．

$$\Delta\varphi = \frac{\partial}{\partial x}\varphi_x + \frac{\partial}{\partial y}\varphi_y = \mathrm{div}\,\mathrm{grad}\,\varphi = \mathrm{div}\,\boldsymbol{v} = 0.$$

前節の結果から $\varphi(x,y)$ の共役調和関数 $\psi(x,y)$ を構成し，$F(z) = \varphi + i\psi$ を正則関数にすることができる．このとき，$\psi_x = -\varphi_y$ と $\mathrm{grad}\,\varphi = (u, -v)$ により

$$F'(z) = \varphi_x + i\psi_x = \varphi_x - i\varphi_y = u + iv = f(z)$$

が成り立つ（3.3 節の (3.18), (3.19) も参照）．

以上は (2.24) のように，$\boldsymbol{v}(x,y)$ が正則関数の複素共役関数の実部，虚部を成分とする 2 次元ベクトル場として始めた議論であるが，2 次元ベクトル場 $\boldsymbol{v}(x,y)$ が渦なし，湧出しなしであることから出発しても，正則関数 $F(z)$ で

2.5 正則関数に伴う 2 次元ベクトル場

$$\boldsymbol{v}(x,y) = \bigl(\operatorname{Re} F'(z),\, -\operatorname{Im} F'(z)\bigr) \tag{2.25}$$

を満たすものが存在することを上の議論と全く同様に導くことができる．今，$\boldsymbol{v}(x,y)$ を非圧縮性流体の 2 次元定常流速度ベクトルと考える．非圧縮性により $\operatorname{div} \boldsymbol{v} = 0$ を満たし，さらに渦なしである $\operatorname{rot} \boldsymbol{v} = 0$ ことを仮定すれば，(2.25) を満たす正則関数 $F(z)$ が存在する．このとき $F(z)$ を $\boldsymbol{v}$ の**複素速度ポテンシャル**という．

逆に，任意の正則関数 $f(z) = u(x,y) + iv(x,y)$ は複素速度ポテンシャルである．導関数 $f'(z) = u_x + iv_x$ の複素共役 $\overline{f'(z)} = u_x - iv_x$ から作られる 2 次元ベクトル場

$$\boldsymbol{V}(x,y) = \bigl(U(x,y),\, V(x,y)\bigr) = \bigl(u_x(x,y),\, -v_x(x,y)\bigr)$$

を速度ベクトルと考える．(CR) により $-v_x = u_y$ だから $\boldsymbol{V}$ は u の勾配ベクトルになる．

$$\boldsymbol{V} = \operatorname{grad} u = (u_x, u_y).$$

これから $u(x,y)$ は**実速度ポテンシャル**と呼ばれる．$\boldsymbol{V}$ は u の勾配ベクトル場で u は C^2 級だから渦なしである．

$$\operatorname{rot} \boldsymbol{V} = V_y - U_x = u_{yx} - u_{xy} = 0.$$

また，正則関数の実部である u は調和関数だから $\boldsymbol{V}$ は湧出しなしとなる．

$$\operatorname{div} \boldsymbol{V} = U_x + V_y = u_{xx} + u_{yy} = 0.$$

ベクトル場 $\boldsymbol{V}$ が 2 次元完全流体の速度ベクトルを表すとすれば，流体は非圧縮性であり，渦なしとなっている．導関数の複素共役 $\overline{f'(z)}$ は**複素速度**と呼ばれる．

複素速度ポテンシャルとしての正則関数 $f(z) = u(x,y) + iv(x,y)$ に対して，実部 $u(x,y)$ の等高線

$$C_r : u(x,y) = 定数$$

は**等ポテンシャル線**と呼ばれる．実速度ベクトル $\boldsymbol{V} = (u_x, u_y)$ は C_r の法線ベクトルを表す．一方，虚部 $v(x,y)$ の等高線

$$C_i : v(x,y) = 定数$$

の法線ベクトル (v_x, v_y) に対して C_r と C_i の交点で $\boldsymbol{V}$ との内積を調べると，(CR) により

$$u_x v_x + u_y v_y = u_x(-u_y) + u_y u_x = 0$$

となり，2つの法線ベクトルは直交する．言い換えれば，速度ベクトル $\boldsymbol{V}$ は C_i の接線ベクトルに平行である．この事実から，C_i は**流線**と呼ばれる．

例2.22 (**一様流**)　定数 $U > 0$, 実定数 θ に対して，$f(z) = Uz$, $f_\theta(z) = Ue^{-i\theta}z$ は整関数で

$$f'(z) = U, \quad f'_\theta(z) = Ue^{-i\theta}$$

となる．このとき，それぞれの速度ベクトルは $(U, 0)$, $(U\cos\theta, U\sin\theta)$ だから，$f(z)$ は x 軸に平行な一様流の，$f_\theta(z)$ は x 軸と θ の角をなす方向の一様流のそれぞれ複素速度ポテンシャルとなっている．□

例2.23 (**湧出し流と吸込み流**)　実定数 $\mu \neq 0$ に対して，複素速度ポテンシャル $f(z) = \frac{\mu}{2\pi}\mathrm{Log}\, z$ が定める流れを調べる．$f(z)$ は領域 $\mathbb{C} \setminus (-\infty, 0]$ 上1価正則な関数で

$$f'(z) = \frac{\mu}{2\pi z} = \frac{\mu x}{2\pi(x^2 + y^2)} - i\frac{\mu y}{2\pi(x^2 + y^2)}$$

となる．速度ベクトルは (x, y) に平行な向きを持ち，$\mu > 0$ ならば原点 $z = 0$ から放射状に流出する**湧出し流**になっている．$\mu < 0$ のときには $z = 0$ に向かう**吸込み流**を表している．□

例2.24 (**渦糸**)　実定数 $\kappa \neq 0$ に対して，複素速度ポテンシャル $f(z) = \frac{\kappa}{2\pi i}\mathrm{Log}\, z$ が定める流れを調べる．$f(z)$ は領域 $\mathbb{C} \setminus (-\infty, 0]$ 上1価正則な関数で

$$f'(z) = \frac{\kappa}{2\pi i z} = -\frac{\kappa y}{2\pi(x^2 + y^2)} - i\frac{\kappa x}{2\pi(x^2 + y^2)}$$

となる．速度ベクトルは $(-y, x)$ に平行な向きを持ち，原点から放射する向きのベクトル (x, y) と直交するので，同心円 $|z| = $ 定数に沿う流れとなる．$\kappa > 0$ ならば反時計回り，$\kappa < 0$ ならば時計回りの向きになる．$f'(z) = \frac{\kappa}{2\pi i z}$ は原点を除いて正則だから $z = 0$ を除いて渦なしで，$z = 0$ は渦糸を表すとされる．□

例2.22 - 例2.24 に関連する話題を 3.2, 7.2 節でも取り扱う．

2章の演習問題

2.1 次の関数 $f(z) = u(x,y) + iv(x,y)$ が微分可能な点を調べなさい．また微分可能な点があるときには，微分係数を求めなさい．さらにその点で正則かどうか調べ，正則ならば導関数 $f'(z)$ を (x,y) 変数関数として求めなさい．

(1) $\mathrm{Re}\, z$ (2) $\mathrm{Im}\, z$ (3) $xy + iy^2$ (4) $x^2 - y^2 + 2ixy$
(5) $x^2 - y^2 - 2ixy$ (6) $x^2 + y^2 + 2ixy$ (7) $x^3 + iy^3$
(8) $x^3 + i(y+1)^3$ (9) $(x-1)^2 y^2 + 2i(x-1)^2 y^2$
(10) $\dfrac{x^2 + x - y^2 - i(y - 2xy)}{x^2 + y^2}$
(11) $e^{-2xy}\{\cos(x^2 - y^2) + i\sin(x^2 - y^2)\}$
(12) $\cos x \cosh y + a \cos x \sinh y + i(b \sin x \sinh y + \sin x \cosh y)$

(a, b は実定数)

2.2 関数 $e^{\bar{z}}$ はすべての z に対して微分可能ではないことを示しなさい．

2.3 関数 $f(z) = |x^2 - y^2| + 2i|xy|$ に対して次の問いに答えなさい．
(1) $u(x,y) = |x^2 - y^2|$ とする．
　(i) $u(x,y)$ は $(x,y) = (a,a)$ $(a > 0)$ で全微分可能かどうか調べなさい．
　(ii) $u(x,y)$ は $(x,y) = (0,0)$ で全微分可能かどうか調べなさい．
(2) $u(x,y) = 2|xy|$ とする．
　(i) $v(x,y)$ は $(x,y) = (a,0)$ $(a > 0)$ で全微分可能かどうか調べなさい．
　(ii) $v(x,y)$ は $(x,y) = (0,0)$ で全微分可能かどうか調べなさい．
(3) $f(z)$ が微分可能な点を調べなさい．また微分可能な点があるときには，微分係数を求め，さらにその点で正則かどうか調べなさい．

2.4 次の $z = x + iy$ $(y \neq 0)$ の関数 $f(z) = u(x,y) + iv(x,y)$ が $y > 0, y < 0$ それぞれの領域で正則となることを確かめ，導関数 $f'(z)$ を求めなさい．

(1) $\sqrt{x + \sqrt{x^2 + y^2}} + \begin{cases} i\sqrt{-x + \sqrt{x^2 + y^2}}, & y > 0, \\ -i\sqrt{-x + \sqrt{x^2 + y^2}}, & y < 0. \end{cases}$

(2) $\ln \sqrt{x^2 + y^2} + \begin{cases} i \arccos \dfrac{x}{\sqrt{x^2 + y^2}}, & y > 0, \\ -i \arccos \dfrac{x}{\sqrt{x^2 + y^2}}, & y < 0. \end{cases}$

2.5 命題 2.4 を証明しなさい．

2.6 極座標 $(x,y) = (r\cos\theta, r\sin\theta)$, $(u,v) = (\rho\cos\varphi, \rho\sin\varphi)$ に対してコーシー-リーマンの微分方程式（CR）は次のように書き換えられることを導きなさい.

(1) $\begin{cases} \dfrac{\partial \rho}{\partial x} = \rho \dfrac{\partial \varphi}{\partial y}, \\ \dfrac{\partial \rho}{\partial y} = -\rho \dfrac{\partial \varphi}{\partial x} \end{cases}$ 　　(2) $\begin{cases} \dfrac{\partial \rho}{\partial r} = \dfrac{\rho}{r} \dfrac{\partial \varphi}{\partial \theta}, \\ \dfrac{1}{r}\dfrac{\partial \rho}{\partial \theta} = -\rho \dfrac{\partial \varphi}{\partial r} \end{cases}$

2.7 極座標表示の（CR）を使って $f(z) = z^{-n}$（n は自然数）が原点を除いた複素平面上で正則であることを確かめ，(2.13) を用いて導関数 $f'(z)$ を求めなさい.

2.8 極座標表示による（CR）を用いて複素指数関数 e^z が原点以外で正則となることを確かめなさい．また，問題 2.6 の結果も利用して確かめなさい．

2.9 $w = \mathrm{Log}\, z$ が $D = \mathbb{C} \setminus (-\infty, 0]$ 上で正則であることを，逆関数の微分法（7.1 節参照）によりその導関数と共に導きなさい．

2.10 複素三角関数 $\cos z, \sin z$ が等式 (2.19) で定義されるとき，$\cos z, \sin z$ は整関数であることを確かめなさい．またそれぞれの導関数を求めなさい．

2.11 領域 D で正則な関数 $f(z)$ の絶対値 $|f(z)|$ が定数ならば $f(z)$ は定数であることを示しなさい．

2.12 関数 $f(z)$ が領域 D で正則ならば，$g(z) = \overline{f(\bar{z})}$ は $\Omega = \{z \in \mathbb{C} \,|\, \bar{z} \in D\}$ で正則であることを導きなさい．

2.13 ゼロにはならない正則関数 $f(z) = u(x,y) + iv(x,y)$ は任意の実数 p に対して次の等式を満たすことを示しなさい．

(1) $\Delta |f(z)|^p = p^2 |f(z)|^{p-2} |f'(z)|^2$

(2) $\Delta |u(x,y)|^p = p(p-1)|u(x,y)|^{p-2}|f'(z)|^2$

(3) $\Delta \ln\left(1 + |f(z)|^2\right) = \dfrac{4|f'(z)|^2}{(1+|f(z)|^2)^2}$

ただし Δ は 2 次元ラプラス作用素を表す．

2.14 正則関数 $f(z) = u(x,y) + iv(x,y)$ $(z = x+iy)$, $f'(z) \neq 0$ に対して
$$w(x,y) = \ln \frac{|f'(z)|}{1+|f(z)|^2}$$
と定義するとき，w は $\Delta w = -4e^{2w}$ を満たすことを示しなさい．

2.15 等式 $\overline{\log z} = \log \bar{z}$ を示しなさい．

2.16 $\log\{(2i)^{1/3}\}$ と $\frac{1}{3}\log 2i$ とが一致するかどうか，調べなさい．

2.17 複素数 $z \neq 0$ に対して $r = |z| > 0$, $\mathrm{Arg}\, z = \Theta$ とし，n,m を自然数とする．このとき $(z^m)^{1/n}$, $(z^{1/n})^m$, および $z^{m/n}$ の 3 つが一致するかどうか，$(m,n) = (3,4), (2,4)$ それぞれの場合に調べなさい．その結果何がいえるか．

2.18 次の値を求めなさい.
(1) $\mathrm{Log}\,(4-\sqrt{17})$
(2) $\log\dfrac{1}{1+i}$
(3) $\log\{(\sqrt{3}+3i)(-1+i)\}$
(4) $\log(-\sqrt{3}+i)^4$
(5) $\log e^{3+2i}$
(6) $\mathrm{Log}\,e^{3-4i}$
(7) $(1+i)^i$
(8) $(1+i)^{-i}$
(9) 5^{-2+3i}
(10) $(-3)^{\sqrt{2}}$
(11) $(1-\sqrt{3}\,i)^{-1+2i}$
(12) $(\sqrt{3}-i)^{\mathrm{Log}(-e^2)}$
(13) $i^{\log(1+i)}$

2.19 $-1 \le x \le 1$ に対して,次の値を簡単にしなさい.ただし $\sqrt{z}$ は z の平方根の主値を表す.
(1) $-i\,\mathrm{Log}\,(ix+\sqrt{1-x^2})$
(2) $-i\,\mathrm{Log}\,(ix-\sqrt{1-x^2})$
(3) $-i\,\mathrm{Log}\,(x+\sqrt{x^2-1})$
(4) $-i\,\mathrm{Log}\,(x-\sqrt{x^2-1})$

2.20 (1) 任意の実数 x に対して $1+ix$, $1-ix$, $\dfrac{1+ix}{1-ix}$ それぞれの偏角主値の範囲を調べなさい.
(2) 任意の実数 x に対して $f(x)=\dfrac{1}{2i}\,\mathrm{Log}\left(\dfrac{1+ix}{1-ix}\right)$ の値を簡単にしなさい.また $f(x)$ の右辺を微分して $f(x)$ の導関数を直接計算しなさい.

2.21 $\cosh(x+iy)$, $\sinh(x+iy)$, $\tanh(x+iy)$ の実部 u,虚部 v を表しなさい.

2.22 $z=x+iy$ に対して,次の等式を示しなさい.
$$|\sinh z|^2 = \sinh^2 x + \sin^2 y, \quad |\cosh z|^2 = \sinh^2 x + \cos^2 y$$

2.23 複素双曲線関数に対する次の等式を導きなさい.
(1) $\sinh(z+w) = \sinh z \cosh w + \cosh z \sinh w$
(2) $\cosh(z+w) = \cosh z \cosh w + \sinh z \sinh w$
(3) $\cosh^2 z - \sinh^2 z = 1$

2.24 命題 2.8(4) を示しなさい.

2.25 等式 $\overline{\sin z} = \sin \overline{z}$, $\overline{\cos z} = \cos \overline{z}$ を示しなさい.

2.26 命題 2.8(6) を示しなさい.

2.27 次の三角関数と双曲線関数の関係式を確かめなさい.
(1) $\cos z = \cosh(iz)$, $\sin z = -i\sinh(iz)$
(2) $\cosh z = \cos(iz)$, $\sinh z = -i\sin(iz)$

2.28 $\sinh z$, $\cosh z$ それぞれのゼロ点をすべて求めなさい.

2.29 等式 $e^{iz} = \cos z + i \sin z$ を示しなさい.

2.30 等式
$$|\sin(x+iy)|^2 = \sin^2 x + \sinh^2 y, \quad |\cos(x+iy)|^2 = \cos^2 x + \sinh^2 y$$
を示しなさい.

2.31 $\tan(x+iy)$ の実部 u, 虚部 v をそれぞれ表しなさい.

2.32 すべての z に対して $\tan z \neq \pm i$ となることを示しなさい.

2.33 $|\tan(x+iy)|^2$ を求めなさい.

2.34 任意の整数 n に対して成り立つド・モアブルの公式 $(\cos\theta + i\sin\theta)^n = \cos(n\theta) + i\sin(n\theta)$ が,任意の複素数 n に対して成り立つかどうか調べなさい.

2.35 次の方程式を (2.19) または (2.18) を用いて解きなさい.

(1) $\cos z = 1$ (2) $\sin z = -1$ (3) $\cos z = 4$ (4) $\sin z = -\sqrt{7}$
(5) $\sin(2z) = 5$ (6) $\cos z = 2i$ (7) $\cos(3z) = -4i$ (8) $\sin z = -6i$

2.36 $-1 < u < 1$ および複素三角関数 $\sin z, \cos z$ に対して,$\sin z = u, \cos z = u$ をそれぞれ解きなさい.

2.37 $v \in \mathbb{R}$ に対して方程式 $\cos z = vi$ の解 z を求めなさい.

2.38 $u < -1$ に対して方程式 $\sin z = u$ の解 z を求めなさい.

2.39 $u \in \mathbb{R}$ および複素正接関数 $\tan z$ に対して,$\tan z = u$ を解きなさい.

2.40 複素逆余弦関数は $\cos^{-1} z = -i\log(z \pm \sqrt{z^2-1})$ であることを導きなさい.

2.41 実双曲線関数 $\sinh x, \cosh x, \tanh x$ それぞれの逆関数 $\operatorname{arcsinh} x, \operatorname{arccosh} x, \operatorname{arctanh} x$ が次のように与えられることを導きなさい.

(1) $\operatorname{arcsinh} x = \ln(x + \sqrt{x^2+1})$
(2) $\operatorname{arccosh} x = \ln(x + \sqrt{x^2-1})$ $(x \geq 1)$
(3) $\operatorname{arctanh} x = \dfrac{1}{2}\ln\dfrac{1+x}{1-x}$ $(-1 < x < 1)$

2.42 複素逆双曲線関数が次のように与えられることを導きなさい.ただし平方根は主値を取るものとする.

(1) $\sinh^{-1} z = \log(z \pm \sqrt{z^2+1})$
(2) $\cosh^{-1} z = \log(z \pm \sqrt{z^2-1})$
(3) $\tanh^{-1} z = \dfrac{1}{2}\log\dfrac{1+z}{1-z}$ $(z \neq \pm 1)$

2.43 次の関数 $u(x,y)$ が適当な領域で調和関数であることを確かめて,その共役調和関数 $v(x,y)$ を求めなさい.

(1) $y(3x^2 - y^2)$ (2) $(x-y)(x^2 + 4xy + y^2)$
(3) $e^x(x\cos y - y\sin y)$ (4) $\dfrac{\sin x}{\cosh y - \cos x}$

3 複素積分

　第2章の複素微分に続いて，第3章では複素積分を紹介する．複素積分は線積分で，最も重要な結果は正則関数を閉曲線に沿って積分すれば常にゼロとなる，というコーシーの積分定理である．この定理により，正則関数の積分は始点と終点のみによって定まり，途中の積分経路にはよらないこと，原始関数を持つのは正則関数のみであることが導かれる．さらに正則関数の導関数を含めた積分表示であるコーシーの積分公式（グルサの定理）も紹介する．2つの積分定理を用いれば，閉曲線に沿った積分値を積分計算をせずに微分係数から導くことができるが，第6章で紹介する留数定理の方が使い勝手は良く，具体的な積分計算の多くはそのときに行う．

キーワード

接線線積分　単一閉曲線　単連結領域
循環　湧出し量　コーシーの積分定理
一般化されたコーシーの積分定理
正弦積分　フルネル積分
フーリエ変換　コーシーの積分公式
グルサの定理　モレラの定理
リウヴィルの定理　代数学の基本定理

3.1 実線積分

複素積分に先立ち平面上の実線積分を紹介する．まず，パラメータ表示曲線

$$C : (x, y) = \bigl(x(t), y(t)\bigr),\ a \leq t \leq b \tag{3.1}$$

に関する名称を確認する．線積分で扱う曲線には向きを定め，(3.1) の表示のとき $(x(a), y(a))$ を C の**始点**，$(x(b), y(b))$ を C の**終点**という．$x(t), y(t)$ が C^1 級で，$x'(t)^2 + y'(t)^2 > 0$ $(a < t < b)$ を満たすとき，C は**なめらか**であるという．なめらかな曲線は各点で $(x'(t), y'(t))$ 方向の接線を持ち，ベクトル $(x'(t), y'(t))$ を**接線ベクトル**と呼ぶ．このとき，C の弧長 L は

$$L = \int_a^b \sqrt{x'(t)^2 + y'(t)^2}\,dt \tag{3.2}$$

となり，$ds = \sqrt{x'(t)^2 + y'(t)^2}\,dt$ を**弧長線素**という．C 上で連続な 2 変数関数 $p(x, y)$ に対して，次の積分を $p(x, y)$ の曲線 C に沿った**弧長線積分**という．

$$\int_C p(x, y)\,ds = \int_a^b p\bigl(x(t), y(t)\bigr) \sqrt{x'(t)^2 + y'(t)^2}\,dt. \tag{3.3}$$

この積分は C のパラメータ表示の仕方によらずに定まる．

例3.1 関数 $p(x,y) = xy$ の対数螺旋 $C : (x,y) = (e^t \cos t, e^t \sin t), 0 \leq t \leq \pi$ に沿った弧長線積分 I を計算する．C の弧長線素 ds は

$$ds = \sqrt{(e^t \cos t - e^t \sin t)^2 + (e^t \sin t + e^t \cos t)^2}\,dt = \sqrt{2}\,e^t\,dt$$

と計算できるので，I は次のように書ける．

$$I = \int_C xy\,ds = \int_0^\pi e^t \cos t\, e^t \sin t \cdot \sqrt{2}\,e^t\,dt = \frac{\sqrt{2}}{2} \int_0^\pi e^{3t} \sin(2t)\,dt.$$

この積分を，微分 $\frac{d}{dt} e^{(3+2i)t} = (3+2i) e^{(3+2i)t}$ の逆計算を行って求める．すなわち，次の実変数複素数値積分を計算してその虚部を求めれば良い．

$$\begin{aligned}
J &= \int_0^\pi e^{(3+2i)t}\,dt = \left[\frac{e^{(3+2i)t}}{3+2i}\right]_0^\pi = \frac{3-2i}{13}(e^{3\pi+2\pi i} - 1) \\
&= \frac{3(e^{3\pi} - 1)}{13} - \frac{2(e^{3\pi} - 1)}{13} i.
\end{aligned}$$

したがって
$$I = \frac{\sqrt{2}}{2} \operatorname{Im} J = -\frac{\sqrt{2}(e^{3\pi}-1)}{13}.$$
□

天下り的に弧長線積分 (3.3) を導入したが，改めてその意味を考える．自然数 n に対して，パラメータ変域の区間 $[a, b]$ を次のように小区間に分割する．

$$\Delta : a = t_0 < t_1 < t_2 < \cdots < t_{n-1} < t_n = b, \quad |\Delta| = \max_{1 \le j \le n}(t_j - t_{j-1}).$$

各分点 t_j に対応する曲線 C 上の点を $\mathrm{P}_j(x(t_j), y(t_j))$ とする．各弧 $\overgroup{\mathrm{P}_{j-1}\mathrm{P}_j}$ の長さを Δs_j と書き，任意の点 $t_j^* \in [t_{j-1}, t_j]$ に対してリーマン和型の和

$$Z_\Delta = \sum_{j=1}^n p(x(t_j^*), y(t_j^*))\Delta s_j \tag{3.4}$$

を考える．$|\Delta| \to 0$ のとき $\{t_j\}$, $\{t_j^*\}$ の選び方によらず Z_Δ が同じ値に収束するならば，それを $\int_C p(x,y)\,ds$ と書く．Z_Δ の極限を調べよう．等式 (3.2) と積分の平均値の定理により，点 $\tau_j \in (t_{j-1}, t_j)$ があって

$$\Delta s_j = \int_{t_{j-1}}^{t_j} \sqrt{x'(t)^2 + y'(t)^2}\,dt = \sqrt{x'(\tau_j)^2 + y'(\tau_j)^2}\,(t_j - t_{j-1})$$

が成り立つ．簡単のために (3.4) で $t_j^* = \tau_j$ と選べば次の等式を得る．

$$Z_\Delta = \sum_{j=1}^n p(x(\tau_j), y(\tau_j))\sqrt{x'(\tau_j)^2 + y'(\tau_j)^2}\,(t_j - t_{j-1}). \tag{3.5}$$

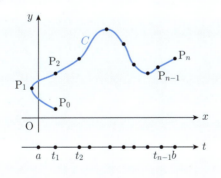

(3.5) の右辺は (3.3) 右辺の被積分関数のリーマン和である．$p(x,y)$ の連続性と曲線の条件により，$|\Delta| \to 0$ のとき (3.5) の右辺は (3.3) の右辺の定積分に収束する．

次に，別の線積分を導入する．等式 (3.4) の右辺において弧の長さ Δs_j を $\Delta x_j = x(t_j) - x(t_{j-1})$ で置き換えた和が $|\Delta| \to 0$ のとき収束すれば，その極限を C に沿った $p(x,y)$ の **x に関する線積分** と呼び，次のように書く．

$$\int_C p(x,y)\,dx = \lim_{|\Delta| \to 0} \sum_{j=1}^n p\bigl(x(t_j^*), y(t_j^*)\bigr) \Delta x_j. \tag{3.6}$$

また C を **積分路** と呼ぶ．平均値の定理により，ある $\tau_j \in (t_{j-1}, t_j)$ に対して $\Delta x_j = x'(\tau_j)(t_j - t_{j-1})$ が成り立つ．(3.6) の右辺で $t_j^* = \tau_j$ と選べば

$$\int_C p(x,y)\,dx = \int_a^b p\bigl(x(t), y(t)\bigr) x'(t)\,dt$$

が導かれる．同様にして C に沿った $p(x,y)$ の y に関する線積分

$$\int_C p(x,y)\,dy = \int_a^b p\bigl(x(t), y(t)\bigr) y'(t)\,dt \tag{3.7}$$

が定義できる．2 つの線積分 $\int_C p(x,y)\,dx$，$\int_C q(x,y)\,dy$ の和を

$$\int_C p(x,y)\,dx + \int_C q(x,y)\,dy = \int_C p(x,y)\,dx + q(x,y)\,dy$$

と書く．p の x に関する線積分，q の y に関する線積分は上記のように個別に定義できるが，2 つを同時に扱う場合にはベクトル場の接線線積分と解釈した方が良い．曲線 $C: (x,y) = (x(t), y(t))$ がなめらかなとき，ベクトル

$$\boldsymbol{T} = \frac{\bigl(x'(t),\, y'(t)\bigr)}{\sqrt{x'(t)^2 + y'(t)^2}}$$

は C の単位接線ベクトルを表す．ベクトル場 $\boldsymbol{\Phi} = \bigl(p(x,y), q(x,y)\bigr)$ に対して，内積 $\boldsymbol{\Phi} \cdot \boldsymbol{T}$ の C に沿った弧長線積分 $\int_C \boldsymbol{\Phi} \cdot \boldsymbol{T}\,ds$ を $\boldsymbol{\Phi}$ の C に沿った **接線線積分** と呼ぶ．これをパラメータ t に関する定積分で表して計算すれば，等式

$$\int_C \boldsymbol{\Phi} \cdot \boldsymbol{T}\,ds = \int_C p\,dx + q\,dy$$

3.1 実 線 積 分

が従う．3.2節の複素積分はこのベクトル場の接線線積分と同様に定義される．

さて (3.1) で与えられる曲線の向きを逆にした曲線を $-C$ と書く．このときパラメータ t を変えずに

$$-C : (x,y) = \bigl(x(t), y(t)\bigr),\ t : b \to a$$

と表すことにする．この表現は a, b の大小を問わずに使えるので，今後は区間を用いた (3.1) の代わりに

$$C : (x,y) = \bigl(x(t), y(t)\bigr),\ t : a \to b \tag{3.8}$$

の表示を使い，$\bigl(x(a), y(a)\bigr)$ を始点，$\bigl(x(b), y(b)\bigr)$ を終点と呼ぶことにする．弧長線積分 (3.3) には曲線の向きを入れないので

$$\int_{-C} p(x,y)\, ds = \int_C p(x,y)\, ds$$

が成り立つが，(3.6), (3.7) で定義される線積分には曲線の向きが反映されて

$$\int_{-C} p(x,y)\, dx = -\int_C p(x,y)\, dx,\quad \int_{-C} p(x,y)\, dy = -\int_C p(x,y)\, dy$$

と，向きが変われば積分の符号が逆になる．

C_1 の終点と C_2 の始点が一致する 2 つのなめらかな曲線 C_1, C_2 があるとき，2 曲線を一致する端点でつないだ曲線 C を考える．C の始点，終点はそれぞれ C_1 の始点，C_2 の終点で，C を $C = C_1 + C_2$ と書いて**区分的になめらかな曲線**という．このとき

$$\int_{C_1+C_2} p(x,y)\, ds = \int_{C_1} p(x,y)\, ds + \int_{C_2} p(x,y)\, ds$$

と定義する．$C_1 + C_2$ に沿った x, y に関する線積分も同様に定義する．3 つ以上の曲線の和およびそれに沿った線積分も同様に定める．

曲線 C の始点と終点が一致するとき C を**閉曲線**という．閉曲線 C がパラメータの変域内にある t_1, t_2 に対して，$\bigl(x(a), y(a)\bigr) = \bigl(x(b), y(b)\bigr)$ のみを除いて $t_1 \neq t_2$ ならば $\bigl(x(t_1), y(t_1)\bigr) \neq \bigl(x(t_2), y(t_2)\bigr)$ であるとき，C を**単一閉曲線**または**ジョルダン**（Jordan）**閉曲線**と呼ぶ．

第3章 複素積分

定理 3.1（グリーン（Green）の定理）

C は区分的になめらかな単一閉曲線で反時計回りの向きを持ち，C で囲まれる有界領域を D とする．D の境界 $\partial D = C$ には C と同じ向きを与える．$\overline{D} = D \cup C$ 上で C^1 級の関数 $p(x,y), q(x,y)$ に対して，等式

$$\iint_{\overline{D}} \bigl(q_x(x,y) - p_y(x,y)\bigr)\, dxdy = \int_C p(x,y)\, dx + q(x,y)\, dy \quad (3.9)$$

が成り立つ．

注意 以下の証明から容易に導かれるように，上の結果は有限個の単一閉曲線で囲まれた領域 D に対しても成立する． □

[定理 3.1 の証明] 分割することにより $\overline{D}$ を縦線集合の和集合として，また

$$\begin{cases} \overline{D} = \{\psi_1(y) \leq x \leq \psi_2(y),\, c \leq y \leq d\}, \\ \partial D = C = C_1' + C_2', \\ C_1' : (x,y) = (\psi_1(t), t),\ t: d \to c, \\ C_2' : (x,y) = (\psi_2(t), t),\ t: c \to d. \end{cases} \quad (3.10)$$

横線集合の和集合として表すことができる．そこで簡単のために，初めから $\overline{D}$ は縦線集合 (3.10) にも横線集合 (3.11)（次ページ図）にも表示できる集合とする．(3.10) の表示を使って q_x の積分を計算すると

$$\begin{aligned}
\iint_{\overline{D}} q_x(x,y)\, dxdy &= \int_c^d dy \int_{\psi_1(y)}^{\psi_2(y)} \frac{\partial}{\partial x} q(x,y)\, dx \\
&= \int_c^d \bigl\{ q(\psi_2(y), y) - q(\psi_1(y), y) \bigr\} dy \\
&= \int_{C_2'} q(x,y)\, dy + \int_d^c q(\psi_1(y), y)\, dy \\
&= \int_{C_2'} q(x,y)\, dy + \int_{C_1'} q(x,y)\, dy = \int_C q(x,y)\, dy
\end{aligned}$$

となる．

$$\begin{cases} \overline{D} = \{\, a \leq x \leq b,\ \varphi_1(x) \leq y \leq \varphi_2(x)\,\}, \\ \partial D = C = C_1 + C_2, \\ C_1 : (x,y) = (t, \varphi_1(t)),\ t : a \to b, \\ C_2 : (x,y) = (t, \varphi_2(t)),\ t : b \to a. \end{cases} \quad (3.11)$$

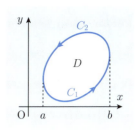

一方,表示 (3.11) を使って $-p_y$ を積分すれば

$$\begin{aligned} \iint_{\overline{D}} \bigl(-p_y(x,y)\bigr)\, dxdy &= \int_a^b dx \int_{\varphi_1(x)}^{\varphi_2(x)} \frac{\partial}{\partial y}\bigl(-p(x,y)\bigr)\, dy \\ &= \int_a^b \bigl\{ p\bigl(x, \varphi_1(x)\bigr) - p\bigl(x, \varphi_2(x)\bigr) \bigr\}\, dx \\ &= \int_{C_1} p(x,y)\, dx + \int_b^a p\bigl(x, \varphi_2(x)\bigr)\, dx \\ &= \int_{C_1} p(x,y)\, dx + \int_{C_2} p(x,y)\, dx = \int_C p(x,y)\, dx \end{aligned}$$

となる.2つの等式をまとめれば (3.9) を得る. ∎

グリーンの定理の応用として,渦なしベクトル場に対する速度ポテンシャル (2.5 節参照) の存在およびその構成法を紹介する.この方法は 2.4 節で紹介した共役調和関数の別の構成法でもある.平面領域 D において,D 内の任意の単一閉曲線で囲まれる有界領域がすべて D に含まれるとき,D を**単連結領域**という.たとえば,単一閉曲線で囲まれる有界領域は単連結領域である.

系 3.1

D を単連結領域とする.D 上の C^1 級関数 $p(x,y), q(x,y)$ が D 内の任意の点 (x,y) に対して $q_x(x,y) = p_y(x,y)$ を満たすならば

$$\varphi_x(x,y) = p(x,y), \quad \varphi_y(x,y) = q(x,y)$$

となる D 上の C^2 級関数 $\varphi(x,y)$ が存在する.

[証明] 点 $(a,b) \in D$ を任意に1つ取り,固定する.任意の点 $(x,y) \in D$ と (a,b) を結ぶ D 内の区分的になめらかな曲線 C_1, C_2 を取る.このとき

$$\int_{C_1} p(x,y)\,dx + q(x,y)\,dy$$
$$= \int_{C_2} p(x,y)\,dx + q(x,y)\,dy \quad (3.12)$$

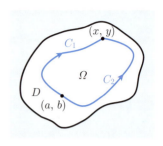

を得る.すなわち,ベクトル場 $(p(x,y), q(x,y))$ の接線線積分は積分路にはよらず,始点と終点のみで定まる.(3.12) を確かめる.簡単のために C_1 と C_2 は始点,終点以外には交点を持たないとする.$C = C_1 + (-C_2)$ と置けば C は区分的になめらかな単一閉曲線で,C で囲まれる単連結領域を Ω と書く.条件 $q_x = p_y$ とグリーンの定理により

$$0 = \iint_\Omega \bigl(q_x(x,y) - p_y(x,y)\bigr)\,dxdy = \int_C p\,dx + q\,dy$$
$$= \int_{C_1} p\,dx + q\,dy - \int_{C_2} p\,dx + q\,dy$$

が従い,(3.12) が導かれる.

$\varphi(x,y)$ を構成する.任意の点 (x,y) と点 (a,b) を結ぶ D 内の区分的になめらかな曲線 $C(x,y)$ に対して,関数 $\varphi(x,y)$ を

$$\varphi(x,y) = \int_{C(x,y)} p(\xi,\eta)\,d\xi + q(\xi,\eta)\,d\eta$$

と置けば,$\varphi(x,y)$ は $C(x,y)$ の選び方によらず定まり,求める性質を持つ.実際に,十分小さな h に対して,$C(x+h,y)$ を $C(x+h,y) = C(x,y) + L(h)$,$L(h)\colon \bigl(\xi(t),\eta(t)\bigr) = (x+ht,y)$, $t\colon 0 \to 1$ と取れば

$$\frac{\varphi(x+h,y) - \varphi(x,y)}{h} = \frac{1}{h}\int_{C(x+h,y)} p\,d\xi + q\,d\eta - \frac{1}{h}\int_{C(x,y)} p\,d\xi + q\,d\eta$$
$$= \frac{1}{h}\int_{L(h)} p\,d\xi + q\,d\eta = \frac{1}{h}\int_0^1 p(x+ht,y)\,h\,dt$$
$$= \int_0^1 p(x+ht,y)\,dt = p(x+\theta h, y).$$

ここに $0 < \theta < 1$ で,最後の等式で積分の平均値の定理を使った.$h \to 0$ として $\varphi_x(x,y) = p(x,y)$ を得る.同様に $\varphi_y(x,y) = q(x,y)$ も従う. ∎

注意　系 3.1 で D が単連結でなければ，(3.12) の両辺には定数の差があり得る．　□

例3.2　調和関数 $u(x,y)$ に対して定積分により共役調和関数 $v(x,y)$ を導く．任意に選んだ点 $\mathrm{A}(a,b)$ の近傍で $v(x,y)$ を構成する．A とその近傍の任意の点 (x,y) とを結ぶ曲線 $C(x,y)$ を，座標軸に平行な 2 つの線分の和とする．

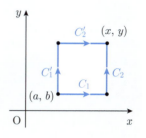

$$C(x,y) = C_1 + C_2,$$
$$C_1 : (\xi, \eta) = (s, b),\ s : a \to x,$$
$$C_2 : (\xi, \eta) = (x, t),\ t : b \to y.$$

系 3.1 により，$v(x,y)$ をベクトル場 $(-u_y, u_x)$ の C に沿った接線線積分として定義すれば良い．

$$v(x,y) = \int_{C_1} \left(-u_y(\xi,\eta)\right)d\xi + u_x(\xi,\eta)\,d\eta + \int_{C_2} \left(-u_y(\xi,\eta)\right)d\xi + u_x(\xi,\eta)\,d\eta$$
$$= -\int_a^x u_y(s,b)\,ds + \int_b^y u_x(x,t)\,dt.$$

$(a,b) = (0,0)$ と選べれば計算が簡単になることが多い．$C_1 + C_2$ の代わりに $C_1' + C_2'$（上図参照）と取れば次のように計算できる．

$$v(x,y) = \int_b^y u_x(a,t)\,dt - \int_a^x u_y(s,y)\,ds.$$

いずれの場合でも定積分を計算するために，2.4 節の不定積分による計算よりも煩雑になることもある．　□

例3.3　例3.2 の結果を使って例題 2.8 の調和関数 $u(x,y) = x^3 - 3xy^2$ の共役調和関数 $v(x,y)$ を求めよう．$u_x = 3(x^2 - y^2)$, $u_y = -6xy$ で，$(a,b) = (0,0)$ と取れば，次のように定数も込めて例題 2.8 の結果と一致する．

$$v(x,y) = -\int_0^x u_y(s,0)\,ds + \int_0^y u_x(x,t)\,dt$$
$$= 0 + \int_0^y 3(x^2 - t^2)\,dt = \left[3x^2 t - t^3\right]_{t=0}^{t=y} = 3x^2 y - y^3.\quad \square$$

3.2 複素積分

複素積分は基本的に線積分である．複素数平面上の向きづけられた曲線

$$C\colon z = z(t) = x(t) + iy(t),\ t\colon a \to b \tag{3.13}$$

の名称は，3.1 節における平面曲線 $(x(t), y(t))$ の名称に従い，しばらくは $a < b$ とする．C がなめらかであるとき，(3.2) により曲線 C の長さ L は

$$L = \int_a^b |z'(t)|\,dt$$

と計算できる．なめらかな曲線 C 上の連続関数 $f(z)$ に対して，C に沿った**複素積分**を

$$\int_C f(z)\,dz = \int_a^b f\bigl(z(t)\bigr) z'(t)\,dt \tag{3.14}$$

と定義する．$a \geq b$ の場合も含めて (3.14) で複素積分を定義し，曲線 C を**積分路**と呼ぶ．逆向きの曲線 $-C$ に対する積分は

$$\int_{-C} f(z)\,dz = -\int_C f(z)\,dz$$

となる．なめらかな曲線の和 $C_1 + C_2$ に対する積分を

$$\int_{C_1+C_2} f(z)\,dz = \int_{C_1} f(z)\,dz + \int_{C_2} f(z)\,dz$$

と定め，区分的になめらかな一般の曲線に対しても同様に積分を定義する．また C が (3.13) で表示されるとき，不等式

$$\left| \int_C f(z)\,dz \right| \leq \int_a^b |f(z(t))|\,|z'(t)|\,dt$$

が成り立つ．右辺の積分は C 上の弧長線積分で表示できるが，弧長線素 $ds = |z'(t)|\,dt$ の代わりに記号 $|dz|$ を使うことが多い．すなわち

$$\int_a^b |f(z(t))|\,|z'(t)|\,dt = \int_C |f(z)|\,|dz|$$

と記す．

3.2 複素積分

複素積分を計算する上でも最初に必要となることは，与えられた曲線 C のパラメータ表示である．以下の例題でパラメータ表示の仕方も合わせて紹介する．次の例題の積分は複素関数論で最も重要な積分である．

例題 3.1

C は α を中心とする半径 $r>0$ の円周で，向きは反時計回りとする．任意の整数 n に対して次の等式を導きなさい．

$$I_n = \int_C (z-\alpha)^n\, dz = \begin{cases} 0, & n \neq -1, \\ 2\pi i, & n = -1. \end{cases}$$

【解答】 まず，曲線 C は集合として

$$C = \{z \in \mathbb{C} \mid |z-\alpha| = r\}$$

と書ける．閉曲線 C の始点・終点がどの点であるかは積分 I_n には影響を与えないことも同時に示そう．C は実数 a に対して

$$C: z = \alpha + re^{it},\ t: a \to a + 2\pi$$

とパラメータ表示できる．このとき積分 I_n は次のように書ける．

$$I_n = \int_a^{a+2\pi} r^n e^{int}\, ire^{it}\, dt = ir^{n+1} \int_a^{a+2\pi} e^{i(n+1)t}\, dt.$$

$n+1 \neq 0$ ならば，e^z が周期 $2\pi i$ の周期関数であることに注意して計算すれば

$$\begin{aligned} I_n &= ir^{n+1} \left[\frac{1}{i(n+1)} e^{i(n+1)t} \right]_a^{a+2\pi} \\ &= \frac{r^{n+1}}{n+1} \{ e^{i(n+1)a + 2(n+1)\pi i} - e^{i(n+1)a} \} = 0 \end{aligned}$$

を得る．一方，$n+1=0$ のときには

$$I_{-1} = i \int_a^{a+2\pi} dt = 2\pi i$$

となり，等式が導かれた．∎

例題 3.2

任意の $z \in \mathbb{C} \setminus (-\infty, 0]$, $\Theta = \mathrm{Arg}\, z$ に対して 1 を始点, z を終点とする曲線 C を次のように定める. 右の図は $|z| > 1$, $\Theta > 0$ の場合である.

$C = C_1 + C_2$,
$C_1 \colon \zeta = t,\ t \colon 1 \to |z|$,
$C_2 \colon \zeta = |z|e^{it},\ t \colon 0 \to \Theta$.

このとき次の等式を導きなさい.
$$\int_C \frac{1}{\zeta}\, d\zeta = \mathrm{Log}\, z.$$

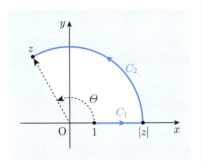

【解答】 それぞれの曲線上に分けて積分を計算すれば

$$\int_{C_1} \frac{1}{\zeta}\, d\zeta = \int_1^{|z|} \frac{1}{t}\, dt = \ln|z|, \quad \int_{C_2} \frac{1}{\zeta}\, d\zeta = \int_0^{\Theta} \frac{1}{|z|e^{it}} i|z|e^{it}\, dt = i\Theta.$$

以上から積分は $\ln|z| + i\Theta = \mathrm{Log}\, z$ となる. ∎

線分 C_j ($j = 1, 2, \ldots, 5$) を右の図のように定義し, パラメータ表示する.

$C_1 \colon z = (-1+i)t,\ t \colon 0 \to 1$,
$C_2 \colon z = it,\ t \colon 0 \to 1$,
$C_3 \colon z = t+i,\ t \colon 0 \to -1$,
$C_4 \colon z = t,\ t \colon 0 \to -1$,
$C_5 \colon z = -1+it,\ t \colon 0 \to 1$.

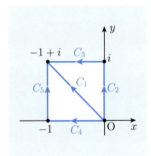

例題 3.3

0 から $-1+i$ へ至る 3 つの積分路 C_1, $C_2 + C_3$, $C_4 + C_5$ 上で, 次の関数 $f(z)$ を積分して値を比較しなさい.

(1) $f(z) = \overline{z}$ 　 (2) $f(z) = |z|$

【解答】 (1) 各曲線上で $f(z) = \overline{z}$ を積分すると次のようになる.

$$\int_{C_1} \overline{z}\, dz = \int_0^1 (-1-i)t\,(-1+i)\, dt = 2\int_0^1 t\, dt = 1,$$

$$\int_{C_2+C_3} \overline{z}\, dz = \int_{C_2} \overline{z}\, dz + \int_{C_3} \overline{z}\, dz = \int_0^1 (-it)\,i\, dt + \int_0^{-1} (t-i)\, dt$$
$$= \left[\frac{t^2}{2}\right]_0^1 + \left[\frac{t^2}{2} - it\right]_0^{-1} = \frac{1}{2} + \frac{1}{2} + i = 1 + i,$$

$$\int_{C_4+C_5} \overline{z}\, dz = \int_{C_4} \overline{z}\, dz + \int_{C_5} \overline{z}\, dz = \int_0^{-1} t\, dt + \int_0^1 (-1-it)\,i\, dt$$
$$= \frac{1}{2} + \int_0^1 (t-i)\, dt = \frac{1}{2} + \frac{1}{2} - i = 1 - i.$$

すべて相異なるので，$\overline{z}$ の積分は始点と終点だけでは決まらない．

(2) 計算を簡単にするために $\sqrt{x^2+1}$ の不定積分の公式を使う．

$$\int_{C_1} |z|\, dz = \int_0^1 \sqrt{2}\,t\,(-1+i)\, dt = \sqrt{2}(-1+i)\int_0^1 t\, dt = \frac{\sqrt{2}(-1+i)}{2},$$

$$\int_{C_2+C_3} |z|\, dz = \int_{C_2} |z|\, dz + \int_{C_3} |z|\, dz = \int_0^1 t\,i\, dt + \int_0^{-1} \sqrt{t^2+1}\, dt$$
$$= \frac{i}{2} + \left[\frac{1}{2}\left\{t\sqrt{t^2+1} + \ln\bigl(t+\sqrt{t^2+1}\bigr)\right\}\right]_0^{-1}$$
$$= \frac{i}{2} + \frac{1}{2}\left\{-\sqrt{2} + \ln(\sqrt{2}-1)\right\} = -\frac{1}{2}\left\{\sqrt{2} + \ln(\sqrt{2}+1) - i\right\},$$

$$\int_{C_4+C_5} |z|\, dz = \int_{C_4} |z|\, dz + \int_{C_5} |z|\, dz = \int_0^{-1} |t|\, dt + \int_0^1 \sqrt{1+t^2}\,i\, dt$$
$$= \int_0^{-1} (-t)\, dt + i\left[\frac{1}{2}\left\{t\sqrt{1+t^2} + \ln\bigl(t+\sqrt{1+t^2}\bigr)\right\}\right]_0^1$$
$$= -\frac{1}{2} + \frac{i}{2}\left\{\sqrt{2} + \ln(\sqrt{2}+1)\right\}.$$

再び 3 つの積分は相異なる値となった． ■

複素積分の具体的な計算は (3.14) に従って計算すれば良いが，正則関数の性質を利用した抽象的な計算では，実部，虚部を分けて実線積分に直した方が都合が良いこともある．そこで (3.14) の右辺を実線積分を使って表しておく．

単純に実部,虚部を整理し実線積分としてまとめれば良い. (3.13) で与えられるなめらかな曲線 C, 連続関数 $f(z) = u(x,y) + iv(x,y)$ に対して

$$\int_a^b f(z(t))z'(t)\,dt$$
$$= \int_a^b \{u(x(t),y(t)) + iv(x(t),y(t))\}(x'(t) + iy'(t))\,dt$$
$$= \int_a^b \{u(x(t),y(t))x'(t) - v(x(t),y(t))y'(t)\}\,dt$$
$$\quad + i\int_a^b \{v(x(t),y(t))x'(t) + u(x(t),y(t))y'(t)\}\,dt$$
$$= \int_C u\,dx - v\,dy + i\int_C v\,dx + u\,dy$$

と整理できる.すなわち

$$\int_C f(z)\,dz = \int_C u\,dx - v\,dy + i\int_C v\,dx + u\,dy \tag{3.15}$$

が従い,$f(z) = u + iv$ と $dz = dx + i\,dy$ の積を形式的に計算した結果と一致する.この等式の最も重要な応用例は次節のコーシーの積分定理である.

例題 3.4

有界領域 D の境界 C は区分的になめらかで,**正の向き** = 領域内を左手に見て進む方向,を持つとする.$\overline{D} = D \cup C$ とするとき,次の等式が成り立つことを示しなさい.

$$\int_C \overline{z}\,dz = 2i\,(\overline{D}\,\text{の面積}). \tag{3.16}$$

【解答】 等式 (3.15) を使って,実部,虚部の各線積分に対してグリーンの定理を適用すれば

$$\int_C \overline{z}\,dz = \int_C x\,dx + y\,dy + i\int_C (-y)\,dx + x\,dy$$
$$= \iint_{\overline{D}} \{(y)_x - (x)_y\}\,dxdy + i\iint_{\overline{D}} \{(x)_x - (-y)_y\}\,dxdy$$
$$= 2i\iint_{\overline{D}} dxdy.$$

最後の積分は $\overline{D}$ の面積を表すので (3.16) が導かれる. ∎

既に計算した例題 3.3(1) の複素積分で (3.16) が成り立つことを確かめる．閉曲線 $C_2+C_3+(-C_1)$ は $0, i, -1+i$ を頂点とする直角三角形の周で，直角三角形の面積 S は $\frac{1}{2}$ となる．一方，対応する (3.16) 左辺の複素積分は

$$\int_{C_2+C_3+(-C_1)} \overline{z}\,dz = \int_{C_2+C_3} \overline{z}\,dz - \int_{C_1} \overline{z}\,dz$$
$$= 1+i-1 = i$$

となり，(3.16) が成り立っている．

複素積分の物理的意味　この節の最後に複素積分の物理的な意味を紹介する．区分的になめらかな曲線 C は簡単のために弧長 s でパラメータ表示されているとする．このとき，接線ベクトル $(x'(s),y'(s))$ は長さが 1 だから単位接線ベクトルとなる．$\boldsymbol{T}=(x'(s),y'(s))$ と置き，連続関数

$$f(z)=u(x,y)+iv(x,y)$$

に対して 2 次元ベクトル場を $\boldsymbol{v}=(u,-v)$ と置けば，(3.15) から

$$\Gamma(C) \equiv \mathrm{Re}\int_C f(z)\,dz = \int_C \boldsymbol{v}\cdot\boldsymbol{T}\,ds$$

を得る．すなわち，実部は $\boldsymbol{v}$ の接線線積分になる．$\boldsymbol{v}$ が流体の速度ベクトル場で C が閉曲線のとき，$\Gamma(C)$ は C に沿う $\boldsymbol{v}$ の**循環**と呼ばれ，曲線 C に沿う流れを表す．一方，$\boldsymbol{n}=(y'(s),-x'(s))$ と置けば，$\boldsymbol{n}$ は $\boldsymbol{T}$ を時計回りに $\frac{\pi}{2}$ だけ回転した C の単位法線ベクトルになる．特に C が反時計回りの単一閉曲線ならば，$\boldsymbol{n}$ は C が囲む単連結領域 D の外向き単位法線ベクトルになる．(3.15) から

$$Q(C) \equiv \mathrm{Im}\int_C f(z)\,dz = \int_C \boldsymbol{v}\cdot\boldsymbol{n}\,ds$$

が成り立ち，虚部は $\boldsymbol{v}$ の**法線線積分**になる．$\boldsymbol{v}$ が流体の速度ベクトル場ならば，$Q(C)$ は C を通過する $\boldsymbol{v}$ の**流量**あるいは**湧出し量**（flux）を表す．

例3.4　正定数 μ, κ に対して $f(z) = \frac{\mu}{2\pi} \text{Log}\, z$, $g(z) = \frac{\kappa}{2\pi i} \text{Log}\, z$ と置く（例2.23, 例2.24参照）．複素速度 $\overline{f'(z)}, \overline{g'(z)}$ に対して循環，流量を計算する（紛らわしいが，実際の複素積分は $f'(z), g'(z)$ に対して計算する）．C を原点中心の半径 $r > 0$ の円周で，向きは反時計回りとする．

まず複素速度 $\overline{f'(z)}$ に対して例題 3.1 により

$$\int_C f'(z)\, dz = \frac{\mu}{2\pi} \int_C \frac{1}{z}\, dz = \frac{\mu}{2\pi} 2\pi i = i\mu$$

だから，

$$\Gamma(C) = \text{Re} \int_C f'(z)\, dz = 0, \quad Q(C) = \text{Im} \int_C f'(z)\, dz = \mu$$

を得る．すなわち，湧出し量 $Q(C)$ は μ であり，これからこのような流れを原点に強さ μ の湧出しがあるときの流れという．$\mu < 0$ のときには強さ $|\mu|$ の吸込みという．

一方，複素速度 $\overline{g'(z)}$ に対しては例題 3.1 により

$$\int_C g'(z)\, dz = \frac{\kappa}{2\pi i} \int_C \frac{1}{z}\, dz = \frac{\kappa}{2\pi i} 2\pi i = \kappa$$

だから，

$$\Gamma(C) = \text{Re} \int_C g'(z)\, dz = \kappa, \quad Q(C) = \text{Im} \int_C g'(z)\, dz = 0$$

を得る．これから渦糸の強さは κ であるという．

3.3 節で紹介する一般化されたコーシーの積分定理を用いれば，原点中心の円周 C を原点を囲む区分的になめらかな単一閉曲線で置き換えても以上の結果は変わらない（例3.7参照）． □

3.3 コーシーの積分定理

複素解析において最も基本的かつ重要なコーシーの積分定理を紹介する.

定理 3.2（コーシーの積分定理）

C は区分的になめらかな単一閉曲線で，反時計回りの向きを持つ. C で囲まれる有界領域を D とする．関数 $f(z)$ が D の閉包 $\overline{D} = D \cup C$ 上で正則ならば，$f(z)$ の C に沿った積分はゼロである．

$$\int_C f(z)\, dz = 0.$$

[証明] $f(z) = u(x,y) + iv(x,y)$ と書く．$f(z)$ が正則ならば u, v は全微分可能であるが，C^1 級であると仮定して証明する．このとき，等式 (3.15) とグリーンの定理により

$$\int_C f(z)\, dz = \int_C u\, dx - v\, dy + i \int_C v\, dx + u\, dy$$
$$= \iint_{\overline{D}} \{(-v_x) - u_y\} dx dy + i \iint_{\overline{D}} (u_x - v_y)\, dx dy. \quad (3.17)$$

ここでコーシー–リーマンの微分方程式 $u_x = v_y$, $u_y = -v_x$ を (3.17) の右辺で用いれば積分はゼロになる． ∎

系 3.2

D を単連結領域とし，$f(z)$ は D 上で正則な関数とする．このとき，$f(z)$ の D 内の複素積分は積分路 C の始点と終点のみで定まり，途中の経路にはよらない．すなわち D 内の任意の 2 点 α, β を取るとき，α を始点，β を終点に持つ区分的になめらかな任意の 2 つの曲線 $C_1, C_2 \subset D$ に対して，等式

$$\int_{C_1} f(z)\, dz = \int_{C_2} f(z)\, dz$$

が成り立つ．

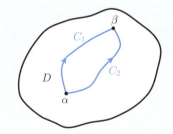

[証明] 簡単のために，上図のように曲線 C_1 と C_2 は始点 α，終点 β 以外では交点を持たないとする．このとき閉曲線 $C = C_1 + (-C_2)$ は単一閉曲線となる．交点を α, β 以外で有限個持つ場合には，C を有限個の単一閉曲線に分解して考えれば良い．$f(z)$ は C で囲まれる単連結領域の閉包上で正則だから，コーシーの積分定理により

$$0 = \int_C f(z)\,dz = \int_{C_1} f(z)\,dz + \int_{-C_2} f(z)\,dz$$
$$= \int_{C_1} f(z)\,dz - \int_{C_2} f(z)\,dz$$

を得る．これから等式が従う． ∎

単連結領域 D 上の正則関数 $f(z)$ に対して，D に含まれる任意の区分的になめらかな曲線 C の始点を α，終点を β とするとき，系 3.2 により C に沿った $f(z)$ の複素積分は始点と終点のみで決まるから

$$\int_C f(z)\,dz = \int_\alpha^\beta f(z)\,dz$$

と書いても良い．$\alpha \in D$ を固定するとき，任意の点 $z \in D$ に対して複素関数

$$F(z) = \int_\alpha^z f(\zeta)\,d\zeta \tag{3.18}$$

が一意的に定まり，これを $f(z)$ の**不定積分**という．これが $f(z)$ の**原始関数**になること，すなわち $F(z)$ は D 上正則で次の等式が成り立つことを確かめる．

$$F'(z) = f(z). \tag{3.19}$$

$z \in D$ の ε 近傍 $U_\varepsilon(z)$ は D に含まれるとする．$|\Delta z| < \varepsilon$ となる任意の複素数 Δz に対して，z と $z + \Delta z$ を結ぶ線分 $L(\Delta z)$ を $L(\Delta z): \zeta = z + t\Delta z,\ t: 0 \to 1$ と表示し，α と z とを D 内の任意の区分的になめらかな曲線 C で結ぶと

$$\Delta F \equiv F(z + \Delta z) - F(z) = \int_\alpha^{z+\Delta z} f(\zeta)\,d\zeta - \int_\alpha^z f(\zeta)\,d\zeta$$
$$= \int_{C+L(\Delta z)} f(\zeta)\,d\zeta - \int_C f(\zeta)\,d\zeta = \int_{L(\Delta z)} f(\zeta)\,d\zeta$$
$$= \int_0^1 f(z + t\Delta z)\Delta z\,dt.$$

したがって
$$\frac{\Delta F}{\Delta z} = \int_0^1 f(z + t\Delta z)\, dt$$
を得る．ここで $f(z) = u(x,y) + iv(x,y)$, $\Delta z = \Delta x + i\Delta y$ と置いて，上の積分の実部・虚部それぞれ個別に積分の平均値の定理を適用すれば

$$\int_0^1 f(z + t\Delta z)\, dt$$
$$= \int_0^1 u(x + t\Delta x, y + t\Delta y)\, dt + i\int_0^1 v(x + t\Delta x, y + t\Delta y)\, dt$$
$$= u(x + t_1\Delta x, y + t_1\Delta y) + iv(x + t_2\Delta x, y + t_2\Delta y)$$

を満たす $0 < t_1, t_2 < 1$ がある．よって $\Delta z \to 0$ のとき
$$\frac{\Delta F}{\Delta z} \longrightarrow u(x,y) + iv(x,y) = f(z)$$
となるので (3.19) が導かれる（2.5 節も参照）．

以上により $f(z)$ が正則ならば原始関数は必ず存在する．

例3.5 $f(z) = \frac{1}{z}$ は単連結領域 $\mathbb{C} \setminus (-\infty, 0]$ で正則だから，例題 3.2 の結果から

$$\int_1^z \frac{1}{\zeta}\, d\zeta = \mathrm{Log}\, z$$

が成り立つ．もちろん $(\mathrm{Log}\, z)' = \frac{1}{z}$ が成立する． □

正則関数 $f(z)$ の任意の原始関数 $G(z)$ に対して
$$\int_\alpha^\beta f(z)\, dz = \Big[G(z)\Big]_\alpha^\beta = G(\beta) - G(\alpha) \tag{3.20}$$
が成り立つことは，複素積分の定義 (3.14) にもどれば，あるいは命題 2.3 と (3.18) により明らかである．

例3.6 単連結領域 $D = \{z \in \mathbb{C} \mid -1 < \mathrm{Im}\, z < 1\}$ 上で正則な $f(z) = \frac{1}{z^2+1}$ の不定積分 $F(z)$ を計算する．$\zeta^2 + 1 = (\zeta - i)(\zeta + i)$ だから部分分数分解すれば
$$F(z) = \int_0^z \frac{1}{\zeta^2+1}\, d\zeta = \frac{1}{2i}\int_0^z \left(\frac{1}{\zeta - i} - \frac{1}{\zeta + i}\right) d\zeta$$

となる. ここで $z \in D$ に対して $-\pi < \text{Arg}(z-i) < 0, 0 < \text{Arg}(z+i) < \pi$ だから, $F(z)$ の右辺を対数関数の主値を使って書けるように変形して積分する. (3.20) と 例3.5 により次のように計算できる.

$$F(z) = \frac{1}{2i}\left(-\int_0^z \frac{1}{i-\zeta}\,d\zeta - \int_0^z \frac{1}{\zeta+i}\,d\zeta\right)$$
$$= \frac{1}{2i}\{\text{Log}(i-z) - \text{Log}\,i - \text{Log}(z+i) + \text{Log}\,i\}$$
$$= \frac{1}{2i}\text{Log}\left(\frac{i-z}{i+z}\right).$$

これは (2.19) で与えられる $\tan^{-1} z$ の主値に一致する. □

コーシーの積分定理は次の意味で単連結でない領域でも成立する.

定理 3.3 (一般化されたコーシーの積分定理)

領域 D は右図のような互いに交わらない 2 つの単一閉曲線 C_0, C_1 で囲まれた領域とする. すなわち $\partial D = C_0 \cup C_1$, C_0 は反時計回り, C_1 は時計回りの向きを持つ. 関数 $f(z)$ が $\overline{D} = D \cup \partial D$ 上で正則ならば $f(z)$ の境界 ∂D 上の積分はゼロとなる.

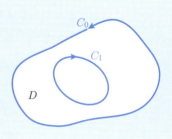

$$\int_{\partial D} f(z)\,dz = \int_{C_0} f(z)\,dz + \int_{C_1} f(z)\,dz = 0. \qquad (3.21)$$

すなわち $C_1' = -C_1$ と置けば次の等式が成り立つ.

$$\int_{C_0} f(z)\,dz = \int_{C_1'} f(z)\,dz. \qquad (3.22)$$

[証明] 次ページの図のように C_0, C_1 上にそれぞれ点 α, β を取り, α, β を折れ線で結ぶ (次図左では線分). この折れ線に沿って領域 D を切断して単連結領域 D' を作る (次図右). α から β への折れ線を L_1 とし, 逆向きの折れ線を L_2 とする. $f(z)$ は $\overline{D'}$ 上で正則だから $\partial D' = L_1 + C_1 + L_2 + C_0$ にコーシー

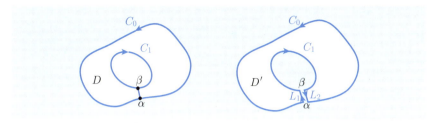

の積分定理を適用して

$$0 = \int_{\partial D'} f(z)\,dz$$
$$= \int_{L_1} f(z)\,dz + \int_{C_1} f(z)\,dz + \int_{L_2} f(z)\,dz + \int_{C_0} f(z)\,dz.$$

ここで $L_2 = -L_1$ であることに注意すれば

$$\int_{L_1} f(z)\,dz + \int_{L_2} f(z)\,dz = 0.$$

これから (3.21) を得る. ∎

等式 (3.22) の重要な応用例を紹介する.

例3.7 C は区分的になめらかな単一閉曲線で反時計回りの向きを持ち，C で囲まれる有界領域を D とする．D 内の任意の点 α，任意の整数 n に対して次の等式が成り立つ．

$$\int_C (z-\alpha)^n\,dz = \begin{cases} 0, & n \neq -1, \\ 2\pi i, & n = -1. \end{cases}$$

実際に, $\varepsilon > 0$ を十分小さく取れば $U_\varepsilon(\alpha) \subset D$ となり，円 $C_\varepsilon : |z-\alpha| = \varepsilon$ は反時計回りの向きを持つとする．$f(z) = (z-\alpha)^n$ は C と C_ε ではさまれる領域およびその境界上で正則だから，(3.22) により

$$\int_C f(z)\,dz = \int_{C_\varepsilon} f(z)\,dz$$

が成り立つ．これと例題 3.1 の結果を合わせれば求める等式が導かれる． □

定理 3.3 の結果は有限個の曲線で囲まれる任意の領域 D に対して拡張できる．

定理 3.4（一般化されたコーシーの積分定理）

単一閉曲線 C_0 が囲む有界な領域の内部に互いに交わらない単一閉曲線 $C_1, C_2, \ldots, C_n$ があり，D を C_0 と $C_1, \ldots, C_n$ で囲まれた領域とする（右図は $n=3$ の場合）．曲線の向きはすべて反時計回りとする．関数 $f(z)$ が $\overline{D}$ 上で正則ならば

$$\int_{C_0} f(z)\,dz = \sum_{j=1}^n \int_{C_j} f(z)\,dz$$

が成り立つ．

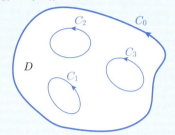

例題 3.5

反時計回りの向きを持つ楕円 $C: \frac{1}{3}x^2 + \frac{1}{4}y^2 = 1$ に対して次の複素積分 I を計算しなさい．

(1) $\displaystyle\int_C \frac{1}{z^2+1}\,dz$ 　(2) $\displaystyle\int_C \frac{z}{z^2+1}\,dz$

(3) $\displaystyle\int_C \frac{2z-(1+3i)}{(z-3i)(z-1)}\,dz$

【解答】 (1) 被積分関数を部分分数分解し，各項を個別に積分する．

$$\begin{aligned}
I &= \int_C \frac{1}{z^2+1}\,dz = \int_C \frac{1}{2i}\left(\frac{1}{z-i} - \frac{1}{z+i}\right)dz \\
&= \frac{1}{2i}\int_C \frac{1}{z-i}\,dz - \frac{1}{2i}\int_C \frac{1}{z+i}\,dz. \quad (3.23)
\end{aligned}$$

(3.23) 右辺のそれぞれの積分に対して 例3.7 の結果を適用すれば

$$I = \frac{1}{2i} \times 2\pi i - \frac{1}{2i} \times 2\pi i = 0.$$

(2) (1) とは異なる方法で計算する．曲線 C_1, C_2 はそれぞれ $i, -i$ を中心とする半径 0.6 の円で，反時計回りの向きを持つとする（次ページ図）．まず定理 3.4 を使って C に沿った積分を C_1, C_2 それぞれの曲線に沿った積分に直した後に部分分数分解する．

3.3 コーシーの積分定理

$$I = \int_C \frac{z}{z^2+1}\, dz = \int_{C_1} \frac{z}{z^2+1}\, dz + \int_{C_2} \frac{z}{z^2+1}\, dz \equiv I_1 + I_2.$$

I_1 を計算すると

$$\begin{aligned}I_1 &= \int_{C_1} \frac{1}{2}\left(\frac{1}{z-i} + \frac{1}{z+i}\right) dz \\ &= \frac{1}{2}\int_{C_1} \frac{1}{z-i}\, dz + \frac{1}{2}\int_{C_1} \frac{1}{z+i}\, dz \\ &= \frac{1}{2} 2\pi i + 0 = \pi i.\end{aligned}$$

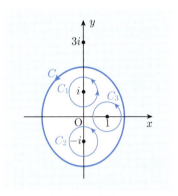

ここで最後から 2 番目の等式で第 1 項については例題 3.1 と同様に積分し, 第 2 項については $\frac{1}{z+i}$ が C_1 が囲む領域および C_1 上で正則だから, コーシーの積分定理を適用した. I_2 も同様に計算して

$$\begin{aligned}I_2 &= \int_{C_2} \frac{1}{2}\left(\frac{1}{z-i} + \frac{1}{z+i}\right) dz \\ &= \frac{1}{2}\int_{C_2} \frac{1}{z-i}\, dz + \frac{1}{2}\int_{C_2} \frac{1}{z+i}\, dz = 0 + \frac{1}{2} 2\pi i = \pi i\end{aligned}$$

となり, 合わせて $I = 2\pi i$ を得る.

(3) 被積分関数は $z = 1, 3i$ を除いて正則であるが, 曲線 C 内にある点は $z = 1$ のみである. C_3 を円 $|z-1| = 0.6$ で反時計回りの向きを持つとすると, 定理 3.3 を適用した後に (2) と同様にして

$$\begin{aligned}I &= \int_C \frac{2z - (1+3i)}{(z-3i)(z-1)}\, dz = \int_{C_3} \frac{2z - (1+3i)}{(z-3i)(z-1)}\, dz \\ &= \int_{C_3} \frac{1}{z-3i}\, dz + \int_{C_3} \frac{1}{z-1}\, dz = 0 + 2\pi i = 2\pi i\end{aligned}$$

を得る. あるいは (1) のように, 部分分数分解してから 例3.7 の結果とコーシーの積分定理を適用しても良い. ■

3.4 実定積分への応用 (I)

コーシーの積分定理の応用として，既に収束が保証されている実無限積分の値を計算する．ただし，確率積分の値 $\int_{-\infty}^{\infty} e^{-x^2}\, dx = \sqrt{\pi}$ は既知とする．

例題 3.6

次の正弦積分の値を導きなさい．
$$\int_0^\infty \frac{\sin x}{x}\, dx = \frac{\pi}{2}. \tag{3.24}$$

注意 (1) この無限積分が収束することは，部分積分によって確かめることができる．実際に，任意の $R > \frac{\pi}{2}$ に対して部分積分により

$$\int_{\pi/2}^R \frac{\sin x}{x}\, dx = \left[-\frac{\cos x}{x}\right]_{\pi/2}^R - \int_{\pi/2}^R \frac{\cos x}{x^2}\, dx = -\frac{\cos R}{R} - \int_{\pi/2}^R \frac{\cos x}{x^2}\, dx$$

を得る．最後の等式の右辺第 1 項は挟み撃ちの原理を使えば，$R \to \infty$ のときゼロに収束する．一方，第 2 項については

$$\int_{\pi/2}^R \left|\frac{\cos x}{x^2}\right| dx \leq \int_{\pi/2}^R \frac{1}{x^2}\, dx = \frac{2}{\pi} - \frac{1}{R}$$

と評価できるから，$R \to \infty$ のとき絶対収束する．よって無限積分は条件収束する．

(2) (3.24) は 6.2 節の**留数定理**を用いても計算できる（6.3.4 項の 例6.5 参照）． □

次の補題の証明は例題 3.6 の解答後に与える．

補題 3.1

(1) 任意の $0 \leq x \leq \dfrac{\pi}{2}$ に対して次の**ジョルダンの不等式**が成立する．

$$\frac{2x}{\pi} \leq \sin x. \tag{3.25}$$

(2) 連続関数 $f(x)$ に対して次の等式が成り立つ．
$$\int_0^\pi f(\sin x)\, dx = 2\int_0^{\pi/2} f(\sin x)\, dx. \tag{3.26}$$

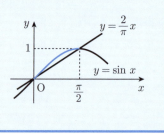

[例題 3.6 の解答] 2 つのパラメータ $0 < \varepsilon < R$ に対して，関数 $f(z) = \frac{1}{z} e^{iz}$

3.4 実定積分への応用 (I)

を次の閉曲線 $\Gamma_{\varepsilon,R}$ 上で積分する: $\Gamma_{\varepsilon,R} = L_+ + C_R + L_- + \gamma_\varepsilon$. ここに各曲線 $L_\pm, C_R, \gamma_\varepsilon$ を次のように定める.

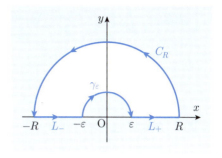

$L_+: z = t,\ t: \varepsilon \to R,$

$C_R: z = Re^{it},\ t: 0 \to \pi,$

$L_-: z = t,\ t: -R \to -\varepsilon,$

$\gamma_\varepsilon: z = \varepsilon e^{it},\ t: \pi \to 0.$

関数 $f(z)$ は $\mathbb{C} \setminus \{0\}$ 上で正則だから, コーシーの積分定理により

$$0 = \int_{\Gamma_{\varepsilon,R}} f(z)\,dz$$
$$= \int_{L_+} f(z)\,dz + \int_{C_R} f(z)\,dz + \int_{L_-} f(z)\,dz + \int_{\gamma_\varepsilon} f(z)\,dz.$$

すなわち, 等式

$$\int_{L_-} f(z)\,dz + \int_{L_+} f(z)\,dz = -\int_{C_R} f(z)\,dz - \int_{\gamma_\varepsilon} f(z)\,dz \qquad (3.27)$$

が成り立つ. (3.27) の左辺を $I(\varepsilon, R)$ と置いて計算すると

$$I(\varepsilon, R) = \int_{-R}^{-\varepsilon} \frac{e^{it}}{t}\,dt + \int_{\varepsilon}^{R} \frac{e^{it}}{t}\,dt.$$

右辺第1項の積分で置換 $t = -s$ を行った後に変数 s を t に戻せば, $I(\varepsilon, R)$ は

$$I(\varepsilon, R) = \int_{\varepsilon}^{R} \frac{e^{it} - e^{-it}}{t}\,dt = 2i\int_{\varepsilon}^{R} \frac{\sin t}{t}\,dt \qquad (3.28)$$

と書き換えられる. 次に, (3.27) の右辺第1項を $-J(R)$ と置けば

$$J(R) = \int_0^\pi \frac{e^{iR(\cos t + i\sin t)}}{Re^{it}} iRe^{it}\,dt$$
$$= i\int_0^\pi e^{-R\sin t} e^{iR\cos t}\,dt$$

となる. 積分の絶対値をとり, 補題 3.1(2) を適用して $[0, \frac{\pi}{2}]$ 上の積分に直し, 不等式 (3.25) と e^t が狭義単調増加であることを使えば, $R \to \infty$ のとき

$$|J(R)| \leq \int_0^\pi \left|e^{-R\sin t}e^{iR\cos t}\right|dt \leq \int_0^\pi e^{-R\sin t}\,dt$$
$$= 2\int_0^{\pi/2} e^{-R\sin t}\,dt \leq 2\int_0^{\pi/2} e^{-2Rt/\pi}\,dt$$
$$= 2\left[-\frac{\pi}{2R}e^{-2Rt/\pi}\right]_0^{\pi/2} = \frac{\pi}{R}(1-e^{-R}) < \frac{\pi}{R} \longrightarrow 0 \quad (3.29)$$

を得る. 最後に, (3.27) の右辺第2項の積分を $-K(\varepsilon)$ と置いて調べると

$$K(\varepsilon) = \int_{\gamma_\varepsilon} \frac{e^{iz}}{z}\,dz = \int_\pi^0 \frac{e^{i\varepsilon(\cos t+i\sin t)}}{\varepsilon e^{it}} i\varepsilon e^{it}\,dt$$
$$= -i\int_0^\pi e^{-\varepsilon\sin t}\{\cos(\varepsilon\cos t)+i\sin(\varepsilon\cos t)\}\,dt$$

と表示できる. 最後の等式右辺の実部, 虚部それぞれに積分の平均値の定理を適用すれば, $0<\tau,\theta<\pi$ があって $\varepsilon\to +0$ のとき

$$K(\varepsilon) = -i\pi\{e^{-\varepsilon\sin\tau}\cos(\varepsilon\cos\tau)+ie^{-\varepsilon\sin\theta}\sin(\varepsilon\cos\theta)\}$$
$$\longrightarrow -i\pi(1+i0) = -\pi i. \quad (3.30)$$

(3.28) から (3.30) を合わせれば (3.24) を得る. ∎

[補題 3.6 の証明] (1) $f(x) = \sin x - \frac{2}{\pi}x$ と置けば, $f'(x) = \cos x - \frac{2}{\pi}$ は $0 \leq x \leq \frac{\pi}{2}$ で狭義単調減少. $\alpha = \arccos\frac{2}{\pi}$ に対して増減表は次のようになり, 不等式が従う.

x	0		α		$\frac{\pi}{2}$
$f'(x)$		$+$	0	$-$	
$f(x)$	0	↗	極大値	↘	0

(2) 積分区間を $\frac{\pi}{2}$ で2つに分け, $[\frac{\pi}{2},\pi]$ 上の積分で $x=\pi-t$ と置換すれば

$$\int_0^\pi f(\sin x)\,dx = \int_0^{\pi/2} f(\sin x)\,dx + \int_{\pi/2}^\pi f(\sin x)\,dx$$
$$= \int_0^{\pi/2} f(\sin x)\,dx + \int_{\pi/2}^0 f(\sin(\pi-t))(-1)\,dt$$
$$= \int_0^{\pi/2} f(\sin x)\,dx + \int_0^{\pi/2} f(\sin t)\,dt = 2\int_0^{\pi/2} f(\sin x)\,dx. \quad ∎$$

3.4 実定積分への応用 (I)

例題 3.7

次の**フレネル**（Fresnel）**積分**の値を導きなさい．
$$\int_0^\infty \sin(x^2)\,dx = \frac{1}{2}\sqrt{\frac{\pi}{2}}, \quad \int_0^\infty \cos(x^2)\,dx = \frac{1}{2}\sqrt{\frac{\pi}{2}}. \qquad (3.31)$$

【解答】 無限積分が収束することは，置換 $x = \sqrt{t}$ により積分が
$$\int_0^\infty \sin(x^2)\,dx = \frac{1}{2}\int_0^\infty \frac{\sin t}{\sqrt{t}}\,dt$$
と書き換えられるので，例題 3.6 の後の 注意 と同様に確かめることができる．
$\cos(x^2)$ も同様に扱える．整関数 $f(z) = e^{-z^2}$ を次の積分路 Γ_R に沿って積分する：$\Gamma_R = L_R + C_R + \ell_R$,

$L_R\colon z = t,\ t\colon 0 \to R$,

$C_R\colon z = Re^{it},\ t\colon 0 \to \dfrac{\pi}{4}$,

$\ell_R\colon z = te^{\pi i/4},\ t\colon R \to 0$.

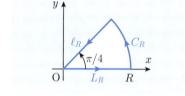

積分する関数 $f(z)$ として e^{-z^2} の代わりに e^{iz^2} を選ぶことも可能で，この関数による計算を演習問題 **3.9** として残しておく．コーシーの積分定理により
$$0 = \int_{\Gamma_R} f(z)\,dz = \int_{L_R} f(z)\,dz + \int_{C_R} f(z)\,dz + \int_{\ell_R} f(z)\,dz.$$
すなわち，等式
$$-\int_{\ell_R} f(z)\,dz = \int_{C_R} f(z)\,dz + \int_{L_R} f(z)\,dz \qquad (3.32)$$
を得る．まず左辺を計算すると，$\left(te^{\pi i/4}\right)^2 = t^2 e^{\pi i/2} = it^2$ に注意すれば
$$\int_{\ell_R} f(z)\,dz = \int_R^0 e^{-it^2} e^{\pi i/4}\,dt = -e^{\pi i/4}\left\{\int_0^R \cos(t^2)\,dt - i\int_0^R \sin(t^2)\,dt\right\} \qquad (3.33)$$
が従う．(3.32) の右辺第 2 項を計算すると，$R \to +\infty$ のとき次の等式を得る．
$$\int_{L_R} e^{-z^2}\,dz = \int_0^R e^{-t^2}\,dt \ \longrightarrow\ \int_0^{+\infty} e^{-t^2}\,dt = \frac{\sqrt{\pi}}{2}. \qquad (3.34)$$

最後に (3.32) の右辺第1項が $R \to +\infty$ のときに 0 に収束することを示そう.

$$\left|\int_{C_R} e^{-z^2} dz\right| = \left|\int_0^{\pi/4} e^{-R^2\{\cos(2t)+i\sin(2t)\}} iRe^{it} dt\right|$$

$$\leq R\int_0^{\pi/4} \left|e^{-R^2\cos(2t)} e^{i\{-R^2\sin(2t)+t\}}\right| dt = R\int_0^{\pi/4} e^{-R^2\cos(2t)} dt. \quad (3.35)$$

最後の等式右辺の積分で, $2t = \frac{\pi}{2} - \tau$ と置換した後にジョルダンの不等式を適用し, さらに $R \to +\infty$ とすれば

$$0 < R\int_0^{\pi/4} e^{-R^2\cos(2t)} dt = R\int_{\pi/2}^0 e^{-R^2\sin\tau}\left(-\frac{1}{2}\right) d\tau$$

$$= \frac{R}{2}\int_0^{\pi/2} e^{-R^2\sin\tau} d\tau \leq \frac{R}{2}\int_0^{\pi/2} e^{-2R^2\tau/\pi} d\tau$$

$$= \frac{R}{2}\left[-\frac{\pi}{2R^2} e^{-2R^2\tau/\pi}\right]_0^{\pi/2} = \frac{\pi}{4R}\left(1 - e^{-R^2}\right) < \frac{\pi}{4R} \longrightarrow 0 \quad (3.36)$$

を得る. (3.32) から (3.36) までを合わせて $R \to +\infty$ とすれば, 等式

$$\int_0^{+\infty} \cos(t^2) dt - i\int_0^{+\infty} \sin(t^2) dt = \frac{\sqrt{\pi}}{2} e^{-\pi i/4} = \frac{1}{2}\sqrt{\frac{\pi}{2}}(1-i)$$

が従う. 両辺の実部, 虚部を比較して (3.31) の等式を得る. ∎

例題 3.8

正定数 k に対して次の等式を導きなさい.

$$\frac{1}{\sqrt{2\pi}}\int_{-\infty}^{+\infty} e^{-kx^2} e^{-i\xi x} dx = \frac{1}{\sqrt{2k}} e^{-\xi^2/(4k)}. \quad (3.37)$$

左辺の積分は e^{-kx^2} の**フーリエ変換**と呼ばれる (6.3.4 項参照).

【解答】 $\xi > 0$ の場合を示す. $\xi < 0$ の場合も積分路を取り換えれば同様に示すことができる. (3.37) 左辺の指数関数をまとめて指数を整理すれば

$$e^{-kx^2} e^{-i\xi x} = e^{-kx^2 - i\xi x} = e^{-k\{x+i\xi/(2k)\}^2 - \xi^2/(4k)}.$$

指数関数を再び分けて次の等式を得る.

$$\int_{-\infty}^{+\infty} e^{-kx^2} e^{-i\xi x} dx = e^{-\xi^2/(4k)}\int_{-\infty}^{+\infty} e^{-k\{x+i\xi/(2k)\}^2} dx. \quad (3.38)$$

整関数 $f(z) = e^{-kz^2}$ を積分路 $\Gamma_R = L_R + \ell_+ + \ell_R + \ell_-$ に沿って積分する．ここに各積分路は次のように与える．

$L_R: z = t,\ t : -R \to R,$

$\ell_+: z = R + it,\ t : 0 \to \dfrac{\xi}{2k},$

$\ell_R: z = t + i\dfrac{\xi}{2k},\ t : R \to -R,$

$\ell_-: z = -R + it,\ t : \dfrac{\xi}{2k} \to 0.$

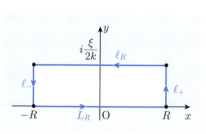

コーシーの積分定理により
$$0 = \int_{\Gamma_R} f(z)\,dz = \left(\int_{L_R} + \int_{\ell_+} + \int_{\ell_R} + \int_{\ell_-} \right) f(z)\,dz.$$

すなわち，次の等式を得る．
$$-\int_{\ell_R} f(z)\,dz = \int_{L_R} f(z)\,dz + \int_{\ell_+} f(z)\,dz + \int_{\ell_-} f(z)\,dz. \tag{3.39}$$

まず，左辺を計算すれば
$$-\int_{\ell_R} e^{-kz^2}\,dz = -\int_{R}^{-R} e^{-k\{t+i\xi/(2k)\}^2}\,dt = \int_{-R}^{R} e^{-k\{t+i\xi/(2k)\}^2}\,dt \tag{3.40}$$

となり，$R \to +\infty$ として (3.38) の右辺の積分に収束する．次に (3.39) の右辺第 1 項については $R \to +\infty$ のとき
$$\int_{L_R} e^{-kz^2}\,dz = \int_{-R}^{R} e^{-kt^2}\,dt \longrightarrow \int_{-\infty}^{+\infty} e^{-kt^2}\,dt = \dfrac{\sqrt{\pi}}{\sqrt{k}} \tag{3.41}$$

が成り立つ．(3.39) の右辺第 2 項を計算すると
$$\int_{\ell_+} e^{-kz^2}\,dz = \int_0^{\xi/2k} e^{-k(R+it)^2} i\,dt = i \int_0^{\xi/2k} e^{-k(R^2-t^2)} e^{-2ikRt}\,dt.$$

よって $R \to +\infty$ のとき
$$\left| \int_{\ell_+} e^{-kz^2}\,dz \right| \leq e^{-kR^2} \int_0^{\xi/2k} e^{\xi^2/(4k)}\,dt = \dfrac{e^{\xi^2/(4k)} \xi}{2k} e^{-kR^2} \longrightarrow 0. \tag{3.42}$$

同様に，ℓ_- に沿った積分も $R \to +\infty$ のとき 0 に収束する．(3.38) から (3.42) までをまとめて等式 (3.37) が導かれる． ∎

3.5　コーシーの積分公式

正則関数の表現公式である**コーシーの積分公式**を紹介する．コーシーの積分定理と共に非常に重要な結果である．

> **定理 3.5（コーシーの積分公式）**
>
> 　有界な領域 D は，区分的になめらかで反時計回りの向きを持つ単一閉曲線 C で囲まれている．関数 $f(z)$ が $\overline{D} = D \cup C$ 上で正則ならば，任意の $\alpha \in D$ に対して等式
> $$f(\alpha) = \frac{1}{2\pi i} \int_C \frac{f(z)}{z - \alpha} \, dz$$
> が成り立つ．

[証明]　α の ε 近傍 $U_\varepsilon(\alpha)$ が D に含まれるように定数 $\varepsilon > 0$ を小さく選ぶ．$C_\varepsilon = \partial U_\varepsilon(\alpha)$ も反時計回りに向きづける．関数 $\frac{f(z)}{z-\alpha}$ は C と C_ε で囲まれる領域とその境界上で正則だから，一般化されたコーシーの積分定理により

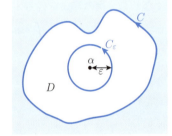

$$\int_C \frac{f(z)}{z - \alpha} \, dz = \int_{C_\varepsilon} \frac{f(z)}{z - \alpha} \, dz \quad (3.43)$$

が成り立つ．C_ε を $z = \alpha + \varepsilon e^{it}$, $t : 0 \to 2\pi$ とパラメータ表示して，(3.43) 右辺の積分を計算すると

$$\int_{C_\varepsilon} \frac{f(z)}{z - \alpha} \, dz = \int_0^{2\pi} \frac{f(\alpha + \varepsilon e^{it})}{\varepsilon e^{it}} i\varepsilon e^{it} \, dt = i \int_0^{2\pi} f(\alpha + \varepsilon e^{it}) \, dt.$$

ここで $f(z) = u(x,y) + iv(x,y)$, $\alpha = a + ib$ として，実部，虚部それぞれに積分の平均値の定理を使って書き直せば，$0 < \tau, \theta < 2\pi$ があって

$$i \int_0^{2\pi} f(\alpha + \varepsilon e^{it}) \, dt$$
$$= i \left\{ \int_0^{2\pi} u(a + \varepsilon \cos t, b + \varepsilon \sin t) \, dt + i \int_0^{2\pi} v(a + \varepsilon \cos t, b + \varepsilon \sin t) \, dt \right\}$$
$$= 2\pi i \{ u(a + \varepsilon \cos \tau, b + \varepsilon \sin \tau) + iv(a + \varepsilon \cos \theta, b + \varepsilon \sin \theta) \}$$

となる．極限 $\varepsilon \to +0$ を取れば

$$\int_{C_\varepsilon} \frac{f(z)}{z-\alpha}\,dz \longrightarrow 2\pi i\{u(a,b) + iv(a,b)\} = 2\pi i f(\alpha) \qquad (3.44)$$

を得る．等式 (3.43) の右辺は ε によらず，任意に小さく選ぶことができる．(3.43) で $\varepsilon \to +0$ とし，(3.44) と合わせてコーシーの積分公式が導かれる． ■

証明から定理 3.5 は次のように一般化できる．

定理 3.6（一般化されたコーシーの積分公式）

単一閉曲線 C_0 で囲まれる有界領域内に互いに交わらない単一閉曲線 C_1, $C_2,\ldots,C_n$ があって，D は $C_0, C_1,\ldots,C_n$ で囲まれた領域とする．ただし C_j はすべて区分的になめらかである．D の境界 $\partial D = C_0 \cup C_1 \cup \cdots \cup C_n$ には，領域を左手に見て進む方向である**正の向き**を与える．$f(z)$ が $\overline{D} = D \cup \partial D$ 上で正則ならば，任意の $\alpha \in D$ に対して次の等式が成り立つ．

$$f(\alpha) = \frac{1}{2\pi i}\int_{\partial D}\frac{f(z)}{z-\alpha}\,dz.$$

関数 $f(z)$ が正則ならば任意回微分可能であり，その導関数の表現公式を与えるのが次のグルサ（Goursat）の定理である．

定理 3.7（グルサの定理）

定理 3.5 と同じ条件のもとで，任意の自然数 n に対して $f(z)$ は D 上で n 回微分可能となり，第 n 次導関数 $f^{(n)}(z)$ は次のように表される．

$$f^{(n)}(z) = \frac{n!}{2\pi i}\int_C \frac{f(\zeta)}{(\zeta - z)^{n+1}}\,d\zeta, \quad z \in D. \qquad (3.45)$$

[証明] $z \in D$ に対して $\Delta z \in \mathbb{C}$ を十分小さく選んでおけば，$z + \Delta z \in D$ となる．コーシーの積分公式により

$$\Delta f = f(z+\Delta z) - f(z) = \frac{1}{2\pi i}\int_C \frac{f(\zeta)}{\zeta - (z+\Delta z)}\,d\zeta - \frac{1}{2\pi i}\int_C \frac{f(\zeta)}{\zeta - z}\,d\zeta$$

$$= \frac{\Delta z}{2\pi i}\int_C \frac{f(\zeta)}{\{\zeta - (z+\Delta z)\}(\zeta - z)}\,d\zeta.$$

両辺を Δz で割り，$n = 1$ のときの (3.45) 右辺の式と差を取れば

$$\frac{\Delta f}{\Delta z} - \frac{1}{2\pi i}\int_C \frac{f(\zeta)}{(\zeta-z)^2}\,d\zeta$$
$$= \frac{1}{2\pi i}\int_C f(\zeta)\left[\frac{1}{\{\zeta-(z+\Delta z)\}(\zeta-z)} - \frac{1}{(\zeta-z)^2}\right]d\zeta$$
$$= \frac{\Delta z}{2\pi i}\int_C \frac{f(\zeta)}{\{\zeta-(z+\Delta z)\}(\zeta-z)^2}\,d\zeta$$

を得る.ここで z と C との距離を d とする.$|\Delta z| < \frac{d}{2}$ とすれば,任意の $\zeta \in C$ に対して,$|\zeta - z| \geq d$ かつ

$$|\zeta - (z+\Delta z)| \geq |\zeta - z| - |\Delta z| \geq d - \frac{d}{2} = \frac{d}{2}$$

となる.また $f(\zeta)$ は C 上で連続だから有界となるので,定数 $M > 0$ があって任意の $\zeta \in C$ に対して $|f(\zeta)| \leq M$ が成り立つ.よって

$$\left|\frac{\Delta f}{\Delta z} - \frac{1}{2\pi i}\int_C \frac{f(\zeta)}{(\zeta-z)^2}\,d\zeta\right| \leq \frac{|\Delta z|}{2\pi}\int_C \frac{|f(\zeta)|}{|\zeta-(z+\Delta z)||\zeta-z|^2}\,|d\zeta|$$
$$\leq \frac{|\Delta z|}{2\pi}\int_C \frac{M}{\frac{d}{2}d^2}\,|d\zeta| = \frac{ML}{\pi d^3}|\Delta z|.$$

ここに L は曲線 C の長さを表す.これから $\Delta z \to 0$ のとき

$$\frac{f(z+\Delta z)-f(z)}{\Delta z} \longrightarrow \frac{1}{2\pi i}\int_C \frac{f(\zeta)}{(\zeta-z)^2}\,d\zeta$$

と $n=1$ に対して (3.45) が導かれる.$n \geq 2$ に対しても同様に示せる.■

定理 3.6 と同様に D が単連結領域でない場合でもグルサの定理が成り立つ.

グルサの定理を使った複素積分の計算例を紹介する.反時計回りの向きを持つ単一閉曲線 C に対して,関数 $f(z)$ は C が囲む有界な領域 D とその境界 C 上で正則とする.点 $\alpha \in D$,自然数 n に対して,等式

$$\int_C \frac{f(z)}{(z-\alpha)^n}\,dz = \frac{2\pi i}{(n-1)!}f^{(n-1)}(\alpha) \tag{3.46}$$

が (3.45) から導かれる.積分計算への応用には (3.46) と共に一般化されたコーシーの積分定理も必要になる.ただし,多くの場合には 6.2 節で紹介する留数定理を適用した方がさらに簡単になり,より複雑な関数の積分計算も可能になる.

例題 3.9

次の複素積分 I を計算しなさい．ただし C_4 は楕円 $\frac{1}{9}x^2 + \frac{1}{3}(y-2)^2 = 1$ で，曲線 C_j $(1 \leq j \leq 4)$ の向きはすべて反時計回りとする．

(1) $\displaystyle\int_{C_1} \frac{\sin z}{z - 2i}\, dz$, $C_1 : |z - i| = 2$ (2) $\displaystyle\int_{C_2} \frac{e^{2z}}{z^3}\, dz$, $C_2 : |z + 2| = 3$

(3) $\displaystyle\int_{C_3} \frac{z}{z^2 - 2z + 2}\, dz$, $C_3 : |z| = 3$ (4) $\displaystyle\int_{C_4} \frac{6(\operatorname{Log} z - \ln 2)}{z^3 - 8i}\, dz$

【解答】 (1) $f(z) = \sin z$ は整関数で，$z = 2i$ は円 C_1 内にあるので，$n = 1$ のときの等式 (3.46) により

$$I = 2\pi i f(2i) = 2\pi i \sin(2i) = 2\pi i \frac{e^{-2} - e^2}{2i} = -2\pi \sinh 2.$$

(2) $f(z) = e^{2z}$ は整関数で $z = 0$ は円 C_2 内にあるので，等式 (3.46) を $n = 3$ のときに適用すれば

$$I = \frac{2\pi i}{(3-1)!} f^{(3-1)}(0) = \frac{2\pi i}{2!} f^{(2)}(0) = \pi i \left. 2^2 e^{2z} \right|_{z=0} = 4\pi i.$$

(3) $z^2 - 2z + 2 = 0$ の解は $z = 1 \pm i$ でどちらも円 C_3 内にある．円 $\gamma_\pm : |z - (1 \pm i)| = r < 1$ に対して

$$g(z) = \frac{z}{z^2 - 2z + 2}$$

は $\gamma_\pm, C_3$ で囲まれる領域およびその境界上で正則である．したがって一般化されたコーシーの積分定理を適用すれば

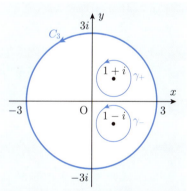

$$\begin{aligned}
I &= \int_{C_3} g(z)\, dz \\
&= \int_{\gamma_+} g(z)\, dz + \int_{\gamma_-} g(z)\, dz \\
&= \int_{\gamma_+} \frac{f_-(z)}{z - (1+i)}\, dz + \int_{\gamma_-} \frac{f_+(z)}{z - (1-i)}\, dz
\end{aligned}$$

となる．ここに

$$f_\pm(z) = \frac{z}{z-(1\pm i)} \quad \text{(複号同順)}$$

はそれぞれ $\gamma_\mp$ とそれらで囲まれる円内で正則である．$n=1$ のときの等式 (3.46) を適用すれば

$$\begin{aligned} I &= 2\pi i f_-(1+i) + 2\pi i f_+(1-i) \\ &= 2\pi i \frac{1+i}{(1+i)-(1-i)} + 2\pi i \frac{1-i}{(1-i)-(1+i)} \\ &= \pi(1+i) - \pi(1-i) = 2\pi i. \end{aligned}$$

(4) $z^3 - 8i = 0$ の解は $z_k = 2\exp\left\{i\left(\frac{\pi}{6} + \frac{2k\pi}{3}\right)\right\}$ $(k=0,1,2)$ だから

$$z_0 = 2e^{\pi i/6} = \sqrt{3} + i,$$
$$z_1 = 2e^{5\pi i/6} = -\sqrt{3} + i,$$
$$z_2 = 2e^{3\pi i/2} = -2i$$

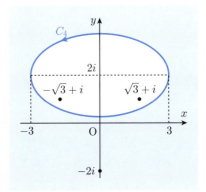

を得る．これらは $\mathbb{C} \setminus (-\infty, 0]$ 上の関数 $g(z) = 6(\mathrm{Log}\, z - \ln 2)(z^3 - 8i)^{-1}$ が正則ではない点となるが，C_4 に囲まれている点は z_0, z_1 のみである．十分小さな $r > 0$ に対して円 $\gamma_\pm$: $|z-(\pm\sqrt{3}+i)| = r$ は反時計回りの向きを持つとする．$g(z)$ は $C_4, \gamma_\pm$ 上とそれらで囲まれる領域で正則だから，定理 3.4 により

$$\begin{aligned} I &= \int_{C_4} g(z)\,dz = \int_{\gamma_+} g(z)\,dz + \int_{\gamma_-} g(z)\,dz \\ &= \int_{\gamma_+} \frac{f_-(z)}{z-(\sqrt{3}+i)}\,dz + \int_{\gamma_-} \frac{f_+(z)}{z-(-\sqrt{3}+i)}\,dz \end{aligned}$$

となる．ここに

$$f_\pm(z) = \frac{6(\mathrm{Log}\, z - \ln 2)}{(z+2i)\{z-(\pm\sqrt{3}+i)\}} \quad \text{(複号同順)}$$

はそれぞれ $\gamma_\mp$ とそれらで囲まれる円内で正則だから，$n=1$ のときの等式

(3.46) を適用すれば

$$I = 2\pi i f_-(\sqrt{3}+i) + 2\pi i f_+(-\sqrt{3}+i)$$
$$= 2\pi i \left[\frac{6\{\text{Log}(2e^{\pi i/6}) - \ln 2\}}{(\sqrt{3}+3i)\,2\sqrt{3}} + \frac{6\{\text{Log}(2e^{5\pi i/6}) - \ln 2\}}{(-\sqrt{3}+3i)\,(-2\sqrt{3})}\right]$$
$$= \frac{\pi i}{\sqrt{3}}\left\{\frac{\pi i(\sqrt{3}-3i)}{3+9} - \frac{5\pi i(-\sqrt{3}-3i)}{3+9}\right\} = -\frac{\pi^2(6\sqrt{3}+12i)}{12\sqrt{3}}$$
$$= -\left(\frac{1}{2} + \frac{\sqrt{3}}{3}i\right)\pi^2$$

と計算できる. ∎

コーシーの積分定理の逆も成り立つ.

> **定理 3.8（モレラ（Morera）の定理）**
> $f(z)$ は領域 D で連続であるとする. ただし D は必ずしも単連結である必要はない. D 内の任意の区分的になめらかな単一閉曲線 C に対して $\int_C f(z)\,dz = 0$ が成り立つならば, $f(z)$ は D で正則である.

[証明] 系 3.2 の証明と同様にして $f(z)$ の複素積分は積分路の始点と終点だけで定まる. よって (3.18) で定義される不定積分 $F(z)$ が存在し, (3.19) の証明と同様にして $F(z)$ は D で正則で $F'(z) = f(z)$ となる. グルサの定理により正則関数の導関数は再び正則であるから $f(z)$ は D で正則となる. ∎

3.6 正則関数，調和関数の性質

この節では，コーシーの積分公式またはグルサの定理から導かれる正則関数と調和関数の性質を紹介する．

3.6.1 正則関数の性質

等式 (3.43) とコーシーの積分公式により，$f(z)$ が α の ε 近傍 $U_\varepsilon(\alpha)$ で正則ならば，任意の $0 < r < \varepsilon$ に対して等式

$$f(\alpha) = \frac{1}{2\pi i} \int_{|z-\alpha|=r} \frac{f(z)}{z-\alpha}\,dz = \frac{1}{2\pi} \int_0^{2\pi} f(\alpha + re^{it})\,dt \tag{3.47}$$

が導かれる．絶対値を取れば，不等式

$$|f(\alpha)| \leq \frac{1}{2\pi} \int_0^{2\pi} |f(\alpha + re^{it})|\,dt \tag{3.48}$$

を得る．これから $|f(z)|$ が $U_\varepsilon(\alpha)$ 上で定数でなければ，点 $\beta \in U_\varepsilon(\alpha)$ があって $|f(\alpha)| < |f(\beta)|$ が成り立つ．実際に，任意の $z \in U_\varepsilon(\alpha)$ に対して $|f(z)| \leq |f(\alpha)|$ かつ恒等的には一致しないこと $|f(z)| \not\equiv |f(\alpha)|$ を仮定すれば，(3.48) と合わせて

$$|f(\alpha)| \leq \frac{1}{2\pi} \int_0^{2\pi} |f(\alpha + re^{it})|\,dt < \frac{1}{2\pi} \int_0^{2\pi} |f(\alpha)|\,dt = |f(\alpha)|$$

となり，矛盾する．

定理 3.9（最大値の原理）

D を有界領域とし，$|f(z)|$ が定数ではない関数 $f(z)$ は D 上で正則，閉包 $\overline{D} = D \cup \partial D$ 上で連続とする．このとき $|f(z)|$ の最大値は D 内ではなく，境界 ∂D 上で取る．すなわち，任意の $z \in D$ に対して次の不等式が成り立つ．

$$|f(z)| < M = \max_{z \in \overline{D}} |f(z)|. \tag{3.49}$$

注意　第 2 章の演習問題 **2.10** のように $|f(z)|$ が定数ならば $f(z)$ は定数になる．□

3.6 正則関数，調和関数の性質

[**定理 3.9 の証明**]　点 $\alpha \in D$ で $|f(z)|$ は $\overline{D}$ 上の最大値を取る：$|f(\alpha)| = M$ とする．(3.48) の後の議論により，ある近傍 $U_\varepsilon(\alpha)$ 上で $|f(z)|$ は定数でなければならない．すなわち任意の $z \in U_\varepsilon(\alpha)$ に対して $|f(z)| = |f(\alpha)| = M$．集合 Ω を

$$\Omega = \left\{ z \in \overline{D} \,\middle|\, |f(z)| = M \right\}$$

と置けば $\Omega \supset U_\varepsilon(\alpha)$ となる．$|f(z)|$ は連続だから Ω は閉集合 $\partial\Omega \subset \Omega$ となる．もしも $\Omega \subsetneq \overline{D}$ ならば，$\partial\Omega$ の一部は D に含まれる．点 $\beta \in \partial\Omega \cap D$ に対して，条件 $\beta \in \Omega$ から $|f(\beta)| = M$ が成り立ち，条件 $\beta \in D$ から $r > 0$ があって $\overline{U_r(\beta)} \subset D$，かつ $\partial U_r(\beta) \cap (D \setminus \Omega) = \left\{ z \in D \setminus \Omega \,\middle|\, |z - \beta| = r \right\}$ の長さはゼロではない．このとき，$z \in \partial U_r(\beta) \cap (D \setminus \Omega)$ に対しては $|f(z)| < M$ としてよい．よって (3.48) により

$$M = |f(\beta)| \leq \frac{1}{2\pi} \int_0^{2\pi} |f(\beta + re^{it})| \, dt < \frac{1}{2\pi} \int_0^{2\pi} M \, dt = M$$

が従い，矛盾する．以上から D 内の点では最大値を取り得ない．　∎

不等式 (3.48) の高次導関数への一般化が次のコーシーの評価式である．

命題 3.1（コーシーの評価式）

$D = \left\{ z \in \mathbb{C} \,\middle|\, |z - \alpha| \leq r \right\}$ とし，C を D の境界とする．関数 $f(z)$ は D 上で正則，ある定数 M に対して境界 C 上で不等式 $|f(z)| \leq M$ を満たすとする．このとき任意の非負整数 n に対して次の不等式が成り立つ．

$$|f^{(n)}(\alpha)| \leq \frac{Mn!}{r^n}.$$

[**証明**]　グルサの定理から得られる表現式

$$f^{(n)}(\alpha) = \frac{n!}{2\pi i} \int_C \frac{f(z)}{(z - \alpha)^{n+1}} \, dz$$

において，$C: z = \alpha + re^{it},\ t: 0 \to 2\pi$ と表示して不等式 $|f(\alpha + re^{it})| \leq M$ を使えば，次のようにして上の評価式を得る．

$$\begin{aligned}
|f^{(n)}(\alpha)| &= \frac{n!}{2\pi} \left| \int_0^{2\pi} \frac{f(\alpha + re^{it})}{(re^{it})^{n+1}} ire^{it} \, dt \right| \\
&\leq \frac{n!}{2\pi} \int_0^{2\pi} \frac{|f(\alpha + re^{it})|}{r^n} \, dt \leq \frac{n!}{2\pi r^n} \int_0^{2\pi} M \, dt = \frac{Mn!}{r^n}.
\end{aligned}$$

∎

第 3 章　複 素 積 分

定理 3.10（リウヴィル (Liouville) の定理）

有界な整関数は定数関数のみである．

[証明]　整関数 $f(z)$ が正定数 M，任意の $z \in \mathbb{C}$ に対して不等式 $|f(z)| \leq M$ を満たすとする．任意の点 $\alpha \in \mathbb{C}, R > 0$ に対して $D = \{z \in \mathbb{C} \mid |z - \alpha| \leq R\}$，$n = 1$ のときのコーシーの評価式により

$$|f'(\alpha)| \leq \frac{M}{R}$$

を得る．定数 M は R によらないから，上の不等式で $R \to +\infty$ と極限を取れば $f'(\alpha) = 0$ が従う．α は任意の点だから $f'(z) \equiv 0$ となり，命題 2.3 によって $f(z)$ は定数でなければならない．■

定理 3.11（代数学の基本定理，ガウスの定理）

自然数 n に対して，複素係数の n 次方程式

$$P(z) = \alpha_n z^n + \alpha_{n-1} z^{n-1} + \cdots + \alpha_1 z + \alpha_0 = 0 \quad (\alpha_n \neq 0)$$

は重複度も込めて n 個の複素数解を持つ．

[証明]　任意の $z \in \mathbb{C}$ に対して $P(z) \neq 0$ とすると，$f(z) = \frac{1}{P(z)}$ は整関数となる．$|z| \to +\infty$ のとき

$$|P(z)| = |\alpha_n| |z|^n \left| 1 + \frac{\alpha_{n-1}}{\alpha_n z} + \cdots + \frac{\alpha_0}{\alpha_n z^n} \right| > \frac{|\alpha_n|}{2} |z|^n \longrightarrow +\infty$$

だから，$|z| \to +\infty$ のとき $|f(z)| \to 0$ となる．よって $|f(z)|$ は有界となり，リウヴィルの定理により $f(z)$ は定数でなければならない．これは $P(z)$ が n 次多項式であることに矛盾する．したがって $z_1 \in \mathbb{C}$ があって $P(z_1) = 0$ となる．これから z^{n-1} の係数が 1 である $n - 1$ 次多項式 $P_1(z)$ があって $P(z)$ は

$$P(z) = \alpha_n (z - z_1) P_1(z)$$

と表すことができる．$P_1(z)$ に対して上の議論を繰り返せば $P_1(z_2) = 0$ となる $z_2 \in \mathbb{C}$ がある．以下繰返しこの議論を続ければ定理の主張を得る．■

3.6.2 調和関数の性質

正則関数から,あるいは正則関数の場合と同様にして導かれる調和関数の性質を紹介する.

定理 3.12

D は区分的になめらかな単一閉曲線 C で囲まれる有界領域とし,関数 $u(x,y)$ は D 上で調和,境界 C 上まで込めて連続とする.このとき
(1) $u(x,y)$ は D 上の C^∞ 級関数である.
(2) 任意の $(a,b) \in D$, $\overline{U_r(a,b)} \subset D$ を満たす任意の $r > 0$ に対して
$$u(a,b) = \frac{1}{2\pi}\int_0^{2\pi} u(a+r\cos t, b+r\sin t)\,dt$$
が成り立つ.
(3) $u(x,y)$ の最大値と最小値は境界 C 上で取る.

[証明] (1) 2.4 節と系 3.1 により D 上正則な関数 $f(z)$ があって,$u(x,y)$ は $f(z)$ の実部になる.グルサの定理によって $f(z)$ は任意回微分可能であるから,$u(x,y)$ は C^∞ 級となる.

(2) $u(x,y)$ を実部とする正則関数 $f(z)$ に対して等式 (3.47) が成り立つから,(3.47) 両辺の実部を取れば等式が導かれる.

(3) は定理 3.9 と同様に示すことができる. ■

次のポアソン (Poisson) の積分公式は,正則関数のコーシーの積分公式に対応する調和関数の公式である.

定理 3.13(ポアソンの積分公式)

関数 $u(x,y)$ は $x^2+y^2 \le R^2$ $(R > 0)$ で調和であるとする.このとき $(x,y) = (r\cos\theta, r\sin\theta)$ $(0 \le r < R)$ に対して次の等式が成り立つ.
$$u(x,y) = \frac{1}{2\pi}\int_0^{2\pi} \frac{R^2 - r^2}{R^2 - 2Rr\cos(\varphi-\theta) + r^2}\,u(R\cos\varphi, R\sin\varphi)\,d\varphi.$$

[注意] 実際には,$D = \{(x,y) \mid x^2+y^2 < R^2\}$ で調和,$\overline{D}$ で連続な関数 $u(x,y)$ に対してポアソンの積分公式が成立する. □

[定理 3.13 の証明] $u(x,y)$ を実部とする $\overline{D}$ 上の正則関数を $f(z)$ とする．このとき，コーシーの積分公式により $z \in D$ に対して

$$f(z) = \frac{1}{2\pi i} \int_{|\zeta|=R} \frac{f(\zeta)}{\zeta - z} d\zeta \tag{3.50}$$

が成り立つ．一方，点 $z = re^{i\theta} \in D$ の円周 $|\zeta| = R$ に関する鏡像を z^* とする．すなわち z^* は $\operatorname{Arg} z^* = \operatorname{Arg} z$, $|z^*||z| = R^2$ を満たす点で，$z^* = \frac{R^2}{r} e^{i\theta}$ と計算できる．$|z^*| > R$ だから，コーシーの積分定理により

$$0 = \frac{1}{2\pi i} \int_{|\zeta|=R} \frac{f(\zeta)}{\zeta - z^*} d\zeta \tag{3.51}$$

が成り立つ．(3.50), (3.51) の両辺を辺々引いて次の等式を得る．

$$\begin{aligned} f(z) &= \frac{1}{2\pi i} \int_{|\zeta|=R} f(\zeta) \left(\frac{1}{\zeta - z} - \frac{1}{\zeta - z^*} \right) d\zeta \\ &= \frac{1}{2\pi i} \int_{|\zeta|=R} f(\zeta) \frac{z - z^*}{(\zeta - z)(\zeta - z^*)} d\zeta. \end{aligned}$$

$\zeta = Re^{i\varphi}$, $t: 0 \to 2\pi$ とパラメータ表示して整理すれば

$$\begin{aligned} f(z) &= \frac{1}{2\pi i} \int_0^{2\pi} f(Re^{i\varphi}) \frac{(r - \frac{R^2}{r}) e^{i\theta}}{(Re^{i\varphi} - re^{i\theta})(Re^{i\varphi} - \frac{R^2}{r} e^{i\theta})} iRe^{i\varphi} d\varphi \\ &= \frac{1}{2\pi} \int_0^{2\pi} f(Re^{i\varphi}) \frac{(r^2 - R^2) e^{i(\theta+\varphi)}}{Rre^{i2\varphi} - r^2 e^{i(\theta+\varphi)} - R^2 e^{i(\varphi+\theta)} + rRe^{i2\theta}} d\varphi \\ &= \frac{1}{2\pi} \int_0^{2\pi} f(Re^{i\varphi}) \frac{r^2 - R^2}{Rre^{i(\varphi-\theta)} - (r^2 + R^2) + rRe^{i(\theta-\varphi)}} d\varphi \\ &= \frac{1}{2\pi} \int_0^{2\pi} f(Re^{i\varphi}) \frac{R^2 - r^2}{R^2 + r^2 - Rr\{e^{i(\varphi-\theta)} + e^{-i(\varphi-\theta)}\}} d\varphi \\ &= \frac{1}{2\pi} \int_0^{2\pi} f(Re^{i\varphi}) \frac{R^2 - r^2}{R^2 + r^2 - 2Rr \cos(\varphi - \theta)} d\varphi \end{aligned}$$

が従う．両辺の実部を取ればポアソンの積分公式を得る． ∎

3.6 正則関数，調和関数の性質

注意 の逆も成り立つ．すなわち，$x^2 + y^2 = R^2$ 上で連続な関数 $g(x,y)$ が与えられたとき，$D = \{x^2 + y^2 < R^2\}$ におけるラプラス方程式のディリクレ境界値問題

$$\begin{cases} u_{xx}(x,y) + u_{yy}(x,y) = 0, \quad (x,y) \in D, \\ \lim_{D \ni (x,y) \to (x_0,y_0)} u(x,y) = g(x_0,y_0), \quad (x_0,y_0) \in \partial D \end{cases}$$

の解 $u(x,y)$ はポアソンの積分公式で与えられる．

$$u(x,y) = \frac{1}{2\pi} \int_0^{2\pi} \frac{R^2 - r^2}{R^2 - 2Rr\cos(\varphi - \theta) + r^2} \, g(R\cos\varphi, R\sin\varphi) \, d\varphi. \tag{3.52}$$

ここに $(x,y) = (r\cos\theta, r\sin\theta)$．詳細は岩下[3, 6.2節]，R. A. Silverman 他[7, 13.2節] を見なさい．

3章の演習問題

3.1 1を始点, i を終点とする曲線 C が次のように与えられるとき, 必要ならば C をパラメータ表示して複素積分 $I = \int_C \bar{z}\,dz$ を計算しなさい.

(1) $C: z = e^{it},\ t: 0 \to \frac{\pi}{2}$
(2) $C: z = \sqrt{1-t^2} + it,\ t: 0 \to 1$
(3) $C: z = e^{it},\ t: 0 \to -\frac{3\pi}{2}$
(4) $C: 1$ と i を結ぶ線分
(5) $C: 1$ から i へ至る放物線 $y = (x-1)^2$ の弧の部分

3.2 -1 を始点, 1 を終点とする曲線 C が次のように与えられるとき, C をパラメータ表示して複素積分 $I = \int_C |z|\,dz$ を計算しなさい.

(1) $C: -1$ から 1 への線分
(2) $C:$ 単位円 $|z| = 1$ の $\mathrm{Im}\,z \geq 0$ 部分
(3) $C:$ 単位円 $|z| = 1$ の $\mathrm{Im}\,z \leq 0$ 部分
(4) $C = C_1 + C_2,\ C_1: -1$ から i への線分, $C_2: i$ から 1 への線分

3.3 積分路 C を必要に応じてパラメータ表示し, 次の複素積分 $I = \int_C f(z)\,dz$ を計算しなさい.

(1) $C: z = \ln t + it,\ t: \frac{\pi}{6} \to \frac{\pi}{2},\ f(z) = \mathrm{Im}\,e^z$.
(2) C は 0 から $1+2i$ への線分, $f(z) = z + \bar{z}$.
(3) C は 0 から $1-\pi i$ への線分, $f(z) = e^{\bar{z}}$.
(4) C は 1 から $2+i$ への線分, $f(z) = z|z|^2$.
(5) C は $|z-i| = 1$ の 0 から $1+i$ への弧で, 向きは時計回り, $f(z) = |z|^2$.
(6) C は円周 $|z-i| = 1$ の $1+i$ から $2i$ への弧の部分で, 向きは時計回り, $f(z) = (\mathrm{Re}\,z)(\mathrm{Im}\,z)$.
(7) $C = C_1 + C_2$, C_1 は 1 から $R\ (>1)$ への線分, C_2 は原点中心, 半径 R の円周の R から $Re^{i\Theta}$ $(-\pi < \Theta < \pi)$ への弧, $f(z) = \frac{1}{z}$.
(8) C は $\alpha \in \mathbb{C}$ を中心とする半径 r の時計回りに n 周する円周, $f(z) = \frac{1}{(z-\alpha)^m}$. ただし m, n は自然数.

3.4 C はそれぞれ反時計回りに 1 周する曲線, (1) $|z-i| = 1$, (2) $|z+i| = 1$, (3) $|z| = 2$, とするとき, 複素積分

$$I = \int_C \frac{1}{z^2 + 2}\,dz$$

の値を求めなさい.

3.5 (1) 次の複素積分を計算しなさい.

(i) $\int_0^i \frac{1}{z^2+3}\, dz$ (ii) $\int_2^i \frac{1}{z^2+3}\, dz$

(2) $z=0$ を始点, $z=2i$ を終点とする 2 つの曲線 $C_1 : z = i + e^{it}$, $t : -\frac{\pi}{2} \to \frac{\pi}{2}$, $C_2 : z = i + e^{it}$, $t : \frac{3\pi}{2} \to \frac{\pi}{2}$. 関数 $f(z) = \frac{1}{z^2+1}$ に対して, (i) $\int_{C_1} f(z)\, dz$, (ii) $\int_{C_2} f(z)\, dz$ をそれぞれ積分しなさい. また (2.20) で与えられる $\tan^{-1} z$ の主値を $\text{Tan}^{-1} z$ とするとき, (iii) $\text{Tan}^{-1}(2i)$ の値を求め, (i)-(iii) を比較しなさい.

3.6 複素積分

$$\int_{|z|=1} \left(z + \frac{1}{z}\right)^{2n} \frac{1}{z}\, dz$$

を計算して次の定積分の値を導きなさい.

$$\int_0^{2\pi} \cos^{2n} x\, dx = 2\pi \frac{1 \cdot 3 \cdot 5 \cdots (2n-1)}{2 \cdot 4 \cdot 6 \cdots (2n)}.$$

3.7 複素積分

$$\int_{|z|=1} \left(z - \frac{1}{z}\right)^{2n} \frac{1}{z}\, dz$$

を計算して次の定積分の値を導きなさい.

$$\int_0^{2\pi} \sin^{2n} x\, dx = 2\pi \frac{1 \cdot 3 \cdot 5 \cdots (2n-1)}{2 \cdot 4 \cdot 6 \cdots (2n)}$$

3.8 例題 3.6 の積分路 $\Gamma(R, \varepsilon)$ に沿って次の関数 $f(z)$ を積分し, その後の等式を導きなさい.

(1) $f(z) = \dfrac{1 - e^{2iz}}{z^2}$, $\quad \int_0^{+\infty} \dfrac{\sin^2 x}{x^2}\, dx = \dfrac{\pi}{2}$

(2) $f(z) = \dfrac{e^{3iz} - 3e^{iz} + 2}{z^3}$, $\quad \int_0^{+\infty} \dfrac{\sin^3 x}{x^3}\, dx = \dfrac{3\pi}{8}$

(3) $f(z) = \dfrac{e^{4iz} - 4e^{2iz} + 3 + 4iz}{z^4}$, $\quad \int_0^{+\infty} \dfrac{\sin^4 x}{x^4}\, dx = \dfrac{\pi}{3}$

(4) $f(z) = \dfrac{e^{5iz} - 5e^{3iz} + 10e^{iz} - 6 - 5z^2}{z^5}$, $\quad \int_0^{+\infty} \dfrac{\sin^5 x}{x^5}\, dx = \dfrac{115\pi}{384}$

(5) $f(z) = \dfrac{e^{6iz} - 6e^{4iz} + 15e^{2iz} - 10 - 12iz - 8iz^3}{z^6}$, $\quad \int_0^{+\infty} \dfrac{\sin^6 x}{x^6}\, dx = \dfrac{11\pi}{40}$

3.9 整関数 $f(z) = e^{iz^2}$ を例題 3.7 の積分路 Γ_R に沿って積分して, 等式 (3.31) を導きなさい.

3.10 整関数 e^{-z^2} を 4 点 $R, R+ia, -R+ia, -R$ を頂点とする長方形の周 C_R 上で積分することによって次の等式を示しなさい。ただし $a > 0$ は定数とする.
$$\int_{-\infty}^{+\infty} e^{-x^2} \cos(2ax)\, dx = \sqrt{\pi}\, e^{-a^2}.$$

3.11 整関数 $e^{-\sqrt{2}\,z^2}$ を扇形 $|z| < R, 0 < \arg z < \frac{\pi}{8}$ の周 Γ_R 上積分することによって次の等式を示しなさい.
$$\int_0^{+\infty} e^{-x^2} \cos(x^2)\, dx = \frac{\sqrt{(\sqrt{2}+1)\pi}}{4},$$
$$\int_0^{+\infty} e^{-x^2} \sin(x^2)\, dx = \frac{\sqrt{(\sqrt{2}-1)\pi}}{4}.$$

3.12 等式 (3.46) を利用して次の複素積分を計算しなさい.

(1) $\displaystyle\int_{|z|=2} \frac{\sin z}{z^3}\, dz$ (2) $\displaystyle\int_{|z|=2} \frac{\sin^2 z}{z^3}\, dz$ (3) $\displaystyle\int_{|z|=2} \frac{\cos^2 z}{(z+i)^4}\, dz$

(4) $\displaystyle\int_{|z-i|=1} \frac{e^{3z}}{(4z-\pi i)^5}\, dz$ (5) $\displaystyle\int_{|z-2i|=2} \frac{3z^2}{(z^2+1)^2}\, dz$

(6) $\displaystyle\int_{|z+2|=\sqrt{7}} \frac{\cosh z}{z^3+i}\, dz$ (7) $\displaystyle\int_{|z|=2} \frac{z^2+2}{(z+i)^2 z}\, dz$

(8) $\displaystyle\int_{|z|=2} \frac{e^{\pi z/3}}{(z^2+1)^2}\, dz$ (9) $\displaystyle\int_{|z|=1} \frac{\cos z - 1}{z^3}\, dz$

3.13 $|z| < R$ で正則な関数 $f(z) = u(r,\theta) + iv(r,\theta)$ $(z = re^{i\theta})$ に対して, 次の等式を示しなさい. ただし, $0 < r < R, n = 1, 2, \ldots$.
$$\frac{f^{(n)}(0)}{n!} = \frac{1}{\pi r^n} \int_0^{2\pi} u(r,\theta) e^{-in\theta}\, d\theta = \frac{i}{\pi r^n} \int_0^{2\pi} v(r,\theta) e^{-in\theta}\, d\theta.$$

4 テイラー展開

　実指数関数のマクローリン展開から出発して複素指数関数を導入したことから推察されるように，$z = z_0$ で正則であることと整級数 $\sum \alpha_n (z-z_0)^n$ に展開できることが同等であるという結果をこの章で紹介する．この結果はコーシーの積分公式から導かれる．複素関数における整級数の一般的な理論は微積分で勉強した理論と本質的には変わらない．

キーワード

広義一様収束
ワイエルシュトラスの優級数定理　項別積分
項別微分　収束円　収束半径
ダランベールの公式
コーシー-アダマールの公式　テイラー展開

4.1 関数項級数

一般的な関数項級数の性質を最初に確認する．空でない集合 $A \subset \mathbb{R}$ が**上に有界**であるとは，すべての $a \in A$ に対し $a \leq M$ を満たす実数 M があることをいう．この条件を満たす M の最小値を $\sup A$ と表し，集合 A の**上限**（supremum）という．A に最大値 $\max A$ が存在すれば，上限は最大値と一致する．

例 4.1 集合 $A = \left\{-\frac{1}{n} \,\middle|\, n = 1, 2, 3, \ldots \right\}$ の要素はすべて負の数だから 0 よりも小さく，A は上に有界である：$a < 0$ $(a \in A)$．これから A の上限は存在して $\sup A = 0$ となる．しかし，$0 \notin A$ だから上限は最大値ではない． □

定義 4.1

$\{f_n(z)\}$ を集合 $D \subset \mathbb{C}$ 上の複素関数列とする．

(1) 関数項級数 $\sum f_n(z)$ が D 上で**収束する**とは，各 $z \in D$ に対する複素級数 $\sum f_n(z)$ が収束することをいう．すなわち部分和 $S_m(z) = \sum^m f_n(z)$ からなる複素数列 $\{S_m(z)\}$ が $m \to +\infty$ のとき収束することを意味する．

(2) $\sum f_n(z)$ が**絶対収束する**とは，絶対値級数 $\sum |f_n(z)|$ が収束することをいう．

(3) $\sum f_n(z)$ が D 上で関数 $S(z)$ に**一様収束する**とは，$m \to +\infty$ のとき
$$\sup\{|S_m(z) - S(z)| \,|\, z \in D\} \longrightarrow 0$$
が成り立つことをいう．D 内の任意の有界閉集合上で一様収束するとき，$\sum f_n(z)$ は D 上で**広義一様収束する**という．一様収束はしないが，(1) の意味で収束するとき $\sum f_n(z)$ は D 上で**各点収束する**という．

例 4.2（幾何級数） $D = \{z \in \mathbb{C} \,|\, |z| < 1\}$ とする．例題 1.5 で見たように $\sum_{n=0}^{\infty} z^n$ は D 上で $S(z) = \frac{1}{1-z}$ に各点収束するが，一様収束はしない．実際に，差

$$|S_m(z) - S(z)| = \left|\frac{1 - z^{m+1}}{1-z} - \frac{1}{1-z}\right| = \frac{|z|^{m+1}}{|1-z|} \tag{4.1}$$

を調べる．点 z として $z_m = 1 - \frac{1}{m}$ を選ぶと，$m \to +\infty$ のとき

$$|S_m(z_m) - S(z_m)| = \left(1 - \frac{1}{m}\right)^{m+1} \frac{1}{\frac{1}{m}} = m\left(1 - \frac{1}{m}\right)^{m+1} \longrightarrow +\infty$$

となる．ここに $\left(1 - \frac{1}{m}\right)^{m+1} \to e^{-1}$ $(m \to +\infty)$ を使った．一方，$|z| \leq r < 1$ ならば，不等式 $|1 - z| \geq 1 - |z| \geq 1 - r$ と (4.1) により，$m \to +\infty$ のとき

$$\sup\{|S_m(z) - S(z)| \,|\, |z| \leq r\} = \max\{|S_m(z) - S(z)| \,|\, |z| \leq r\}$$
$$\leq \frac{r^{m+1}}{1 - r} \longrightarrow 0$$

となり，$\sum z^n$ は $|z| \leq r$ で一様収束，よって D 上で広義一様収束する． □

例 4.2 では極限関数が既知であったので，定義に従って一様収束性を調べることが可能であったが，極限関数が具体的に知られていないほとんどの関数項級数では，それは難しい．しかし，次の便利な判定法が知られている．

定理 4.1（ワイエルシュトラス（Weierstrass）の優級数定理）

集合 D 上の関数項級数 $\sum f_n(z)$ に対して収束する正項級数 $\sum M_n$ があって，任意の $z \in D$ に対して $|f_n(z)| \leq M_n$ が成り立つならば，$\sum f_n(z)$ は D 上で一様に絶対収束する．このとき $\sum M_n$ を**収束する優級数**という．

例 4.2 の $|z| \leq r < 1$ における一様収束性は，和が $\frac{1}{1-z}$ であることを使わずに，収束する優級数を $\sum r^n$ と選んで定理 4.1 を適用して導くこともできる．

関数項級数に一様収束性を必要とする理由は次の結果からわかる．

定理 4.2

集合 D 上の関数項級数 $\sum f_n(z)$ の和を $S(z)$ とする．

(1) 各 n に対して $f_n(z)$ は D 上で連続，$\sum f_n(z)$ が D 上で一様収束するならば，$S(z)$ も D 上で連続である．

(2)（**項別積分定理**）C を D 内の任意の区分的になめらかで長さが有限な曲線とする．各 n に対して $f_n(z)$ は C 上で連続，$\sum f_n(z)$ が C 上で一様収束するならば，積分と級数の和の順序を交換して項別積分できる．

$$\int_C S(z)\, dz = \int_C \sum_{n=0}^{\infty} f_n(z)\, dz = \sum_{n=0}^{\infty} \int_C f_n(z)\, dz.$$

第 4 章　テイラー展開

定理 4.2 の結果は実関数の場合と変わらないが，『微分』については複素関数の場合には次の強い結果が成り立つ．

> **定理 4.3（項別微分定理）**
>
> 単連結領域 D 上の正則関数の級数 $\sum f_n(z)$ が関数 $S(z)$ に D 上で広義一様収束するならば，$S(z)$ は D 上で正則である．さらに微分と級数の和の順序を交換して項別微分できる．
> $$\frac{d}{dz}S(z) = \frac{d}{dz}\sum_{n=0}^{\infty}f_n(z) = \sum_{n=0}^{\infty}\frac{d}{dz}f_n(z).$$

注意　実関数の場合には，『開区間 I 上で C^1 級関数の級数 $\sum f_n(x)$ が I で各点収束し，導関数の級数 $\sum f_n'(x)$ が I で広義一様収束するならば，$\sum f_n(x)$ は I で C^1 級で項別微分できる』．これに対して複素関数の場合には，上記の通り $\sum f_n'(z)$ の一様収束性の条件を必要としない．　□

[定理 4.3 の証明]　証明にはモレラの定理（定理 3.8）と定理 4.2 を使う．C を D 内の区分的になめらかな任意の単一閉曲線とする．各 n に対して $f_n(z)$ は D 上正則だから，コーシーの積分定理により $\int_C f_n(z)\,dz = 0$ が成り立つ．級数 $\sum f_n(z)$ は D 上で広義一様収束するので，C 上では一様収束する．定理 4.2 により，$S(z)$ は連続かつ項別積分可能で

$$\int_C S(z)\,dz = \sum_{n=0}^{\infty}\int_C f_n(z)\,dz = \sum_{n=0}^{\infty}0 = 0$$

となる．したがってモレラの定理により $S(z)$ は D 上正則である．$z \in D$ に対して r 近傍が $\overline{U_r(z)} \subset D$ を満たすように r を選べば，グルサの定理により

$$S'(z) = \frac{1}{2\pi i}\int_{|\zeta - z| = r}\frac{S(\zeta)}{(\zeta - z)^2}\,d\zeta = \frac{1}{2\pi i}\int_{|\zeta - z| = r}\sum_{n=0}^{\infty}\frac{f_n(\zeta)}{(\zeta - z)^2}\,d\zeta.$$

ここで $\sum f_n(\zeta)$ が D 上広義一様収束することから $\sum \frac{f_n(\zeta)}{(\zeta - z)^2}$ は円周 $|\zeta - z| = r$ 上で一様収束する．定理 4.2 を用いて積分と級数の和の順序を交換し，$f_n(\zeta)$ にグルサの定理を適用すれば

$$S'(z) = \sum_{n=0}^{\infty}\frac{1}{2\pi i}\int_{|\zeta - z| = r}\frac{f_n(\zeta)}{(\zeta - z)^2}\,d\zeta = \sum_{n=0}^{\infty}f_n'(z)$$

を得る．証明法から高次導関数についても微分と級数の和の順序が交換可能となる． ∎

例 4.3 1.5 節で複素指数関数を導入したが，その際に補題 1.1 では級数
$$\varphi(z) = \sum_{n=0}^{\infty} \frac{z^n}{n!} = 1 + \frac{z}{1} + \frac{z^2}{2!} + \cdots + \frac{z^n}{n!} + \cdots$$
の各点での絶対収束性を調べるだけにとどまっていた．実は，任意の $R > 0$ に対して $\{|z| \leq R\}$ における $\varphi(z)$ の収束する優級数は
$$\sum \frac{R^n}{n!} = e^R$$
だから，$\varphi(z)$ は $\mathbb{C}$ 上で広義一様収束し，定理 4.3 により $\varphi(z)$ は整関数となり項別微分できる．
$$\varphi'(z) = \frac{d}{dz} \sum_{n=0}^{\infty} \frac{z^n}{n!} = \sum_{n=0}^{\infty} \frac{d}{dz} \frac{z^n}{n!}$$
$$= \sum_{n=1}^{\infty} \frac{z^{n-1}}{(n-1)!} = \sum_{m=0}^{\infty} \frac{z^m}{m!}.$$
ここに最後の等式で $n - 1 = m$ と置いて級数を書き直した．これから $\varphi'(z) = \varphi(z)$ を得る． □

4.2 整級数

今後は，関数項級数を次の形の**整級数**または**ベキ級数**のみに制限する．

$$\sum_{n=0}^{\infty} \alpha_n (z-z_0)^n = \alpha_0 + \alpha_1(z-z_0) + \cdots + \alpha_n(z-z_0)^n + \cdots.$$

ここに α_n と z_0 は複素定数で，α_n を整級数の**係数**，z_0 を整級数の**中心**という．$w = z - z_0$ と置換すれば $\sum \alpha_n(z-z_0)^n$ は $w = 0$ を中心とする整級数 $\sum \alpha_n w^n$ に書き換えられるので，簡単のためにおもに $z = 0$ を中心とした整級数を取り扱う．

まず整級数が収束する点集合について調べる．

命題 4.1

(1) 整級数 $\sum \alpha_n z^n$ が点 $z_1 \neq 0$ で収束するならば，$\sum \alpha_n z^n$ は $|z| < |z_1|$ で広義一様に絶対収束する．

(2) 整級数 $\sum \alpha_n z^n$ が点 z_2 で発散するならば，$\sum \alpha_n z^n$ は $|z| > |z_2|$ で発散する．

[証明] (1) 級数 $\sum \alpha_n z_1^n$ が収束するから，実級数の場合と同様に $n \to \infty$ のとき各項はゼロに収束する．よって，正定数 M があってすべての n に対して $|\alpha_n z_1^n| \leq M$ が成り立つ．$r < |z_1|$ となる正定数 r を取る．$|z| \leq r$ を満たす任意の z に対して

$$|\alpha_n z^n| = |\alpha_n z_1^n| \left|\frac{z}{z_1}\right|^n \leq M \left(\frac{r}{|z_1|}\right)^n$$

が従う．$\frac{r}{|z_1|} < 1$ だから，$\sum M \left(\frac{r}{|z_1|}\right)^n$ は絶対値級数 $\sum |\alpha_n z^n|$ の収束する優級数となり，定理 4.1 により $\sum |\alpha_n z^n|$ は $|z| \leq r$ で一様収束する．$r < |z_1|$ となる r は任意だから，$\sum \alpha_n z^n$ は $|z| < |z_1|$ で広義一様に絶対収束する．

(2) もしも $|z_3| > |z_2|$ となる点 z_3 に対して $\sum \alpha_n z_3^n$ が収束するならば，(1) の結果により $\sum \alpha_n z^n$ は $|z| < |z_3|$ で広義一様収束する．$|z_2| < |z_3|$ だから $z = z_2$ でも収束することになり，条件に反する． ■

整級数 $\sum \alpha_n z^n$ に対して，(i) $z = 0$ のみで収束する，(ii) すべての $z \in \mathbb{C}$ に対して収束する，のいずれでもないとき，命題 4.1 により定数 $R > 0$ が存在して，(iii) $|z| < R$ では絶対収束し，$|z| > R$ に対しては発散する．この R を $\sum \alpha_n z^n$ の**収束半径**，円 $|z| = R$ を**収束円**という．ただし収束円 $|z| = R$ 上の点については，収束・発散のどちらもあり得る．また，収束半径 R を (i) の場合には $R = 0$，(ii) の場合には $R = +\infty$ と拡張して定義する．

例4.4 (1) 例題 1.5 により整級数 $\sum z^n$ は $|z| < 1$ で収束し $|z| \geq 1$ では発散するので，収束半径は $R = 1$ である．

(2) 補題 1.1 により整級数 $\sum \frac{z^n}{n!}$ はすべての $z \in \mathbb{C}$ に対して収束するので，収束半径は $R = +\infty$ となる． □

一般の整級数 $\sum \alpha_n z^n$ の収束半径 R は次定理のように求められる．

定理 4.4

(1) (**ダランベールの公式**) 極限
$$r = \lim_{n \to +\infty} \frac{|\alpha_{n+1}|}{|\alpha_n|}$$
が存在するならば，収束半径 R は $R = \frac{1}{r}$ となる．
$$R = \lim_{n \to +\infty} \frac{|\alpha_n|}{|\alpha_{n+1}|}.$$
ただし $r = 0, r = +\infty$ の場合にはそれぞれ $R = +\infty, R = 0$ と定める．

(2) (**コーシー-アダマール (Hadamard) の公式**) 極限
$$r = \lim_{n \to +\infty} \sqrt[n]{|\alpha_n|}$$
が存在するならば，収束半径 R は $R = \frac{1}{r}$ となる．
$$R = \lim_{n \to +\infty} \frac{1}{\sqrt[n]{|\alpha_n|}}.$$
ただし $r = 0, r = +\infty$ の場合にはそれぞれ $R = +\infty, R = 0$ と定める．

[証明] 収束円内では絶対収束するから，絶対値級数 $\sum |\alpha_n z^n|$ の収束・発散を調べればよい．

(1) $z \neq 0$ のとき，仮定から保証される極限

$$\rho = \lim_{n \to +\infty} \frac{|\alpha_{n+1} z^{n+1}|}{|\alpha_n z^n|} = \left(\lim_{n \to +\infty} \frac{|\alpha_{n+1}|}{|\alpha_n|} \right) |z| = r|z|$$

を定理1.4のダランベールの判定法により調べる．$\rho < 1$，すなわち $|z| < \frac{1}{r}$ ならば $\sum |\alpha_n z^n|$ は収束し，$\rho > 1$，すなわち $|z| > \frac{1}{r}$ ならば $\sum |\alpha_n z^n|$ は発散する．したがって $R = \frac{1}{r}$ となる．

(2) は定理1.4のコーシーの根号判定法を使って (1) と同様に調べれば良い． ■

例題 4.1

次の整級数の収束半径 R を求めなさい．

(1) $\sum_{n=1}^{\infty} \frac{(-1)^{n-1}}{n} z^n$ (2) $\sum_{n=1}^{\infty} \frac{i^n}{n!} z^n$ (3) $\sum_{n=0}^{\infty} \frac{(-1)^n}{(2n+1)!} z^{2n+1}$

(4) $\sum_{n=0}^{\infty} \frac{(-1)^n}{(2n)!} z^{2n}$ (5) $\sum_{n=0}^{\infty} n! \, z^n$

【解答】 (1) $\alpha_n = \frac{(-1)^{n-1}}{n}$ と置けば，ダランベールの公式により

$$R = \lim_{n \to \infty} \frac{|\alpha_n|}{|\alpha_{n+1}|} = \lim_{n \to \infty} \frac{n+1}{n} = 1.$$

(2) $\alpha_n = \frac{i^n}{n!}$ と置けば，ダランベールの公式により

$$R = \lim_{n \to +\infty} \frac{|\alpha_n|}{|\alpha_{n+1}|} = \lim_{n \to +\infty} \frac{(n+1)!}{n!} = \lim_{n \to +\infty} (n+1) = +\infty.$$

(3) 問題の整級数は偶数次の項の係数がゼロであるために，ダランベールの公式を直接適用することはできない．そこで $z^2 = w$，$\alpha_n = \frac{(-1)^n}{(2n+1)!}$ と置いて $\sum \alpha_n w^n$ の収束半径 R' を調べると，ダランベールの公式により

$$R' = \lim_{n \to +\infty} \frac{|\alpha_n|}{|\alpha_{n+1}|} = \lim_{n \to +\infty} \frac{(2n+3)!}{(2n+1)!} = \lim_{n \to +\infty} (2n+3)(2n+2) = +\infty$$

となる．すなわち整級数 $\sum \alpha_n w^n$ はすべての $w \in \mathbb{C}$ に対して収束するので，$\sum \alpha_n z^{2n+1} = z \sum \alpha_n z^{2n}$ もすべての $z \in \mathbb{C}$ に対して収束する．よって収束半径は $R = +\infty$ である．

(4) (3)と同様に，$w = z^2$，$\alpha_n = \frac{(-1)^n}{(2n)!}$ と置いて $\sum \alpha_n w^n$ の収束半径 R' を調べれば

$$R' = \lim_{n \to +\infty} \frac{|\alpha_n|}{|\alpha_{n+1}|} = \lim_{n \to \infty} \frac{(2n+2)!}{(2n)!} = \lim_{n \to +\infty} (2n+2)(2n+1) = +\infty$$

となり，すべての w に対して収束する．よって $\sum \alpha_n z^{2n}$ もすべての z に対して収束するから，収束半径は $R = +\infty$ である．

(5) $\alpha_n = n!$ と置けば

$$R = \lim_{n \to \infty} \frac{|\alpha_n|}{|\alpha_{n+1}|} = \lim_{n \to +\infty} \frac{n!}{(n+1)!} = \lim_{n \to +\infty} \frac{1}{n+1} = 0. \quad \blacksquare$$

定理 4.2, 4.3 を使って，収束半径 R の整級数 $\sum \alpha_n z^n$ を収束円内 $|z| < R$ で項別微分，項別積分したい．その際に問題となるのは項別微分，項別積分した整級数の収束半径の大きさがどうなるかであるが，実は変わらない．

補題 4.1

同じ係数 α_n に対して定義された次の 3 つの整級数の収束半径は一致する．

$$f_0(z) = \sum_{n=0}^{\infty} \alpha_n z^n, \quad f_1(z) = \sum_{n=1}^{\infty} n \alpha_n z^{n-1}, \quad f_2(z) = \sum_{n=0}^{\infty} \frac{\alpha_n}{n+1} z^{n+1}.$$

[証明] $j = 0, 1, 2$ に対して $f_j(z)$ の収束半径を R_j とするとき，$0 < R_j < +\infty$ の場合を示せばよい．まず $R_0 \leq R_1$ を示す．$|z| < R_0$ を満たす任意の $z \in \mathbb{C}$ に対して，$|z| < r < R_0$ となる数 r を取る．級数 $\sum |\alpha_n| r^n$ は収束するので，正定数 M があってすべての n に対して $|\alpha_n r^n| \leq M$ が成り立ち

$$\left| n \alpha_n z^{n-1} \right| = \frac{n}{r} \left| \alpha_n r^n \right| \left(\frac{|z|}{r} \right)^{n-1} \leq \frac{M}{r} n \left(\frac{|z|}{r} \right)^{n-1}$$

を得る．優級数の収束性を調べる．$n \to +\infty$ のとき $\sqrt[n]{n} \to 1$ だから

$$\sqrt[n]{n \left(\frac{|z|}{r} \right)^{n-1}} = \sqrt[n]{n} \left(\frac{|z|}{r} \right)^{(n-1)/n} \longrightarrow \frac{|z|}{r} < 1$$

となる．定理 1.4 のコーシーの根号判定法により級数 $\sum n \left(\frac{|z|}{r} \right)^{n-1}$ は収束し，定理 1.5 により $\sum |n \alpha_n z^{n-1}|$ も収束する．よって $R_0 \leq R_1$ となる．

逆に $|z| < R_1$ ならば $\sum |n\alpha_n z^{n-1}|$ は収束し，$n > R_1$ を満たす n に対して
$$|\alpha_n z^n| = |n\alpha_n z^{n-1}|\frac{|z|}{n} \leq |n\alpha_n z^{n-1}|\frac{R_1}{n} < |n\alpha_n z^{n-1}|$$
を得る．よって定理 1.5 により $\sum |\alpha_n z^n|$ は収束するので $R_1 \leq R_0$ を得る．以上から $R_0 = R_1$ が成り立つ．

収束半径 R_2 と R_0 の関係は R_0 と R_1 の関係と同じだから，上の議論と同様にして $R_2 = R_0$ が従う．よって 3 つの整級数の収束半径は一致する． ■

定理 4.5

収束半径 $R > 0$ を持つ整級数 $f(z) = \sum \alpha_n z^n$ に対して，$f(z)$ は収束円内 $|z| < R$ で正則で項別微分，項別積分が可能となり，$|z| < R$ に対して
$$f'(z) = \sum_{n=1}^{\infty} n\alpha_n z^{n-1}, \quad \int_0^z f(\zeta)\,d\zeta = \sum_{n=0}^{\infty} \frac{\alpha_n}{n+1} z^{n+1}$$
が成り立つ．これらの整級数の収束半径もまた R である．

[証明] 各項 $\alpha_n z^n$ は正則で，$\sum \alpha_n z^n$ は $|z| < R$ で広義一様収束するから，定理 4.2, 4.3 により項別積分，項別微分できる．収束半径が変わらないことは補題 4.1 による． ■

例4.5 定数 $\alpha \neq 0$ に対して，$f(z) = \frac{1}{\alpha - z}$ と置く．$|z| < |\alpha|$ を満たす z に対して $\left|\frac{z}{\alpha}\right| < 1$ だから，例題 1.5 により

$$f(z) = \frac{1}{\alpha}\frac{1}{1 - \frac{z}{\alpha}} = \frac{1}{\alpha}\sum_{n=0}^{\infty}\frac{z^n}{\alpha^n} = \sum_{n=0}^{\infty}\frac{z^n}{\alpha^{n+1}} \quad (4.2)$$

が成り立つ．この整級数の収束半径は $R = |\alpha|$ である．両辺を微分して

$$\frac{1}{(\alpha-z)^2} = f'(z)$$
$$= \sum_{n=0}^{\infty}\frac{d}{dz}\frac{z^n}{\alpha^{n+1}} = \sum_{n=1}^{\infty}\frac{n}{\alpha^{n+1}}z^{n-1} = \sum_{m=0}^{\infty}\frac{m+1}{\alpha^{m+2}}z^m$$

が $|z| < |\alpha|$ に対して成り立つ． □

例4.6 $f(z) = \frac{1}{1+z}$ に対して，**例4.5**と同様にして

$$f(z) = \frac{1}{1-(-z)} = \sum_{n=0}^{\infty}(-z)^n = \sum_{n=0}^{\infty}(-1)^n z^n \qquad (4.3)$$

と表され，この整級数の収束半径は $R=1$ である．両辺を 0 から z $(|z|<1)$ まで積分すると定理 4.5 により

$$\int_0^z f(\zeta)\,d\zeta = \sum_{n=0}^{\infty}(-1)^n \int_0^z \zeta^n\,d\zeta = \sum_{n=0}^{\infty}\frac{(-1)^n}{n+1}z^{n+1} = \sum_{m=1}^{\infty}\frac{(-1)^{m-1}}{m}z^m$$

を得る．一方

$$\int_0^z f(\zeta)\,d\zeta = \int_0^z \frac{1}{1+\zeta}\,d\zeta = \mathrm{Log}(1+z)$$

だから，等式

$$\mathrm{Log}(1+z) = \sum_{n=1}^{\infty}\frac{(-1)^{n-1}}{n}z^n, \quad |z|<1 \qquad (4.4)$$

が成り立つ． □

例4.7 $|z|<1$ のとき $|z^2|=|z|^2<1$ だから，等式 (4.3) において z を z^2 で置き換えれば

$$\frac{1}{1+z^2} = \sum_{n=0}^{\infty}(-1)^n z^{2n}, \quad |z|<1$$

が成り立つ．収束半径は $R=1$ だから項別積分して

$$\int_0^z \frac{1}{1+\zeta^2}\,d\zeta = \sum_{n=0}^{\infty}(-1)^n \int_0^z \zeta^{2n}\,d\zeta = \sum_{n=0}^{\infty}\frac{(-1)^n}{2n+1}z^{2n+1}$$

を得る．一方，**例3.6**により

$$\int_0^z \frac{1}{1+\zeta^2}\,d\zeta = \tan^{-1}z, \quad -1<\mathrm{Im}\,z<1$$

であったから，等式

$$\tan^{-1}z = \sum_{n=0}^{\infty}\frac{(-1)^n}{2n+1}z^{2n+1}, \quad |z|<1 \qquad (4.5)$$

が導かれる． □

z_0 を中心とし，収束半径 $R > 0$ を持つ次の整級数について考える．

$$f(z) = \sum_{n=0}^{\infty} \alpha_n (z-z_0)^n, \quad |z-z_0| < R.$$

$z = z_0$ と置いて，$f(z_0) = \alpha_0$ が従う．定理 4.5 により両辺を微分して

$$f'(z) = \sum_{n=1}^{\infty} n \alpha_n (z-z_0)^{n-1} \tag{4.6}$$

を得る．$z = z_0$ と置けば $f'(z_0) = \alpha_1$ が従う．さらに (4.6) の両辺を繰返し $(k-1)$ 回微分すると

$$f^{(k)}(z) = \sum_{n=k}^{\infty} n(n-1)\cdots(n-k+1) \alpha_n (z-z_0)^{n-k}$$

となる．$z = z_0$ と置けば $f^{(k)}(z_0) = k! \alpha_k$ が従うので，等式

$$f(z) = \sum_{n=0}^{\infty} \frac{f^{(n)}(z_0)}{n!} (z-z_0)^n, \quad |z-z_0| < R \tag{4.7}$$

が成り立つ．$f(z)$ は整級数により定義された関数であるが，$|z-z_0| < R$ で正則な任意の関数 $f(z)$ に対して整級数展開 (4.7) が成り立つ，というのが，4.3 節で紹介するテイラー展開である．

4.3 テイラー展開

定理 4.6（テイラー展開）

関数 $f(z)$ は領域 D で正則とする。任意の $z_0 \in D$ に対して z_0 から境界 ∂D までの距離を R とする。このとき $f(z)$ は $|z - z_0| < R$ において整級数

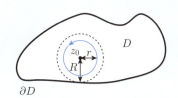

$$f(z) = \sum_{n=0}^{\infty} \alpha_n (z - z_0)^n$$

で表すことができ、係数 α_n は

$$\alpha_n = \frac{1}{2\pi i} \int_{|\zeta - z_0| = r} \frac{f(\zeta)}{(\zeta - z_0)^{n+1}} d\zeta = \frac{f^{(n)}(z_0)}{n!}, \quad n = 0, 1, 2, \ldots$$

で与えられる。ただし r は $0 < r < R$ を満たす任意の数である。

[証明] $|z - z_0| < R$ となる z を任意に取り固定する。r を $|z - z_0| < r < R$ を満たすように取り、円 $C_r = \{\zeta \,|\, |\zeta - z_0| = r\}$ の向きは反時計回りとする。$f(\zeta)$ は C_r 上とその内部で正則だから、コーシーの積分公式により

$$f(z) = \frac{1}{2\pi i} \int_{C_r} \frac{f(\zeta)}{\zeta - z} d\zeta \tag{4.8}$$

と表すことができる。$\zeta \in C_r$ に対して、$|z - z_0| < r = |\zeta - z_0|$ だから 例4.5 の等式 (4.2) により

$$\frac{1}{\zeta - z} = \frac{1}{(\zeta - z_0) - (z - z_0)} = \sum_{n=0}^{\infty} \frac{(z - z_0)^n}{(\zeta - z_0)^{n+1}}$$

が成り立つ。この ζ に関する関数項級数は C_r 上で一様収束する。これを (4.8) の右辺の積分に代入すれば、定理 4.2(2) により項別積分できる。

$$f(z) = \frac{1}{2\pi i} \int_{C_r} \sum_{n=0}^{\infty} \frac{f(\zeta)}{(\zeta - z_0)^{n+1}} (z - z_0)^n d\zeta$$

$$= \sum_{n=0}^{\infty} \left\{ \frac{1}{2\pi i} \int_{C_r} \frac{f(\zeta)}{(\zeta - z_0)^{n+1}} d\zeta \right\} (z - z_0)^n = \sum_{n=0}^{\infty} \alpha_n (z - z_0)^n. \tag{4.9}$$

係数が $\alpha_n = \frac{f^{(n)}(z_0)}{n!}$ となることは $f(\zeta)$ にグルサの定理を適用して導かれる. r の大きさは等式 (4.8) の段階では $|z-z_0| < r$ のように $|z-z_0|$ の大きさに依存するが, 等式 (4.9) では一般化されたコーシーの積分定理によって $0 < r < R$ であれば任意で, $|z-z_0|$ の大きさにはよらないことがわかる. ■

$|z-z_0| < R$ 上で正則な関数 $f(z)$ の整級数への展開式

$$f(z) = \sum_{n=0}^{\infty} \frac{f^{(n)}(z_0)}{n!} (z-z_0)^n, \ |z-z_0| < R$$

を $f(z)$ の $z = z_0$ における**テイラー** (Taylor) **展開**といい, 右辺の整級数を**テイラー級数**という. 特別な $z_0 = 0$ の場合には, それぞれ**マクローリン** (Maclaurin) **展開**, **マクローリン級数**という.

4.2 節の終わりで述べたように, z_0 を中心とする整級数の z_0 におけるテイラー級数はもとの整級数と一致する. したがってテイラー級数は一意的に定まる. ただし中心が異なれば別の形の整級数になる.

例題 4.2

次の初等関数のマクローリン展開を導きなさい ((4) を除けば定義でもある).

(1) $e^z = \sum_{n=0}^{\infty} \frac{z^n}{n!} = 1 + z + \frac{z^2}{2!} + \frac{z^3}{3!} + \cdots + \frac{z^n}{n!} + \cdots$.

(2) $\sin z = \sum_{n=0}^{\infty} \frac{(-1)^n z^{2n+1}}{(2n+1)!} = z - \frac{z^3}{3!} + \frac{z^5}{5!} - \cdots + \frac{(-1)^n z^{2n+1}}{(2n+1)!} + \cdots$.

(3) $\cos z = \sum_{n=0}^{\infty} \frac{(-1)^n z^{2n}}{(2n)!} = 1 - \frac{z^2}{2!} + \frac{z^4}{4!} - \cdots + \frac{(-1)^n z^{2n}}{(2n)!} + \cdots$.

(4) $\mathrm{Log}(1+z) = \sum_{n=1}^{\infty} \frac{(-1)^{n-1} z^n}{n} = z - \frac{z^2}{2} + \cdots + \frac{(-1)^{n-1} z^n}{n} + \cdots$.

【**解答**】 この例題の後では第 n 次微分係数 $f^{(n)}(z_0)$ を求めてテイラー級数を計算することはないが, ここでは $f^{(n)}(0)$ を求めてマクローリン級数を計算しよう. 実関数 $f(x)$ のときの計算と全く同じである.

(1) 右辺の級数は $f(z) = e^z$ の定義そのものである. $f^{(n)}(z) = e^z$ により $f^{(n)}(0) = 1$ だから上記のようになる. e^z は整関数であるから定理 4.6 により

4.3 テイラー展開

すべての $z \in \mathbb{C}$ に対して絶対収束するが,ダランベールの公式(定理 4.4)からも収束半径は $R = +\infty$ であることがわかる.

(2) $f(z) = \sin z$ に対して,$(\sin z)' = \cos z = \sin\left(z + \frac{\pi}{2}\right)$ から帰納法により $f^{(n)}(z) = \sin\left(z + \frac{n\pi}{2}\right)$ となる.したがって $f^{(2m)}(0) = 0$,$f^{(2m+1)}(0) = \sin\left(m\pi + \frac{\pi}{2}\right) = (-1)^m$ $(m = 0, 1, 2, \ldots)$ を得る.これからマクローリン展開が従う.

(3) $f(z) = \cos z$ に対して,$(\cos z)' = -\sin z = \cos\left(z + \frac{\pi}{2}\right)$ から帰納法により $f^{(n)}(z) = \cos\left(z + \frac{n\pi}{2}\right)$ となり,$f^{(2m+1)}(0) = 0$,$f^{(2m)}(0) = \cos\left(m\pi + \frac{\pi}{2}\right) = (-1)^m$ $(m = 0, 1, 2, \ldots)$ を得る.これからマクローリン展開を得る.

(4) $f(z) = \mathrm{Log}(1+z)$ に対して,$f'(z) = (1+z)^{-1}$ から帰納的に
$$f^{(n)}(z) = \frac{(-1)^{n-1}(n-1)!}{(1+z)^n}, \quad f^{(n)}(0) = (-1)^{n-1}(n-1)!$$
が導かれ (4.4) の結果と一致し,ダランベールの公式から収束半径は $R = 1$ となる. ∎

例題 4.2 の解答で述べたように,一般の関数のテイラー展開は初等関数のマクローリン展開および (4.2) の展開式

$$\frac{1}{\alpha - z} = \sum_{n=0}^{\infty} \frac{z^n}{\alpha^{n+1}}, \quad |z| < |\alpha| \tag{4.10}$$

を利用し,項別微分,項別積分等を行って計算することが多い.前節の 例4.5-例4.7 はこの方法による計算である.

例題 4.3

次の関数 $f(z)$ の指定された点 $z = z_0$ におけるテイラー展開およびその収束半径 R を求めなさい.

(1) e^z, $z_0 = i$ (2) $\sin z$, $z_0 = \dfrac{\pi}{3}$ (3) $\displaystyle\int_0^z e^{-\zeta^2}\, d\zeta$, $z_0 = 0$

(4) $\dfrac{1}{z^2}$, $z_0 = 2i$ (5) $\dfrac{z-1}{z^2 - z - 2}$, $z_0 = 1$ (6) $\dfrac{1}{z^2 + z + 1}$, $z_0 = 0$

【解答】 (1) $w = z - i$ と置けば指数法則により $e^z = e^{i+w} = e^i e^w$ だから，e^w のマクローリン級数を利用して

$$e^z = e^i \sum_{n=0}^{\infty} \frac{w^n}{n!} = \sum_{n=0}^{\infty} \frac{\cos 1 + i \sin 1}{n!} (z-i)^n$$

となる．収束半径はダランベールの公式により計算しても $R = +\infty$ となる．

(2) 加法定理と $\sin z, \cos z$ のマクローリン展開を利用する．$w = z - \frac{\pi}{3}$ と置けば

$$\sin z = \sin\left\{\frac{\pi}{3} + \left(z - \frac{\pi}{3}\right)\right\} = \sin\frac{\pi}{3}\cos w + \cos\frac{\pi}{3}\sin w$$

$$= \frac{\sqrt{3}}{2} \sum_{n=0}^{\infty} \frac{(-1)^n}{(2n)!} w^{2n} + \frac{1}{2} \sum_{n=0}^{\infty} \frac{(-1)^n}{(2n+1)^n} w^{2n+1}$$

$$= \sum_{n=0}^{\infty} \frac{(-1)^n \sqrt{3}}{2(2n)!} \left(z - \frac{\pi}{3}\right)^{2n} + \sum_{n=0}^{\infty} \frac{(-1)^n}{2(2n+1)!} \left(z - \frac{\pi}{3}\right)^{2n+1}$$

となる．それぞれの整級数はすべての $z \in \mathbb{C}$ に対して収束するので，その和もすべての z に対して収束する．したがって $R = +\infty$．

(3) 被積分関数 $e^{-\zeta^2}$ のマクローリン展開は，e^w のそれを利用して

$$e^{-\zeta^2} = \sum_{n=0}^{\infty} \frac{w^n}{n!} \bigg|_{w=-\zeta^2} = \sum_{n=0}^{\infty} \frac{(-1)^n}{n!} \zeta^{2n} \qquad (4.11)$$

となる．等式を 0 から z まで積分する．このとき項別積分を行って

$$\int_0^z e^{-\zeta^2} d\zeta = \sum_{n=0}^{\infty} \frac{(-1)^n}{n!} \int_0^z \zeta^{2n} d\zeta = \sum_{n=0}^{\infty} \frac{(-1)^n}{(2n+1)\, n!} z^{2n+1}.$$

(4.11) の整級数はすべての ζ に対して収束するので収束半径は $+\infty$ である．これを項別積分しても収束半径は変わらないから $R = +\infty$ である．

(4) $w = z - 2i$ と置いて関数を書き直せば

$$\frac{1}{z^2} = \frac{1}{\{2i + (z - 2i)\}^2} = \frac{1}{(2i + w)^2}$$

となる．ここで (4.10) により $|w| < |2i| = 2$ に対して

$$\frac{1}{2i + w} = \frac{1}{2i - (-w)} = \sum_{n=0}^{\infty} \frac{(-w)^n}{(2i)^{n+1}} = -\sum_{n=0}^{\infty} \frac{i^{n+1}}{2^{n+1}} w^n$$

が成り立つ. 等式を w で微分すれば（最後の等式右辺では項別微分すれば）
$$-\frac{1}{(2i+w)^2} = -\sum_{n=1}^{\infty} \frac{ni^{n+1}}{2^{n+1}} w^{n-1}.$$
両辺を (-1) 倍し $n-1=m$ と置き換え，w を z に戻せば
$$\frac{1}{z^2} = -\sum_{m=1}^{\infty} \frac{(m+1)i^m}{2^{m+2}} (z-2i)^m, \quad |z-2i| < 2$$
が導かれ，収束半径は $R=2$ である.

(5) 部分分数分解し，$w=z-1$ で書き換え，さらに (4.10) を用いれば
$$\frac{z-1}{z^2-z-2} = \frac{z-1}{(z+1)(z-2)} = \frac{1}{3}\left(\frac{2}{z+1} + \frac{1}{z-2}\right)$$
$$= \frac{1}{3}\left(\frac{2}{2+w} - \frac{1}{1-w}\right) = \frac{1}{3}\left\{\sum_{n=0}^{\infty} \frac{(-1)^n w^n}{2^n} - \sum_{n=0}^{\infty} w^n\right\} \quad (4.12)$$
を得る. したがって
$$\frac{z-1}{z^2-z-2} = \sum_{n=1}^{\infty} \frac{1}{3}\left\{\frac{(-1)^n}{2^n} - 1\right\}(z-1)^n \quad (4.13)$$
となる. (4.12) の最後の等式右辺第 1 項の整級数の収束半径は 2，第 2 項の収束半径は 1 であるが，2 つ整級数を合わせれば小さい方の 1 となる. 実際に，(4.13) の係数を α_n とすれば，ダランベールの公式により
$$R = \lim_{n\to\infty} \frac{|\alpha_n|}{|\alpha_{n+1}|} = \lim_{n\to\infty} \frac{1 - \frac{(-1)^n}{2^n}}{1 - \frac{(-1)^{n+1}}{2^{n+1}}} = 1$$
となる.

(6) (5) と同じ方法で計算できるが，関係式 $(1-z)(1+z+z^2) = 1-z^3$ を利用して計算する. $|z|<1$ に対して
$$\frac{1}{1+z+z^2} = \frac{1-z}{1-z^3} = (1-z)\sum_{n=0}^{\infty}(z^3)^n = \sum_{n=0}^{\infty} z^{3n} - \sum_{n=0}^{\infty} z^{3n+1}$$
を得る. 収束半径は $R=1$ である. ∎

最後にテイラー展開から得られる正則関数の性質を述べておこう.

> **定理 4.7**
> 関数 $f(z)$ は領域 D 上で正則とするとき,D 内の点 z_0 に収束する無限点列 $\{\zeta_m\} \subset D, \zeta_m \neq z_0$ があって
> $$f(\zeta_m) = 0, \quad m = 1, 2, \dots$$
> が成り立つならば,$f(z)$ は D で恒等的にゼロとなる:$f(z) \equiv 0$.

[証明] 定理 4.6 により z_0 から D の境界 ∂D までの距離を R とすれば $R > 0$ で,z_0 における $f(z)$ のテイラー展開 $f(z) = \sum \alpha_n (z-z_0)^n$ は z_0 の R 近傍 $U_R(z_0)$ で収束する.条件から十分大きな m に対して $\zeta_m \in U_R(z_0)$ となる.$f(z) \not\equiv 0$ と仮定すれば $\alpha_n \neq 0$ となる n があるから,そのような最小の n を N と置く.すなわち $f(z)$ は次のように書ける.

$$f(z) = \sum_{n=N}^{\infty} \alpha_n (z-z_0)^n = (z-z_0)^N g(z),$$
$$g(z) = \sum_{n=N}^{\infty} \alpha_n (z-z_0)^{n-N}.$$

仮定 $|g(z_0)| = |\alpha_N| > 0$ により十分大きな m に対しては,$U_R(z_0)$ で正則な関数 $g(z)$ の連続性により $|g(\zeta_m)| > \frac{|g(z_0)|}{2}$ として良い.これから十分大きな m に対して

$$|f(\zeta_m)| = |(\zeta_m - z_0)^N g(\zeta_m)| > \frac{|g(z_0)|}{2} |\zeta_m - z_0|^N > 0$$

となり,$f(\zeta_m) = 0$ に矛盾する.したがってすべての n に対して $\alpha_n = 0$ でなければならない.言い換えれば $U_R(z_0)$ 上で $f(z) \equiv 0$ となる.境界がない場合,すなわち $R = +\infty$ の場合にはこれで証明は終わりとなる.

$R < +\infty$ のときには,次に $U_R(z_0)$ 内に 1 点 $z_1 \neq z_0$ を取り,z_1 の境界 ∂D までの距離を R_1 とする.z_1 の近傍で $f(z) = 0$ であるから上の議論と同様にして,$U_{R_1}(z_1)$ 上で $f(z) \equiv 0$ となる.以下この議論を繰り返せば D 内の任意の点 z の近傍で $f(z) = 0$ が示され,したがって $f(z)$ は D 上で恒等的にゼロとなる. ∎

系 4.1（一致の定理）

関数 $f(z), g(z)$ は領域 D 上で正則とし，D 内の点 z_0 に収束する無限点列 $\{\zeta_m\} \subset D, \zeta_m \neq z_0$ があって
$$f(\zeta_m) = g(\zeta_m) \quad (m = 1, 2, \ldots)$$
が成り立つならば，$f(z), g(z)$ は D 上で恒等的に等しい：$f(z) \equiv g(z)$.

系 4.2

有界領域 D 上で正則，$\overline{D} = D \cup \partial D$ 上連続な関数 $f(z)$ は境界 ∂D 上にゼロ点を持たないとする．このとき $f(z)$ の D のゼロ点は有限個である．またすべての微分係数がゼロとなる点は D 内にはない．

[証明] 後半から示す．z_0 が $f^{(n)}(z_0) = 0 \ (n = 0, 1, 2, \ldots)$ を満たせば，$f(z)$ の z_0 におけるテイラー展開はゼロとなり，適当な $R > 0$ に対して $f(z)$ は $U_R(z_0)$ では恒等的にゼロとなる．さらに定理 4.7 の証明と同じ議論により $f(z)$ は D で恒等的にゼロ，したがって連続性から境界 ∂D 上でゼロとなり仮定に反する．

無限個の相異なるゼロ点 $\{\zeta_m\}$ があったとすれば，適当な部分列 $\{\zeta_{m'}\} \subset \{\zeta_m\}$ を選ぶと $\{\zeta_{m'}\}$ はある点 $z_0 \in \overline{D}$ に収束する．連続性から $f(z_0) = 0$ となる．$z_0 \in \partial D$ とすれば，境界 ∂D 上にゼロ点を持つことになり仮定に反するので，$z_0 \in D$ として良い．このとき定理 4.7 により $f(z)$ は D で恒等的にゼロとなり，連続性から ∂D 上でもゼロとなるので再び仮定に反する． ■

4章の演習問題

4.1 次の整級数の収束半径 R を求めなさい．ただし β, γ はゼロではない複素数，$p > 0$ は定数．

(1) $\sum_{n=0}^{\infty} \beta^n z^n$ (2) $\sum_{n=0}^{\infty} \beta^n z^{2n}$ (3) $\sum_{n=0}^{\infty} \beta^n z^{3n+2}$ (4) $\sum_{n=1}^{\infty} \frac{z^n}{n^p}$

(5) $\sum_{n=1}^{\infty} \frac{n!}{n^n} z^n$ (6) $\sum_{n=0}^{\infty} \{1+(-1)^n\} 3^n z^n$ (7) $\sum_{n=2}^{\infty} \frac{n}{\ln n} z^n$

(8) $\sum_{n=0}^{\infty} \frac{(n!)^2}{(2n)!} z^{2n}$ (9) $\sum_{n=0}^{\infty} \left(1+\frac{2}{n}\right)^{n^2} z^n$ (10) $\sum_{n=0}^{\infty} \beta^{n^2} \gamma^n z^n$

(11) $\sum_{n=0}^{\infty} \frac{(n!)^p}{(3n)!} z^n$ (12) $\sum_{n=0}^{\infty} \{1+i^n\} 2^n z^n$ (13) $\sum_{n=1}^{\infty} \frac{(2n)!}{(2n)^{2n}} z^n$

(14) $\sum_{n=1}^{\infty} \frac{1 \cdot 4 \cdot 7 \cdots (3n-2)}{(3n)!} z^{3n}$ (15) $\sum_{n=1}^{\infty} \frac{2 \cdot 5 \cdot 8 \cdots (3n-1)}{(3n+1)!} z^{3n+1}$

4.2 2つの整級数 $\sum \alpha_n z^n, \sum \beta_n z^n$ （$\beta_n \neq 0$）それぞれの収束半径を $R(\alpha), R(\beta)$ と置き，どちらも正とする．このとき次の整級数の収束半径 R を調べなさい．

(1) $\sum_{n=0}^{\infty} (\alpha_n \pm \beta_n) z^n$ (2) $\sum_{n=0}^{\infty} \alpha_n \beta_n z^n$ (3) $\sum_{n=0}^{\infty} \frac{\alpha_n}{\beta_n} z^n$

4.3 $f(z) = \cos z = \frac{1}{2}(e^{iz} + e^{-iz})$ のマクローリン展開を e^z のマクローリン展開を利用して導きなさい．

4.4 $f(z) = \sin z = \frac{1}{2i}(e^{iz} - e^{-iz})$ のマクローリン展開を，(1) e^z のマクローリン展開を利用して，(2) $\cos z$ のマクローリン展開を利用して，それぞれ導きなさい．

4.5 $f(z) = \cosh z$ のマクローリン展開を，(1) 第 n 次微分係数を求めて，(2) e^z のマクローリン展開を利用して，(3) $\cos z$ のマクローリン展開を利用して，それぞれ導きなさい．

4.6 $f(z) = \sinh z$ のマクローリン展開を，(1) 第 n 次微分係数を求めて，(2) e^z のマクローリン展開を利用して，(3) $\sinh z$ のマクローリン展開を利用して，(4) $\cosh z$ のマクローリン展開を利用して，それぞれ導きなさい．

4.7 次で与えられるフレネル積分 $S(z), C(z)$ を $z = 0$ を中心とする整級数で表しなさい．

(1) $S(z) = \int_0^z \sin(\zeta^2)\, d\zeta$ (2) $C(z) = \int_0^z \cos(\zeta^2)\, d\zeta$

4.8
$$f(z) = \begin{cases} \dfrac{\sin z}{z}, & z \neq 0, \\ 1, & z = 0 \end{cases}$$
と定義するとき，$g(z) = \int_0^z f(\zeta)\,d\zeta$ を $z=0$ を中心とする整級数で表しなさい．

4.9 次の関数 $f(z)$ の指定された点 z_0 におけるテイラー展開およびその収束半径 R を求めなさい．ただし (8) の $\sqrt{z}$ は主値を表す．

(1) e^z, $z_0 = 1 + \dfrac{\pi i}{2}$　　(2) $\cos z$, $z_0 = \dfrac{\pi}{4}$　　(3) $\mathrm{Log}\,z$, $z_0 = i$

(4) $\sin^2 z$, $z_0 = 0$　　(5) $\mathrm{Log}(2+z)$, $z_0 = i$　　(6) $\mathrm{Log}\left(\dfrac{2i-z}{2i+z}\right)$, $z_0 = 0$

(7) $\dfrac{1}{1-z+z^2}$, $z_0 = 0$　　(8) $\sqrt{z}$, $z_0 = 2i$　　(9) $\sin z$, $z_0 = \dfrac{\pi i}{4}$

(10) $\dfrac{1}{(2i-z)^2}$, $z_0 = 0$　　(11) $\dfrac{1}{(1+2z)^3}$, $z_0 = 0$　　(12) $\dfrac{1}{z^2}$, $z_0 = -i$

(13) $\dfrac{1}{z^2+1}$, $z_0 = -2i$　　(14) $\dfrac{1}{z^2+2iz-3}$, $z_0 = 2$

(15) $\int_0^z \dfrac{1}{\zeta^2+3}\,d\zeta$, $z_0 = 0$　　(16) $\int_0^z \dfrac{1}{\zeta^2+4}\,d\zeta$, $z_0 = -i$

4.10 $e^{(1+i)x}$ の第 n 次導関数を利用して，$f(x) = e^x \cos x$, $g(x) = e^x \sin x$ の第 n 次導関数を導きなさい．同様にして適当な関数 $e^{\alpha x}$ を利用して $e^x \sin(\sqrt{3}\,x)$ の第 n 次導関数を導きなさい．

4.11 e^z のマクローリン展開を利用して，実関数 $f(x) = e^x \cos x$ のマクローリン展開を求めなさい．

4.12 問題 4.11 と同様にして $f(x) = e^x \sin x$ のマクローリン展開を求めなさい．

4.13 $\dfrac{1}{z^2+1}$ のマクローリン展開を利用して $f(x) = \arctan x$ の $x=0$ における第 n 次微分係数を求めなさい．

4.14 $a_0 = 0$, $a_1 = 1$, $a_n = a_{n-1} + a_{n-2}$ ($n=2,3,\ldots$) で定まる数列（フィボナッチ数列）$\{a_n\}$ を係数に持つべき級数 $f(z) = \sum a_n z^n$ は
$$f(z) = \frac{z}{1-z-z^2}$$
で与えられることを示し，収束半径 R を求めなさい．またこの等式を利用して一般項 a_n を求めなさい．

4.15 $|z-z_0|<R$ で正則な関数 $f(z)$ のテイラー展開を $\sum \alpha_n(z-z_0)^n$ と置けば,次のパーセヴァル (Parseval) の等式が成り立つことを示しなさい.ただし $0 \leq r < R$.
$$\frac{1}{2\pi}\int_0^{2\pi}\left|f(z_0+re^{i\theta})\right|^2 d\theta = \sum_{n=0}^{\infty}|\alpha_n|^2 r^{2n}$$

4.16 整級数 $f_m(z)=\sum \alpha_n^{(m)}(z-z_0)^n$ $(m=1,2,\ldots)$ は $|z-z_0|<R$ で収束し,そこで広義一様に $\sum f_m(z)=f(z)$ と収束する.このとき $f(z)$ は $|z-z_0|<R$ で正則で,そのテイラー展開は
$$f(z)=\sum_{n=0}^{\infty}\alpha_n(z-z_0)^n, \quad \alpha_n=\sum_{m=1}^{\infty}\alpha_n^{(m)}$$
で与えられることを示しなさい(**ワイエルシュトラスの二重級数定理**).

4.17 次の関数項級数 $f(z)$ は $|z|<1$ で広義一様収束して正則となることを示しなさい.また,$f(z)$ のマクローリン展開を求めなさい.

(1) $\displaystyle\sum_{m=1}^{\infty}\frac{z^m}{1-z^m}$ (2) $\displaystyle\sum_{m=1}^{\infty}\frac{mz^m}{1-z^m}$

(1), (2) の $f(z)$ はそれぞれ数列 $\{1\},\{m\}$ を係数とする**ランベルト (Lambert) 級数**と呼ばれる.

4.18 $|z|<1$ において次の等式を示しなさい.
$$\sum_{m=1}^{\infty}\frac{mz^m}{1-z^m}=\sum_{m=1}^{\infty}\frac{z^m}{(1-z^m)^2}.$$

4.19 次の関数項級数は $\mathbb{C}$ 上で広義一様収束し整関数となることを示しなさい.ただし $|\alpha|>1, 0<|\beta|<|\alpha|$.
$$\sum_{n=1}^{\infty}\beta^n\sin\frac{z}{\alpha^n}.$$

5 ローラン級数

　この章ではテイラー展開の一般化であるローラン展開を導入する．テイラー展開がコーシーの積分公式から導かれたのと同様に，ローラン展開は一般化されたコーシーの積分公式から導かれ，負べきを含むべき級数（ローラン級数）への展開理論である．第 6 章で導入される留数はローラン級数を用いて定義される．

キーワード

孤立特異点　ローラン展開　正則部分
主要部　除去可能な特異点　極
極の位数　真性特異点　ゼロ点の位数

5.1 ローラン展開

関数 $f(z)$ が点 $z_0 \in \mathbb{C}$ で定義できない，または z_0 で微分できないとき z_0 を $f(z)$ の**特異点**という．例えば，既約な有理関数 $R(z) = \frac{P(z)}{Q(z)}$ に対して，分母の多項式 $Q(z)$ のゼロ点は $R(z)$ の特異点になる．z_0 が $f(z)$ の特異点ならば，$f(z)$ を $z = z_0$ で整級数展開することはできない．しかし z_0 が特異点であっても，円環領域 $0 \leq r < |z - z_0| < R$ 上で $f(z)$ が正則ならば，$f(z)$ を $z - z_0$ の負ベキを含むベキ級数に展開できて**ローラン（Laurent）展開**と呼ぶ．

定理 5.1（ローラン展開）

定数 $0 \leq r < R \leq +\infty$ があって $D = \{z \in \mathbb{C} \,|\, r < |z - z_0| < R\}$ 上で関数 $f(z)$ が正則ならば，$f(z)$ は D において z_0 を中心とする**ローラン級数**

$$f(z) = \sum_{n=0}^{\infty} \alpha_n (z - z_0)^n + \sum_{m=1}^{\infty} \frac{\beta_m}{(z - z_0)^m} \quad (5.1)$$

に展開でき，係数 α_n, β_m は次のように $f(z)$ に関する積分で与えられる．

$$\alpha_n = \alpha_n(\rho) = \frac{1}{2\pi i} \int_{|\zeta - z_0| = \rho} \frac{f(\zeta)}{(\zeta - z_0)^{n+1}} d\zeta, \quad n = 0, 1, 2, \ldots, \quad (5.2)$$

$$\beta_m = \beta_m(\rho) = \frac{1}{2\pi i} \int_{|\zeta - z_0| = \rho} f(\zeta)(\zeta - z_0)^{m-1} d\zeta, \quad m = 1, 2, \ldots. \quad (5.3)$$

ここに ρ は $r < \rho < R$ を満たす任意の定数で，積分は円 $|\zeta - z_0| = \rho$ を反時計回りに 1 周して計算する．ローラン級数 (5.1) は一意的に定まり，D で広義一様に絶対収束する．

証明の前にテイラー展開との関係を調べる．$f(z)$ が $|z - z_0| < R$ で正則ならば，定理 5.1 で $r = 0$ と選ぶことができる．(5.3) の被積分関数 $f(z)(z - z_0)^{m-1}$ も $|z - z_0| < R$ で正則だから，コーシーの積分定理により負ベキの係数 β_m はすべてゼロになる．よって (5.1) は整級数展開になり，(5.2) からグルサの定理により $\alpha_n = \frac{f^{(n)}(z_0)}{n!}$ を得る．すなわち，ローラン級数 (5.1) はテイラー級数になり，ローラン展開はテイラー展開の一般化とみなすことができる．

[**定理 5.1 の証明**] 任意の $z \in D$ に対して $r < \rho_1 < |z - z_0| < \rho_2 < R$ となる定数 ρ_1, ρ_2 を取る．円 $C_j : |\zeta - z_0| = \rho_j$ $(j = 1, 2)$ の向きは，C_1 は時計回り，C_2 は反時計回りとする．閉領域 $\Omega = \{\rho_1 \leq |\zeta - z_0| \leq \rho_2\}$ 上で $f(\zeta)$ は正則だから，一般化されたコーシーの積分公式（定理 3.6）により次の等式を得る．

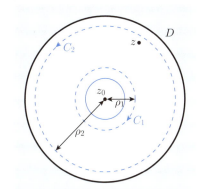

$$f(z) = \frac{1}{2\pi i} \int_{\partial \Omega} \frac{f(\zeta)}{\zeta - z} d\zeta$$
$$= \frac{1}{2\pi i} \int_{C_1} \frac{f(\zeta)}{\zeta - z} d\zeta + \frac{1}{2\pi i} \int_{C_2} \frac{f(\zeta)}{\zeta - z} d\zeta$$
$$= I_1 + I_2.$$

まず，$\zeta \in C_2$ ならば $|\zeta - z_0| = \rho_2 > |z - z_0|$ だから，定理 4.6 と同様にして

$$\frac{1}{\zeta - z} = \frac{1}{(\zeta - z_0) - (z - z_0)} = \sum_{n=0}^{\infty} \frac{(z - z_0)^n}{(\zeta - z_0)^{n+1}}. \tag{5.4}$$

右辺の級数は $\zeta \in C_2$ について一様収束するので，I_2 において項別積分すると

$$I_2 = \frac{1}{2\pi i} \int_{C_2} \frac{f(\zeta)}{\zeta - z} d\zeta = \frac{1}{2\pi i} \int_{C_2} \sum_{n=0}^{\infty} \frac{f(\zeta)(z - z_0)^n}{(\zeta - z_0)^{n+1}} d\zeta$$
$$= \sum_{n=0}^{\infty} \left\{ \frac{1}{2\pi i} \int_{C_2} \frac{f(\zeta)}{(\zeta - z_0)^{n+1}} d\zeta \right\} (z - z_0)^n = \sum_{n=0}^{\infty} \alpha_n(\rho_2)(z - z_0)^n.$$

ここに $\alpha_n(\rho_2)$ は (5.2) において $\rho = \rho_2$ と選んだ係数である．これから (5.1) のゼロまたは正のベキの級数部分を得る．

一方，$\zeta \in C_1$ ならば $|\zeta - z_0| = \rho_1 < |z - z_0|$ だから，(5.4) とは $\zeta - z_0$ と $z - z_0$ の役割を入れ換えて次のように展開できる．

$$\frac{1}{\zeta - z} = \frac{1}{(\zeta - z_0) - (z - z_0)} = -\sum_{\ell=0}^{\infty} \frac{(\zeta - z_0)^{\ell}}{(z - z_0)^{\ell+1}}. \tag{5.5}$$

右辺の級数は $\zeta \in C_1$ について一様収束するから，I_1 においても項別積分して

$$I_1 = \frac{1}{2\pi i} \int_{C_1} \frac{f(\zeta)}{\zeta - z} d\zeta = -\frac{1}{2\pi i} \int_{C_1} \sum_{\ell=0}^{\infty} \frac{f(\zeta)(\zeta - z_0)^{\ell}}{(z - z_0)^{\ell+1}} d\zeta$$
$$= \sum_{\ell=0}^{\infty} \left\{ -\frac{1}{2\pi i} \int_{C_1} f(\zeta)(\zeta - z_0)^{\ell} d\zeta \right\} \frac{1}{(z - z_0)^{\ell+1}}.$$

ここで $\ell+1=m$ と書き換え，曲線 C_1 の向きを反時計回りに取り直せば

$$I_1 = \sum_{m=1}^{\infty} \frac{\beta_m(\rho_1)}{(z-z_0)^m}$$

と (5.1) の負ベキの級数部分を得る．ただし $\beta_m(\rho_1)$ は (5.3) において $\rho=\rho_1$ と選んだ係数である．$f(\zeta)(\zeta-z_0)^{-(n+1)}, f(\zeta)(\zeta-z_0)^{m-1}$ はどちらも $r<|\zeta-z_0|<R$ で正則だから，一般化されたコーシーの積分定理により，任意の $\rho\ (r<\rho<R)$ に対して $\alpha_n(\rho_2)=\alpha_n(\rho), \beta_m(\rho_1)=\beta_m(\rho)$ が成り立つ． ∎

注意 定理 5.1 から，円環領域 $r<|z|<R$ における対数関数 $\log z$ のローラン展開を導くことはできない．なぜならば，$\log z$ をこの領域上の 1 価正則関数として定義できないからである．同様に，円環領域 $r<|z|<R$ において $\sqrt{z}$ をローラン展開することもできない． □

ローラン展開の計算例を紹介する．基本的には，よく知られた初等関数のマクローリン級数を利用する，あるいは (5.4), (5.5) のように (4.10) の展開式を利用することによって計算する．

例題 5.1

次の関数の $z=0$ を中心とするローラン級数およびその収束範囲を求めなさい．ただし (3) の $\alpha\neq 0$ は複素定数．

(1) $\dfrac{\sin z}{z}$　　(2) $e^{1/z}$　　(3) $\exp\left\{\alpha\left(z+\dfrac{1}{z}\right)\right\}$

【解答】(1) $\sin z$ のマクローリン級数

$$\sin z = \sum_{n=0}^{\infty} \frac{(-1)^n}{(2n+1)!} z^{2n+1} = z - \frac{z^3}{3!} + \cdots + \frac{(-1)^n}{(2n+1)!} z^{2n+1} + \cdots$$

の両辺を $z\neq 0$ で割ることによりローラン級数が求まる．

$$\frac{\sin z}{z} = \sum_{n=0}^{\infty} \frac{(-1)^n}{(2n+1)!} z^{2n} = 1 - \frac{z^2}{3!} + \cdots + \frac{(-1)^n}{(2n+1)!} z^{2n} + \cdots.$$

ただし右辺は整級数で，すべての $z\in\mathbb{C}$ に対して収束する．

(2) 指数関数のマクローリン級数

5.1 ローラン展開

$$e^w = \sum_{n=0}^{\infty} \frac{w^n}{n!} = 1 + w + \frac{w^2}{2!} + \cdots + \frac{w^n}{n!} + \cdots \tag{5.6}$$

において $w = \frac{1}{z}$ $(z \neq 0)$ と置けば良い．

$$e^{1/z} = \sum_{n=0}^{\infty} \frac{1}{n!} \frac{1}{z^n} = 1 + \frac{1}{z} + \frac{1}{2!} \frac{1}{z^2} + \cdots + \frac{1}{n!} \frac{1}{z^n} + \cdots.$$

右辺のローラン級数は 0 を除くすべての z に対して収束する．

(3) 等式 (5.6) に $w = \alpha\left(z + \frac{1}{z}\right)$ $(z \neq 0)$ を代入し，各項を二項定理を用いて展開すれば

$$\exp\left\{\alpha\left(z + \frac{1}{z}\right)\right\} = \sum_{n=0}^{\infty} \frac{\alpha^n}{n!} \left(z + \frac{1}{z}\right)^n = \sum_{n=0}^{\infty} \frac{\alpha^n}{n!} \sum_{k=0}^{n} \binom{n}{k} z^{n-k} \frac{1}{z^k}$$
$$= \sum_{n=0}^{\infty} \sum_{k=0}^{n} \frac{\alpha^n}{(n-k)!\,k!} z^{n-2k}. \tag{5.7}$$

(5.7) の右辺の無限級数は各 $z \neq 0$ に対して絶対収束するので項の和の順序を交換できるから，$n = N$ までの部分和 $S_N(z)$ をまとめ直す．まず n と k の和を取る順序を入れ換える．さらに $n - 2k = m$ により n を m で置き換え，和を $m \geq 0$ と $m < 0$ とで分けると

$$S_N(z) = \sum_{n=0}^{N} \sum_{k=0}^{n} \frac{\alpha^n}{(n-k)!\,k!} z^{n-2k} = \sum_{k=0}^{N} \sum_{n=k}^{N} \frac{\alpha^n}{(n-k)!\,k!} z^{n-2k}$$
$$= \sum_{k=0}^{N} \sum_{m=-k}^{N-2k} \frac{\alpha^{m+2k}}{(m+k)!\,k!} z^m = \sum_{k=0}^{[N/2]} \sum_{m=0}^{N-2k} \frac{\alpha^{m+2k}}{(m+k)!\,k!} z^m$$
$$+ \left(\sum_{k=1}^{[N/2]} \sum_{m=-k}^{-1} + \sum_{k=[N/2]+1}^{N} \sum_{m=-k}^{N-2k}\right) \frac{\alpha^{m+2k}}{(m+k)!\,k!} z^m$$

を得る．ここに $[x]$ は x を超えない最大の整数を表すガウス記号である．再び k と m の和の順序を交換し，$m < 0$ では $m = -\ell$ と書き換えると

$$S_N(z) = \sum_{m=0}^{N} \left\{\sum_{k=0}^{[(N-m)/2]} \frac{\alpha^{m+2k}}{(m+k)!\,k!}\right\} z^m + \sum_{\ell=1}^{N} \left\{\sum_{k=\ell}^{[(N+\ell)/2]} \frac{\alpha^{-\ell+2k}}{(k-\ell)!\,k!}\right\} \frac{1}{z^\ell}.$$

等式の右辺第2項において $k-\ell=p$ により k を p で置き換えて

$$S_N(z) = \sum_{m=0}^{N}\left\{\sum_{k=0}^{[(N-m)/2]}\frac{\alpha^{m+2k}}{(m+k)!\,k!}\right\}z^m + \sum_{\ell=1}^{N}\left\{\sum_{p=0}^{[(N-\ell)/2]}\frac{\alpha^{\ell+2p}}{p!\,(p+\ell)!}\right\}\frac{1}{z^\ell}.$$

記号を揃えるために第2項で p を k で置き換えて，$N\to\infty$ とすれば

$$S_N(z) \to \sum_{m=0}^{\infty}\left\{\sum_{k=0}^{\infty}\frac{\alpha^{m+2k}}{(m+k)!\,k!}\right\}z^m + \sum_{\ell=1}^{\infty}\left\{\sum_{k=0}^{\infty}\frac{\alpha^{\ell+2k}}{(\ell+k)!\,k!}\right\}\frac{1}{z^\ell}$$

を得る．このローラン級数は $z\in\mathbb{C}\setminus\{0\}$ に対して収束する．■

例題 5.2

関数 $f(z)=\frac{1}{(z-2)(z-3)}$ を，次の各領域で $z=0$ を中心とするテイラー展開またはローラン展開しなさい．

(i) $|z|<2$　　(ii) $2<|z|<3$　　(iii) $|z|>3$

【解答】 $f(z)$ を次のように部分分数分解し，各項をローラン級数に展開する．

$$f(z) = \frac{1}{z-3} - \frac{1}{z-2}. \tag{5.8}$$

(i) (5.8) の右辺の2つの関数は，どちらも $z=0$ で正則だからマクローリン展開可能である．$|z|<2$ では $\frac{|z|}{2}<1$，$\frac{|z|}{3}<1$ となるから (4.10) により

$$f(z) = \frac{1}{2-z} - \frac{1}{3-z} = \sum_{n=0}^{\infty}\frac{z^n}{2^{n+1}} - \sum_{n=0}^{\infty}\frac{z^n}{3^{n+1}} = \sum_{n=0}^{\infty}\left(\frac{1}{2^{n+1}}-\frac{1}{3^{n+1}}\right)z^n.$$

(ii) $2<|z|<3$ ならば，z は $\frac{1}{2-z}$ のマクローリン展開の収束円を外れるが，$\frac{1}{3-z}$ の収束円内には留まる．よって $\frac{1}{3-z}$ については (i) のマクローリン展開が成り立つ．一方，$\frac{2}{|z|}<1$ だから $\frac{1}{z-2}$ はローラン展開可能で (4.10) と同様にして

$$\frac{1}{z-2} = \frac{1}{z}\frac{1}{1-\frac{2}{z}} = \frac{1}{z}\sum_{n=0}^{\infty}\frac{2^n}{z^n} = \sum_{m=1}^{\infty}\frac{2^{m-1}}{z^m}. \tag{5.9}$$

2つ合わせて，(ii) におけるローラン展開は次のようになる．

$$f(z) = -\sum_{n=0}^{\infty}\frac{z^n}{3^{n+1}} - \sum_{m=1}^{\infty}\frac{2^{m-1}}{z^m}.$$

(iii) $\frac{1}{z-2}$ に対しては (ii) と同じローラン展開が成り立つ．一方，$\frac{3}{|z|} < 1$ だから (5.9) と同様にして

$$\frac{1}{z-3} = \frac{1}{z}\frac{1}{1-\frac{3}{z}} = \frac{1}{z}\sum_{n=0}^{\infty}\frac{3^n}{z^n} = \sum_{m=1}^{\infty}\frac{3^{m-1}}{z^m}.$$

したがって，$|z| > 3$ におけるローラン展開は

$$f(z) = \sum_{m=1}^{\infty}\frac{3^{m-1}}{z^m} - \sum_{m=1}^{\infty}\frac{2^{m-1}}{z^m} = \sum_{m=2}^{\infty}\frac{3^{m-1} - 2^{m-1}}{z^m}$$

となる． ■

— 例題 5.3 —

$f(z) = \frac{1}{(z-2)(z+1)}$ の $z = 2$ を中心とするローラン展開をすべて求めなさい．

【解答】 例題 5.2 のように部分分数分解しても計算できるが，$z = 2$ を中心とするために $\frac{1}{z+1}$ のみに注目すれば良いので，部分分数分解せずに展開する．$w = z - 2$ と置けば $f(z) = g(w) = \frac{1}{w(w+3)}$ となり，$w = 0$ を中心とするローラン展開を計算すれば良い．(i) $0 < |w| < 3$ のとき，(4.10) により

$$g(w) = \frac{1}{w}\frac{1}{3-(-w)} = \frac{1}{w}\sum_{n=0}^{\infty}\frac{(-1)^n w^n}{3^{n+1}} = \frac{1}{3w} + \sum_{m=0}^{\infty}\frac{(-1)^{m+1} w^m}{3^{m+2}}.$$

すなわち，(i) $0 < |z-2| < 3$ のとき

$$f(z) = \frac{1}{3(z-2)} + \sum_{m=0}^{\infty}\frac{(-1)^{m+1}}{3^{m+2}}(z-2)^m$$

を得る．一方，(ii) $|w| > 3$ の場合には，(5.9) と同様にして

$$g(w) = \frac{1}{w^2}\frac{1}{1-\frac{-3}{w}} = \frac{1}{w^2}\sum_{n=0}^{\infty}\frac{(-3)^n}{w^n} = \sum_{n=0}^{\infty}\frac{(-3)^n}{(z-2)^{n+2}}.$$

すなわち，(ii) $|z-2| > 3$ のとき

$$f(z) = \sum_{m=2}^{\infty}\frac{(-3)^{m-2}}{(z-2)^m}$$

を得る． ■

5.2 孤立特異点

関数 $f(z)$ が $0 < |z - z_0| < R$ で1価正則であるとき,点 z_0 を $f(z)$ の**孤立特異点**という.z_0 が $f(z)$ の孤立特異点であるとき,$z = z_0$ を中心とするローラン展開を考える.

$$f(z) = \sum_{n=0}^{\infty} \alpha_n (z - z_0)^n + \sum_{m=1}^{\infty} \frac{\beta_m}{(z - z_0)^m}, \quad 0 < |z - z_0| < R. \quad (5.10)$$

整級数の部分 $\sum \alpha_n (z - z_0)^n$ は正則関数になり,ローラン展開の**正則部分**と呼ばれる.z_0 の近傍での $f(z)$ の振る舞いは負ベキの部分

$$P(z) = \sum_{m=1}^{\infty} \frac{\beta_m}{(z - z_0)^m}$$

によって定まり,$P(z)$ をローラン展開の**主要部**という.孤立特異点 z_0 を主要部 $P(z)$ の状態によって次のように分類する.

> (I) 主要部 $P(z)$ がゼロであるとき,z_0 を**除去可能な特異点**という.
>
> (II) 主要部が有限和であるとき,すなわち $\beta_k \neq 0$ に対して
>
> $$P(z) = \frac{\beta_k}{(z - z_0)^k} + \frac{\beta_{k-1}}{(z - z_0)^{k-1}} + \cdots + \frac{\beta_1}{z - z_0} \quad (5.11)$$
>
> となるとき,z_0 を**極**,k を極 z_0 の**位数**という.すなわち,z_0 は k 位の極である,または $f(z)$ は k 位の極 z_0 を持つという.
>
> (III) 主要部が無限級数であるとき,z_0 を**真性特異点**という.

例5.1 例題 5.1(1) から $f(z) = \frac{\sin z}{z}$ の $z = 0$ を中心とするローラン展開は

$$\frac{\sin z}{z} = 1 - \frac{z^2}{3!} + \cdots + \frac{(-1)^n}{(2n+1)!} z^{2n} + \cdots, \quad 0 < |z| < +\infty \quad (5.12)$$

となる.主要部はゼロだから,$z = 0$ は $f(z)$ の除去可能な特異点である. □

例5.2 $z = i$ は $f(z) = \frac{1}{(z^2+1)^2}$ の 2 位の極である.実際に,分母を因数分解すれば $(z^2 + 1)^2 = (z - i)^2 (z + i)^2$ だから,例題 5.3 のように $\frac{1}{(z+i)^2}$ の $z = i$

におけるテイラー展開を計算すれば良い．

$$\frac{1}{z+i} = \frac{1}{2i - (-1)(z-i)} = \sum_{n=0}^{\infty} \frac{(-1)^n}{(2i)^{n+1}}(z-i)^n, \quad |z-i| < 2.$$

両辺を z で微分した後に (-1) をかける．ただし右辺では項別微分すると

$$\frac{1}{(z+i)^2} = -\sum_{n=1}^{\infty} \frac{(-1)^n n}{(2i)^{n+1}}(z-i)^{n-1} = \sum_{m=0}^{\infty} \frac{(-1)^m(m+1)}{(2i)^{m+2}}(z-i)^m.$$

両辺に $(z-i)^{-2}$ をかけて，$0 < |z-i| < 2$ におけるローラン展開は

$$f(z) = \frac{1}{(2i)^2(z-i)^2} - \frac{2}{(2i)^3(z-i)} + \sum_{n=0}^{\infty} \frac{(-1)^n(n+3)}{(2i)^{n+4}}(z-i)^n$$

となる．このとき主要部 $P(z)$ は

$$P(z) = -\frac{1}{4(z-i)^2} - \frac{i}{4(z-i)}$$

となり，$z = i$ は 2 位の極である．同様に $z = -i$ も 2 位の極である． □

例5.3 例題 5.1(2) で見たように $e^{1/z}$ の $z = 0$ を中心とするローラン展開は

$$e^{1/z} = \sum_{n=0}^{\infty} \frac{1}{n!} \frac{1}{z^n} = 1 + \frac{1}{z} + \frac{1}{2!}\frac{1}{z^2} + \cdots + \frac{1}{n!}\frac{1}{z^n} + \cdots, \quad 0 < |z| < +\infty$$

であり，主要部 $P(z)$ は

$$P(z) = \frac{1}{z} + \frac{1}{2!}\frac{1}{z^2} + \cdots + \frac{1}{n!}\frac{1}{z^n} + \cdots$$

と無限級数になるので，$z = 0$ は $e^{1/z}$ の真性特異点である． □

孤立特異点の特徴を調べる．まず，z_0 が $f(z)$ の除去可能な特異点であるとする．$z \to z_0$ のとき $f(z)$ のローラン級数は極限値を持つので，適当な $R > 0$ に対して $0 < |z - z_0| < R$ で有界になる．この逆も成り立つ（リーマンの定理（演習問題 **5.8**））．このとき $f(z)$ の $z = z_0$ における値を

$$f(z_0) = \lim_{z \to z_0} f(z)$$

と極限値で定義すれば，$f(z)$ は $z = z_0$ を中心とする整級数で与えられる正則

関数になる．たとえば

$$f(z) = \begin{cases} \dfrac{\sin z}{z}, & z \neq 0, \\ 1, & z = 0 \end{cases}$$

と定義すると，$f(z)$ は (5.12) 右辺の整級数と一致する整関数になる．

次に，z_0 が $f(z)$ の極ならば

$$\lim_{z \to z_0} |f(z)| = +\infty$$

が成り立ち，逆も成立する（演習問題 **5.9**）．z_0 が k 位の極ならば，$|z-z_0| < R$ において正則で $\varphi(z_0) \neq 0$ を満たす関数 $\varphi(z)$ を見つけて

$$f(z) = \frac{\varphi(z)}{(z-z_0)^k}, \quad 0 < |z-z_0| < R \tag{5.13}$$

と表すことができる．実際に，展開式 (5.10), (5.11) が成り立つので $\varphi(z)$ を

$$\varphi(z) = \beta_k + \beta_{k-1}(z-z_0) + \cdots + \beta_1(z-z)^{k-1} + \sum_{m=k}^{\infty} \alpha_{m-k}(z-z_0)^m$$

と選べば良い．議論を逆にたどれば，(5.13) で表される関数 $f(z)$ に対して，z_0 は $f(z)$ の k 位の極になる（命題 5.1 も参照）．

高々極である特異点を除いて正則な関数 $f(z)$ を**有理型関数**という．各特異点の近傍で $f(z)$ は (5.13) のように表すことができる．有理型関数 $f(z)$ は 2 つの整関数 $g(z), h(z)$ に対して

$$f(z) = \frac{g(z)}{h(z)}, \quad h(z) \not\equiv 0 \tag{5.14}$$

と表されるので，今後は (5.14) で表される関数を有理型関数と呼ぶことにする．$g(z), h(z)$ が共に多項式である有理関数は，最も代表的な有理型関数であり，$\sec z, \tan z, \cot z, \tanh z$ もまた有理型関数である．

有理型関数 $f(z)$ の特異点 z_0 に対して，ローラン展開を計算せずに z_0 の極の位数を判定する方法を紹介する．(5.13) の一般化である．

$z = z_0$ で正則な関数 $f(z)$ に対して，z_0 が $f(z)$ の **m 位のゼロ点** $(m \geq 1)$ であるとは，次の式が成り立つことをいう．

$$f(z_0) = f'(z_0) = \cdots = f^{(m-1)}(z_0) = 0, \quad f^{(m)}(z_0) \neq 0. \qquad (5.15)$$

例えば，$f(z) = (z-z_0)^m$ ならば $f^{(\ell)}(z) = m\cdots(m-\ell+1)(z-z_0)^{m-\ell}$ だから，z_0 は $f(z)$ の m 位のゼロ点である．あるいは (5.13) と同様に，(5.15) は $f(z)$ の $z = z_0$ でのテイラー級数が第 m 次の項から始まることと同じである．

$$f(z) = \alpha_m(z-z_0)^m + \alpha_{m+1}(z-z_0)^{m+1} + \cdots, \quad \alpha_m \neq 0. \qquad (5.16)$$

命題 5.1（ゼロ点の位数と極の位数）

$f(z)$ は (5.14) で与えられる有理型関数とする．

(1) z_0 は $h(z)$ の m 位のゼロ点だが，$g(z_0) \neq 0$ ならば，z_0 は $f(z)$ の m 位の極である．

(2) $1 \leq \ell \leq m$ を満たす自然数 ℓ, m に対して，z_0 は $g(z), h(z)$ のそれぞれ ℓ, m 位のゼロ点とする．$\ell < m$ ならば，z_0 は $f(z)$ の $k = m - \ell$ 位の極である．$\ell = m$ ならば z_0 は除去可能な特異点である．

[証明] (1) (5.16) から $\psi(z_0) \neq 0$ を満たし，z_0 で正則な関数 $\psi(z)$ があって，$h(z) = (z-z_0)^m \psi(z)$ と表すことができる．$\psi(z_0) \neq 0$ だから，$\frac{1}{\psi(z)}$ も z_0 で正則となる．よって $\varphi(z) = \frac{g(z)}{\psi(z)}$ と定義すれば，$\varphi(z)$ は z_0 で正則となり，$\varphi(z_0) \neq 0$ を満たす．すなわち，$f(z)$ は (5.13) の形に表すことができる．よって z_0 は $f(z)$ の m 位の極である．

(2) (1) と同様に示すことができるので，演習問題 **5.10** として残しておく．■

例5.4 (1) 例5.1 の $f(z) = \frac{\sin z}{z}$ について考える．$z = 0$ は $g(z) = \sin z$ の 1 位のゼロ点である．実際に，$g(0) = 0, g'(0) = \cos z|_{z=0} = 1 \neq 0$．また $z = 0$ は $h(z) = z$ の 1 位のゼロ点でもあるので，命題 5.1(2) により $z = 0$ は除去可能な特異点である．

(2) 例5.2 の $f(z) = \frac{1}{(z^2+1)^2}$ に対して $z = \pm i$ は $f(z)$ の 2 位の極である．$z = i$ は既に示したので，改めて $z = -i$ について調べる．等式

$$h(z) = (z^2+1)^2 = (z+i)^2(z-i)^2 = (z+i)^2\{(z+i) - 2i\}^2$$
$$= -4(z+i)^2 - 4i(z+i)^3 + (z+i)^4$$

から，$z = -i$ は $h(z)$ の 2 位のゼロ点であるので，命題 5.1(1) により $z = -i$

は $f(z)$ の 2 位の極である.

(3) $f(z) = \sec^2 z = \frac{1}{\cos^2 z}$ に対して, $z = n\pi + \frac{\pi}{2}$ ($n = 0, \pm 1, \pm 2, \dots$) は 2 位の極である. 実際に, $z = n\pi + \frac{\pi}{2}$ は $h(z) = \cos^2 z$ のゼロ点であり,

$$h'\left(n\pi + \frac{\pi}{2}\right) = -2\cos z \sin z\Big|_{z=(n+1/2)\pi} = 0,$$

$$h''\left(n\pi + \frac{\pi}{2}\right) = 2(\sin^2 z - \cos^2 z)\Big|_{z=(n+1/2)\pi} = 2 > 0$$

だから, $z = n\pi + \frac{\pi}{2}$ は $h(z)$ の 2 位のゼロ点である. よって命題 5.1(1) により $z = n\pi + \frac{\pi}{2}$ は $f(z)$ の 2 位の極である. □

最後に, z_0 が $f(z)$ の真性特異点である場合には, $z \to z_0$ のとき $f(z)$ の極限は存在せず, $|f(z)| \to +\infty$ ともならない. 証明を省くが次のような結果が成り立つ. 辻[10, p.158, 定理 VII.4] を参照しなさい.

定理 5.2 (カゾラティ (Casorati) - ワイエルシュトラスの定理)

z_0 が $f(z)$ の真性特異点ならば, 任意に与えられた $\alpha \in \mathbb{C}$ に対して z_0 に収束する点列 $\{z_m\}$ があって, $m \to \infty$ のとき $f(z_m) \to \alpha$ とすることができる. また, z_0 に収束する点列 $\{z_m\}$ を選べば $m \to \infty$ のとき $|f(z_m)| \to +\infty$ とすることもできる.

例5.5 例5.3 で取り上げた $z = 0$ を真性特異点に持つ関数 $f(z) = e^{1/z}$ について考えよう. $m \to \infty$ のとき $z_m \to 0$ かつ $|f(z_m)| \to +\infty$ を満たす点列 $\{z_m\}$ を実数列として選ぶことができる. 例えば $z_m = \frac{1}{m}$ と選べば良い. 同様に $z_m = -\frac{1}{m}$ と選べば $f(z_m) \to 0$ を得る. 任意の複素数 $w \neq 0$ に対して, $e^{1/z} = w$ を解けば

$$\frac{1}{z} = \ln|w| + i(\text{Arg}\, w + 2n\pi), \quad n = 0, \pm 1, \pm 2, \dots.$$

そこで点列 $\{z_m\}$ を

$$z_m = \frac{1}{\ln|w| + i(\text{Arg}\, w + 2m\pi)}, \quad m = 1, 2, \dots$$

と選べば, $m \to \infty$ のとき, $z_m \to 0$ かつ $f(z_m) = w$ が成り立つ. □

5 章の演習問題

5.1 次の関数 $f(z)$ に対して，適当な定数 R（∞ を含む）を見つけて $0 < |z| < R$ における $f(z)$ のローラン展開を計算し，その主要部 $P(z)$ を求めなさい．

(1) $\dfrac{\sin(z^2)}{z^{11}}$ (2) $\dfrac{1-\cos z}{z^7}$ (3) $\dfrac{\mathrm{Log}(2i+z)}{z^5}$ (4) $\displaystyle\int_0^z \dfrac{\sin\zeta}{\zeta}\,d\zeta$

(5) $\sinh\dfrac{1}{z}$ (6) $\dfrac{1}{z^4(2-z)}$ (7) $\dfrac{1}{z^7(1+z)^2}$

5.2 次の関数 $f(z)$ の与えられた領域におけるローラン展開を計算しなさい．

(1) $\dfrac{1}{(z-i)(z-3i)}$, (i) $|z| < 1$ (ii) $1 < |z| < 3$ (iii) $|z| > 3$.

(2) $\dfrac{1}{(z-2)(z-3)}$, (i) $|z-1| < 1$ (iii) $1 < |z-1| < 2$.

(3) $\dfrac{1}{z(z-2i)}$, (i) $|z+i| < 1$ (ii) $1 < |z+i| < 3$ (iii) $|z+i| > 3$.

(4) $\dfrac{1}{z^3(z-2)^2}$, (i) $0 < |z| < 2$ (ii) $0 < |z-2| < 2$.

(5) $\dfrac{1}{(z^2+1)^2}$, (i) $0 < |z-i| < 2$ (ii) $0 < |z+i| < 2$.

5.3 関数 $f(z) = \dfrac{z}{e^z - 1}$ について次の問いに答えなさい．

(1) $f(z)$ は $0 < |z| < 2\pi$ で正則で，$z = 0$ は除去可能な特異点であることを示しなさい．

(2) $f(z) = \displaystyle\sum_{n=0}^\infty \dfrac{B_n}{n!} z^n$ と置くとき，次を示しなさい．

$$B_0 = 1,\ B_1 = -\dfrac{1}{2},\ B_2 = \dfrac{1}{6},$$
$$B_4 = -\dfrac{1}{30},\ B_6 = \dfrac{1}{42},\ B_{2n+1} = 0 \quad (n \geq 1)$$

(3) $|z| < \dfrac{\pi}{2}$ において次の等式が成り立つことを導きなさい．

$$\tan z = -\sum_{n=1}^\infty \dfrac{(-1)^n 2^{2n}(2^{2n}-1)B_{2n}}{(2n)!} z^{2n-1}.$$

5.4 問題 5.3 の関数 $f(z) = \dfrac{z}{e^z - 1}$ のローラン展開を利用して $\cot z$ の $z = 0$ の周りでのローラン展開を求めなさい．

5.5 $-1 < a < 1$ とする. $f(z) = \dfrac{(1-a^2)z}{(z-a)(1-az)}$ を $|a| < |z| < \dfrac{1}{|a|}$ でローラン展開し, $z = e^{i\theta}$ と置いて次の等式を導きなさい.

$$\frac{1-a^2}{1-2a\cos\theta + a^2} = 1 + 2\sum_{n=1}^{\infty} a^n \cos(n\theta).$$

5.6 $e^{1/z}$ の $z = 0$ を中心とするローラン展開を利用して次の等式を示しなさい.

$$\int_0^\pi e^{\cos\theta} \cos(\sin\theta - n\theta)\, d\theta = \frac{\pi}{n!}.$$

5.7 実数 x に対して $f(z) = \exp\left\{\dfrac{x}{2}\left(z - \dfrac{1}{z}\right)\right\}$ の $z = 0$ を中心とするローラン展開を次のように置く.

$$f(z) = \sum_{n=-\infty}^{\infty} J_n(x) z^n.$$

(1) 例題 5.1(3) を参考に次の等式を導きなさい. $J_n(z)$ は **n 次ベッセル**(Bessel)**関数**と呼ばれる.

$$J_n(x) = \sum_{k=0}^{\infty} \frac{(-1)^k}{(n+k)!\, k!} \left(\frac{x}{2}\right)^{n+2k}, \quad n \geq 0,$$
$$J_n(x) = (-1)^m J_m(x), \qquad\qquad n = -m < 0.$$

(2) (5.2), (5.3) で $z_0 = 0$, $\rho = 1$ と選んで次の等式を導きなさい.

$$J_n(x) = \frac{1}{2\pi} \int_{-\pi}^{\pi} \cos(x\sin\theta - n\theta)\, d\theta.$$

5.8 (リーマンの定理) $f(z)$ は $0 < |z - z_0| < R$ で正則かつそこで有界ならば, z_0 は除去可能な特異点であることを示しなさい.

5.9 $f(z)$ は $0 < |z - z_0| < R$ で正則で $z \to z_0$ のとき $|f(z)| \to \infty$ となるならば, z_0 は極であることを示しなさい.

5.10 命題 5.1(2) を示しなさい.

5.11 $f(z) = \sin\left(\dfrac{1}{z}\right)$ に対して,

(1) 0 に収束する点列 $\{z_m\}$ で $|\sin\frac{1}{z_m}| \to +\infty$ $(m \to \infty)$ となるものを選びなさい.

(2) 0 に収束する点列 $\{z_m\}$ で $|\sin\frac{1}{z_m}| \to +0$ $(m \to \infty)$ となるものを選びなさい.

6 留数解析

　孤立特異点周りの積分により定義される留数を導入し，留数定理を紹介する．留数定理はコーシーの積分定理と同様に重要な積分定理で，閉曲線に沿った積分はその閉曲線が囲む特異点における留数から計算できるという結果である．留数の定義や留数定理の意味から，広義積分を含む実定積分やフーリエ変換，ラプラス変換などの積分変換への応用で重要な役割を果たすことを紹介する．

キーワード

留数　留数定理　フーリエ変換・逆変換　コーシーの主値

6.1 留 数

$0 < |z - z_0| < R$ 上で正則な関数 $f(z)$ のローラン展開が

$$f(z) = \sum_{n=0}^{\infty} \alpha_n (z-z_0)^n + \sum_{m=1}^{\infty} \frac{\beta_m}{(z-z_0)^m}$$

であるとする．このとき，$\frac{1}{z-z_0}$ の係数 β_1 に対して $f(z)$ の z_0 における**留数** (residue) $\mathrm{Res}\bigl(f(z), z_0\bigr)$ を

$$\mathrm{Res}\bigl(f(z), z_0\bigr) = \beta_1 \tag{6.1}$$

と定義する．あるいは，等式 (5.3), (6.1) から任意の定数 $0 < r < R$ に対して

$$\mathrm{Res}\bigl(f(z), z_0\bigr) = \frac{1}{2\pi i} \int_{|z-z_0|=r} f(z)\, dz \tag{6.2}$$

と定義しても良い．ただし積分は反時計回りに 1 周する向きで計算する．

z_0 が正則点ならばコーシーの積分定理により，除去可能な特異点ならばローラン展開の主要部がゼロであることにより，いずれの場合も $\mathrm{Res}\bigl(f(z), z_0\bigr) = 0$ となる．例えば，$\frac{\tan z}{z}$ に対して命題 5.1(2) により $z=0$ は除去可能な特異点だから，留数はゼロである．

$$\mathrm{Res}\left(\frac{\tan z}{z}, 0\right) = 0. \tag{6.3}$$

z_0 が真性特異点の場合には，$z=z_0$ を中心としたローラン展開から (6.1) により留数を導く．例えば $z=0$ は $z^3 e^{1/z}$ の真性特異点であり，例5.3 により $z^3 e^{1/z}$ の $z=0$ を中心としたローラン展開は

$$z^3 e^{1/z} = z^3 + z^2 + \frac{z}{2!} + \frac{1}{3!} + \frac{1}{4!}\frac{1}{z} + \sum_{m=2}^{\infty} \frac{1}{(m+3)!}\frac{1}{z^m}, \quad 0 < |z| < +\infty$$

となる．このとき $\frac{1}{z}$ の係数から留数は次のようになる．

$$\mathrm{Res}\left(z^3 e^{1/z}, 0\right) = \frac{1}{4!} = \frac{1}{24}.$$

最も多く取り扱われる極の場合には，(6.1), (6.2) よりも簡単な留数の計算方法があり，それを次に紹介する．

命題 6.1（極における留数計算その 1）

点 z_0 が $f(z)$ の k 位の極ならば，留数を次のように計算できる．
$$\mathrm{Res}\bigl(f(z), z_0\bigr) = \frac{1}{(k-1)!} \lim_{z \to z_0} \frac{d^{k-1}}{dz^{k-1}} \bigl\{(z-z_0)^k f(z)\bigr\}. \quad (6.4)$$

[証明]　$f(z)$ の z_0 を中心とするローラン展開を
$$f(z) = \frac{\beta_k}{(z-z_0)^k} + \frac{\beta_{k-1}}{(z-z_0)^{k-1}} + \cdots + \frac{\beta_1}{z-z_0} + g(z), \quad \beta_k \neq 0$$
とする．ここに $g(z)$ は正則部分を表す．この等式の両辺に $(z-z_0)^k$ をかければ右辺は z_0 で正則な関数になる．
$$(z-z_0)^k f(z) = \beta_k + \beta_{k-1}(z-z_0) + \cdots + \beta_1 (z-z_0)^{k-1} + (z-z_0)^k g(z).$$
さらに両辺を $k-1$ 回微分する．右辺最後の項に対してはライプニッツ（Leibniz）の公式を用いて計算すると
$$\frac{d^{k-1}}{dz^{k-1}}\bigl\{(z-z_0)^k f(z)\bigr\}$$
$$= \beta_1 (k-1)! + \sum_{\ell=0}^{k-1} \binom{k-1}{\ell} \frac{k!\,(z-z_0)^{k-\ell}}{(k-\ell)!} g^{(\ell)}(z).$$
ここに，$\binom{n}{m}$ は二項係数を表す．
$$\binom{n}{m} = \frac{n!}{m!(n-m)!}.$$
等式の右辺第 2 項の $z-z_0$ のベキ指数 $k-\ell$ は 1 以上で $g(z)$ は正則関数であることに注意して，$z \to z_0$ のときの極限を計算すれば
$$\lim_{z \to z_0} \frac{d^{k-1}}{dz^{k-1}} \bigl\{(z-z_0)^k f(z)\bigr\}$$
$$= \beta_1 (k-1)! + \lim_{z \to z_0} \sum_{\ell=0}^{k-1} \binom{k-1}{\ell} \frac{k!\,(z-z_0)^{k-\ell}}{(k-\ell)!} g^{(\ell)}(z)$$
$$= (k-1)!\,\beta_1 + 0 = (k-1)!\,\beta_1.$$
両辺を $(k-1)!$ で割って等式 (6.4) を得る． ■

例題 6.1

次の留数を計算しなさい.

(1) $\mathrm{Res}\left(\dfrac{\mathrm{Log}\,z}{z^2+4},\,2i\right)$ (2) $\mathrm{Res}\left\{\dfrac{z^2}{(z-1)^3(z+1)},\,1\right\}$

【解答】 (1) $z^2+4=(z-2i)(z+2i)$ で, $\dfrac{\mathrm{Log}\,z}{z+2i}$ は点 $2i$ の近傍で 1 価正則, $2i$ はゼロ点ではないので, $2i$ は 1 位の極である. よって (6.4) により

$$\mathrm{Res}\left(\dfrac{\mathrm{Log}\,z}{z^2+4},\,2i\right)=\lim_{z\to 2i}(z-2i)\dfrac{\mathrm{Log}\,z}{z^2+4}=\lim_{z\to 2i}\dfrac{\mathrm{Log}\,z}{z+2i}$$

$$=\dfrac{\mathrm{Log}(2i)}{4i}=\dfrac{\pi}{8}-\dfrac{\ln 2}{4}i.$$

(2) 命題 5.1 により $z=1$ は 3 位の極だから, (6.4) に従って計算すると

$$\mathrm{Res}\left\{\dfrac{z^2}{(z-1)^3(z+1)},\,1\right\}=\dfrac{1}{2!}\lim_{z\to 1}\dfrac{d^2}{dz^2}\left\{(z-1)^3\dfrac{z^2}{(z-1)^3(z+1)}\right\}$$

$$=\dfrac{1}{2}\dfrac{d^2}{dz^2}\left(z-1+\dfrac{1}{z+1}\right)\bigg|_{z=1}=\dfrac{1}{2}\dfrac{2}{(z+1)^3}\bigg|_{z=1}=\dfrac{1}{8}.\ \blacksquare$$

(6.4) の計算とグルサの定理から導かれる等式 (3.46) による留数計算との関係を調べておく. z_0 が $f(z)$ の k 位の極ならば, 等式 (5.13) により z_0 で正則かつ $\varphi(z_0)\neq 0$ となる関数 $\varphi(z)$ があって $f(z)=\dfrac{\varphi(z)}{(z-z_0)^k}$ と書ける. このとき $f(z)$ の z_0 における留数を (6.2) により計算すると

$$\mathrm{Res}\bigl(f(z),\,z_0\bigr)=\dfrac{1}{2\pi i}\int_{|z-z_0|=r}\dfrac{\varphi(z)}{(z-z_0)^k}\,dz$$

$$=\dfrac{1}{(k-1)!}\dfrac{(k-1)!}{2\pi i}\int_{|z-z_0|=r}\dfrac{\varphi(z)}{(z-z_0)^{(k-1)+1}}\,dz.$$

最後の等式右辺の積分にグルサの定理 (定理 3.7) または (3.46) を適用すれば

$$\mathrm{Res}\bigl(f(z),\,z_0\bigr)=\dfrac{1}{(k-1)!}\varphi^{(k-1)}(z_0) \qquad (6.5)$$

を得る. $\varphi(z)=(z-z_0)^k f(z)$ だから (6.5) と (6.4) は同じ結果を示している. (6.5) の右辺の計算には条件 $\varphi(z_0)\neq 0$ は必要ないので, $\varphi(z_0)=0$ となる場合でも適用できることが (3.46) による計算の強みである. もちろんその際には, k は極の位数ではない.

例6.1 $f(z) = \frac{\sin z - z}{z^4}$ に対して留数 $\mathrm{Res}(f, 0)$ を計算する．$\sin z$ のマクローリン展開を使って $z = 0$ を中心とするローラン展開を計算すれば

$$f(z) = \frac{1}{z^4}\left\{\left(z - \frac{z^3}{3!} + \frac{z^5}{5!} - \frac{z^7}{7!} + \cdots\right) - z\right\} = -\frac{1}{6z} + \frac{z}{120} - \frac{z^3}{7!} + \cdots$$

だから，$z = 0$ は $f(z)$ の1位の極で，$\mathrm{Res}(f, 0) = -\frac{1}{6}$ となる．一方，命題 5.1(2) により $z = 0$ が1位の極であることがわかるので，ローラン展開を使わずに (6.4) を使って留数を求めるとすれば

$$\mathrm{Res}(f(z), 0) = \lim_{z \to 0} zf(z) = \lim_{z \to 0} \frac{\sin z - z}{z^3}$$

を計算しなければならない．この極限計算で $\sin z$ のマクローリン展開を使わないならば，本書では紹介しないロピタルの定理を使うしかない．そこで，極の位数とは係わりなく初めから $f(z)$ に対して $\varphi(z) = \sin z - z$, $k = 4$ として (6.5) を適用すれば

$$\mathrm{Res}(f(z), 0) = \frac{1}{3!} \left.\frac{d^3}{dz^3}(\sin z - z)\right|_{z=0} = \frac{1}{6} \left.\sin\left(z + \frac{3\pi}{2}\right)\right|_{z=0} = -\frac{1}{6}$$

が導かれる．計算自体はロピタルの定理を適用した場合，または極 $z = 0$ の『見かけの位数』を4として (6.4) を適用した場合と変わらない． □

命題6.2（1位の極における留数計算）

関数 $f(z) = \frac{g(z)}{h(z)}$ に対して，$g(z), h(z)$ は z_0 で正則，z_0 は $h(z)$ の1位のゼロ点，すなわち $h(z_0) = 0$ かつ $h'(z_0) \neq 0$ で $g(z_0) \neq 0$ とする．このとき，z_0 は $f(z)$ の1位の極で

$$\mathrm{Res}(f(z), z_0) = \frac{g(z_0)}{h'(z_0)}. \tag{6.6}$$

[証明] 点 z_0 が $f(z)$ の1位の極になることは，命題 5.1(1) から導かれる．(6.4) を $k = 1$ で適用すれば，$h(z_0) = 0$ を使って

$$\mathrm{Res}(f(z), z_0) = \lim_{z \to z_0}(z - z_0)\frac{g(z)}{h(z)} = \lim_{z \to z_0} \frac{g(z)}{\dfrac{h(z) - h(z_0)}{z - z_0}} = \frac{g(z_0)}{h'(z_0)}$$

を得る．ここに最後の等式で $h'(z_0) \neq 0$ を使った． ∎

例題 6.2

次の留数を計算しなさい．

(1) $\mathrm{Res}\left(\dfrac{1}{\cosh z},\, \dfrac{\pi i}{2}\right)$ (2) $\mathrm{Res}\left(\dfrac{z^2}{z^4+4},\, 1-i\right)$

【解答】 (1) $z=\dfrac{\pi i}{2}$ は命題 6.2 の条件を満たす．実際に

$$\cosh\left(\frac{\pi i}{2}\right) = \frac{e^{\pi i/2}+e^{-\pi i/2}}{2} = \cos\frac{\pi}{2} = 0,$$

$$\left.\frac{d}{dz}\cosh z\right|_{z=\pi i/2} = \sinh z|_{z=\pi i/2} = \frac{e^{(\pi i/2)}-e^{-(\pi i/2)}}{2} = i\sin\frac{\pi}{2} = i.$$

(6.6) を適用して

$$\mathrm{Res}\left(\frac{1}{\cosh z},\, \frac{\pi i}{2}\right) = \frac{1}{i} = -i.$$

(2) z^4+4 を因数分解して (6.4) を使うことも可能だが，命題 6.2 を用いた方が計算は簡単になる．実際に $z=1-i=\sqrt{2}\,e^{-\pi i/4}$ が命題 6.2 の条件を満たすことを確かめる．

$$z^2\big|_{z=1-i} = (1-i)^2 \neq 0,$$
$$z^4+4\big|_{z=\sqrt{2}\,e^{-\pi i/4}} = 4e^{-\pi i}+4 = 0,$$
$$(z^4+4)'\big|_{z=1-i} = 4(1-i)^3 \neq 0$$

だから条件を満たす．したがって (6.6) により

$$\mathrm{Res}\left(\frac{z^2}{z^4+4},\, 1-i\right) = \left.\frac{z^2}{4z^3}\right|_{z=1-i} = \frac{1}{4(1-i)} = \frac{1+i}{8}.$$

6.2 留数定理

具体的な積分計算において，例題 3.9(3), (4) のようにグルサの定理を一般化されたコーシーの積分定理と組み合わせて使うよりも，使い易い留数定理を紹介する．

定理 6.1 （留数定理）

区分的になめらかな単一閉曲線 C で囲まれる有界領域を D とする．C の向きは D に対して正の向きとする．関数 $f(z)$ は D 内の有限個の孤立特異点 $z_1, z_2, \ldots, z_n$ を除いて D および C 上で正則とする．このとき等式

$$\int_C f(z)\,dz = 2\pi i \sum_{j=1}^n \mathrm{Res}\bigl(f(z), z_j\bigr) \tag{6.7}$$

が成り立つ．

［証明］ 各特異点 z_j を中心とする十分小さな半径 $\varepsilon_j > 0$ の円 $C_j : |z - z_j| = \varepsilon_j$ を考える（右の図は $n = 3$）．C_j の向きは C と同様に反時計回りとする．各 ε_j は十分小さいので，C_j はすべて D 内に含まれ互いに交わらないとして良い．したがって一般化されたコーシーの積分定理（定理 3.4）により次の等式が成り立つ．

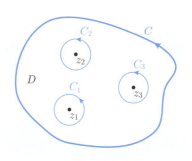

$$\int_C f(z)\,dz = \sum_{j=1}^n \int_{C_j} f(z)\,dz.$$

各積分に対して等式 (6.2) を適用すれば (6.7) が得られる． ∎

例題 6.3

次の各積分 I を計算しなさい．ただし各円周の向きは反時計回りとする．

(1) $I = \displaystyle\int_{|z|=5} \frac{e^z}{(z-1)(z+3)^2}\,dz$ (2) $I = \displaystyle\int_{|z+i|=2} \frac{z}{(z+1)^2(z-2)}\,dz$

【解答】 (1) $f(z) = \frac{e^z}{(z-1)(z+3)^2}$ の特異点は $z = 1, -3$ でそれぞれ 1, 2 位の

極である．いずれの特異点も円 $|z|=5$ 内にあるので留数定理により
$$I = 2\pi i \left\{ \operatorname{Res}(f(z),1) + \operatorname{Res}(f(z),-3) \right\}$$
となる．ここで (6.4) を使って留数を計算すれば
$$\operatorname{Res}(f(z),1) = \lim_{z\to 1}(z-1)f(z) = \lim_{z\to 1}\frac{e^z}{(z+3)^2} = \frac{e}{16},$$
$$\operatorname{Res}(f(z),-3) = \lim_{z\to -3}\frac{d}{dz}\left\{(z+3)^2 f(z)\right\}$$
$$= \lim_{z\to -3}\frac{e^z(z-1)-e^z}{(z-1)^2} = \frac{-5e^{-3}}{16}.$$
したがって
$$I = \frac{\pi i}{8}(e - 5e^{-3}).$$

(2) $f(z) = \frac{z}{(z+1)^2(z-2)}$ の特異点は $z=-1,2$ である．$|-1+i| = \sqrt{2} < 2$, $|2+i| = \sqrt{5} > 2$ により円 $|z+i|=2$ 内にあるのは $z=-1$ のみだから，$I = 2\pi i \operatorname{Res}(f(z),-1)$ となる．$z=-1$ は 2 位の極だから (6.4) により
$$\operatorname{Res}(f(z),-1) = \lim_{z\to -1}\frac{d}{dz}\{(z+1)^2 f(z)\}$$
$$= \lim_{z\to -1}\frac{(z-2)-z}{(z-2)^2} = -\frac{2}{9}.$$
これから $I = -\frac{4\pi i}{9}$ を得る．　∎

例題 6.4

次の各積分 I を計算しなさい．ただし各円周の向きは反時計回りとする．

(1) $\displaystyle\int_{|z-1|=6} \cot z\, dz$　　(2) $\displaystyle\int_{|z|=3} \frac{\tan z}{z}\, dz$　　(3) $\displaystyle\int_{|z+1|=4} \tan^2 z\, dz$

【解答】　(1)　$\cot z = \frac{\cos z}{\sin z}$ の特異点は $\sin z$ のゼロ点である．円 $|z-1|=6$ 内の特異点は $z=0, \pm\pi, 2\pi$ で，すべて 1 位の極である．留数定理により
$$I = 2\pi i \left\{ \operatorname{Res}(\cot z, -\pi) + \operatorname{Res}(\cot z, 0) + \operatorname{Res}(\cot z, \pi) + \operatorname{Res}(\cot z, 2\pi) \right\}.$$
各留数を (6.6) を使って計算すれば $\frac{\cos z}{(\sin z)'} = 1$ だから，特異点によらず
$$\operatorname{Res}(\cot z, \pm\pi) = \operatorname{Res}(\cot z, 0) = \operatorname{Res}(\cot z, 2\pi) = 1.$$

したがって，$I = 4 \times 2\pi i = 8\pi i$.

(2) $f(z) = \dfrac{\tan z}{z} = \dfrac{\sin z}{z \cos z}$ の円 $|z| = 3$ 内の特異点は $z = 0, \pm\dfrac{\pi}{2}$ である．$z = 0$ は除去可能な特異点で，(6.3) により $\mathrm{Res}(f(z), 0) = 0$ である．$z = 0$ を初めから除いて，留数定理により

$$I = 2\pi i \left\{ \mathrm{Res}\left(f(z), -\frac{\pi}{2}\right) + \mathrm{Res}\left(f(z), \frac{\pi}{2}\right) \right\}.$$

留数を (6.6) を使って計算すれば

$$\mathrm{Res}\left(f(z), -\frac{\pi}{2}\right) = \left.\frac{\frac{\sin z}{z}}{(\cos z)'}\right|_{z=-\pi/2} = \left.-\frac{1}{z}\right|_{z=-\pi/2} = \frac{2}{\pi},$$

$$\mathrm{Res}\left(f(z), \frac{\pi}{2}\right) = \left.\frac{\frac{\sin z}{z}}{(\cos z)'}\right|_{z=\pi/2} = \left.-\frac{1}{z}\right|_{z=\pi/2} = -\frac{2}{\pi}.$$

したがって $I = 0$ となる．

(3) $\tan^2 z = \sec^2 z - 1$ の $|z+1| = 4$ 内の特異点は $z = \pm\dfrac{\pi}{2}, -\dfrac{3\pi}{2}$ で，[例5.4](3) からすべて 2 位の極である．定数 1 は整関数だから，コーシーの積分定理により $\int_{|z+1|=4} 1\,dz = 0$ となる．留数定理により

$$I = 2\pi i \left\{ \mathrm{Res}\left(\sec^2 z, \frac{\pi}{2}\right) + \mathrm{Res}\left(\sec^2 z, -\frac{\pi}{2}\right) + \mathrm{Res}\left(\sec^2 z, -\frac{3\pi}{2}\right) \right\}.$$

$\sec^2 z$ の $z = \dfrac{\pi}{2}$ におけるローラン展開の主要部を求める．$w = z - \dfrac{\pi}{2}$ と置いて $|w|$ が十分小ならば，$\cos(2w)$ のマクローリン展開を使って

$$\sec^2 z = \frac{2}{1 + \cos 2\left(w + \frac{\pi}{2}\right)} = \frac{2}{1 - \cos(2w)}$$

$$= \frac{2}{1 - \left(1 - 2w^2 + \frac{2}{3}w^4 - \frac{4}{45}w^6 + \cdots\right)} = \frac{1}{w^2} \frac{1}{1 - \left(\frac{1}{3}w^2 - \frac{2}{45}w^4 + \cdots\right)}$$

$$= \frac{1}{w^2} \left\{ 1 + \left(\frac{w^2}{3} - \frac{2}{45}w^4 + \cdots\right) + \left(\frac{w^2}{3} - \frac{2}{45}w^4 + \cdots\right)^2 + \cdots \right\}.$$

したがって主要部は $\dfrac{1}{w^2}$ のみで，$\dfrac{1}{w}$ の項はないから $\mathrm{Res}(\sec^2 z, \dfrac{\pi}{2}) = 0$ となる．同様に $-\dfrac{\pi}{2}, -\dfrac{3\pi}{2}$ においても $\sec^2 z$ の留数はゼロで，$I = 0$ を得る．■

6.3 実定積分への応用 (II)

6.3.1 三角関数の定積分

X, Y の実係数有理関数 $R(X, Y)$ に対して，次の三角関数の積分を計算する．

$$I = \int_0^{2\pi} R(\cos\theta, \sin\theta)\, d\theta. \tag{6.8}$$

第3章では曲線を実パラメータ表示し，複素積分を実積分に直して計算することを学んだが，ここでは逆に実積分 I を $|z|=1$ 上の複素積分に直し，留数定理によって計算する．ただし (6.8) については，積分区間を $[0, 2\pi]$ から $[-\pi, \pi]$ に変更した後に $t = \tan\frac{\theta}{2}$ と置換して計算した方が簡単である場合が多い．

$z = e^{i\theta}$, $\theta: 0 \to 2\pi$ と置けば，$z\bar{z} = 1$,

$$dz = ie^{i\theta}\, d\theta, \quad \text{すなわち}, \quad d\theta = \frac{1}{iz}\, dz,$$

$$\cos\theta = \frac{e^{i\theta} + e^{-i\theta}}{2} = \frac{z + \bar{z}}{2} = \frac{1}{2}\left(z + \frac{1}{z}\right),$$

$$\sin\theta = \frac{e^{i\theta} - e^{-i\theta}}{2i} = \frac{z - \bar{z}}{2i} = \frac{1}{2i}\left(z - \frac{1}{z}\right)$$

となる．したがって実積分 I は

$$I = \int_{|z|=1} R\left(\frac{1}{2}\left(z + \frac{1}{z}\right), \frac{1}{2i}\left(z - \frac{1}{z}\right)\right) \frac{1}{iz}\, dz \tag{6.9}$$

と複素積分に書き換えられる．ここに単位円 $|z|=1$ は反時計回りの向きを持つ．複素積分 (6.9) は被積分関数が円周上に特異点を持たない限り，留数定理を適用して単位円内の各特異点における留数から計算できる．

例題 6.5

次の積分を計算しなさい．

$$I = \int_0^{2\pi} \frac{1}{5 + 3\sin\theta}\, d\theta.$$

【解答】 $z = e^{i\theta}$ と変換すれば等式 (6.9) により

$$I = \int_{|z|=1} \frac{1}{5 + \dfrac{3}{2i}\left(z - \dfrac{1}{z}\right)} \frac{1}{iz}\, dz = \int_{|z|=1} \frac{2}{3z^2 + 10iz - 3}\, dz$$

$$= \int_{|z|=1} \frac{2}{(3z+i)(z+3i)}\,dz.$$

有理関数 $f(z) = \frac{2}{(3z+i)(z+3i)}$ の円 $|z|=1$ 内の特異点は $z = -\frac{i}{3}$ のみで，1位の極である．留数定理により

$$I = 2\pi i \operatorname{Res}\left(f(z), -\frac{i}{3}\right) = 2\pi i \lim_{z \to -i/3} \left(z + \frac{i}{3}\right) f(z)$$
$$= 2\pi i \lim_{z \to -i/3} \frac{2}{3} \frac{1}{z+3i} = \frac{4\pi i}{3} \frac{3}{8i} = \frac{\pi}{2}.$$ ■

例題 6.6

実定数 a $(0 < |a| < 1)$ に対して次の定積分を計算しなさい．

$$I = \int_0^{2\pi} \frac{1}{1 + a\cos\theta}\,d\theta.$$

【解答】 $z = e^{i\theta}$ と置けば (6.9) により

$$I = \int_{|z|=1} \frac{1}{1 + \frac{a}{2}\left(z + \frac{1}{z}\right)} \frac{1}{iz}\,dz = \frac{2}{i} \int_{|z|=1} \frac{1}{az^2 + 2z + a}\,dz$$

となる．関数 $f(z) = \frac{1}{az^2+2z+a}$ の特異点である2次方程式 $az^2 + 2z + a = 0$ の解 $z = z_\pm$ は

$$z_+ = \frac{-1 + \sqrt{1-a^2}}{a} = -\frac{a}{1 + \sqrt{1-a^2}},$$
$$z_- = -\frac{1 + \sqrt{1-a^2}}{a}$$

と計算される．不等式 $0 < |z_+| < |a| < 1 < \frac{1}{|a|} < |z_-|$ により，円 $|z|=1$ 内の特異点は z_+ のみで，1位の極である．よって留数定理と (6.6) により

$$I = \frac{2}{i} 2\pi i \operatorname{Res}(f(z), z_+) = 4\pi \left.\frac{1}{(az^2+2z+a)'}\right|_{z=z_+}$$
$$= \frac{2\pi}{az_+ + 1} = \frac{2\pi}{\sqrt{1-a^2}}.$$ ■

例題 6.7

自然数 n に対して次の定積分を計算しなさい.
$$I = \int_0^{2\pi} \cos^{2n}\theta \, d\theta.$$

【解答】 $z = e^{i\theta}$ と変換すれば (6.9) により

$$I = \int_{|z|=1} \frac{1}{2^{2n}} \left(z + \frac{1}{z}\right)^{2n} \frac{1}{iz} \, dz$$

を得る. 有理関数 $f(z) = \frac{1}{z}\left(z + \frac{1}{z}\right)^{2n}$ の特異点は $z = 0$ のみで, 命題 5.1 により $(2n+1)$ 位の極である. 留数定理により

$$I = \frac{2\pi i}{2^{2n} i} \operatorname{Res}(f(z), 0) = \frac{\pi}{2^{2n-1}} \operatorname{Res}(f(z), 0) \tag{6.10}$$

を得る. 留数を計算するために $f(z)$ の $z = 0$ におけるローラン展開の $\frac{1}{z}$ の係数を調べる. 二項定理により $\left(z + \frac{1}{z}\right)^{2n}$ を展開すれば

$$\frac{1}{z}\left(z + \frac{1}{z}\right)^{2n} = \frac{1}{z} \sum_{m=0}^{2n} \binom{2n}{m} z^{2n-m} \frac{1}{z^m} = \sum_{m=0}^{2n} \binom{2n}{m} z^{2n-2m-1}.$$

$\frac{1}{z}$ は $2n - 2m - 1 = -1$, すなわち $m = n$ のときの項だから, そのときの係数が留数となる.

$$\operatorname{Res}(f(z), 0) = \binom{2n}{n} = \frac{(2n)!}{(n!)^2}. \tag{6.11}$$

(6.10), (6.11) を合わせれば

$$I = \frac{\pi (2n)!}{2^{2n-1} (n!)^2}$$

を得る. 値としてはこのままで良いが, さらに定積分 $\int_0^{\pi/2} \cos^{2n}\theta \, d\theta$ の漸化式から得られる次の形にまで変形できる (演習問題 **6.3**).

$$I = 4 \frac{2n-1}{2n} \frac{2n-3}{2n-2} \cdots \frac{3}{4} \frac{1}{2} \frac{\pi}{2}.$$

6.3.2 有理関数の無限積分

実係数有理関数 $f(x)$ に対して次の無限積分を計算する.

$$I = \int_{-\infty}^{+\infty} f(x)\,dx. \tag{6.12}$$

命題 6.3

複素変数 z に対して $f(z)$ は次の条件を満たす.
(1) $f(z)$ は実軸上に極を持たない.
(2) $z^2 f(z)$ は $\mathbb{C}$ 上有界である. すなわち, 定数 $M > 0$ があってすべての $z \in \mathbb{C}$ に対して $|z^2 f(z)| \leq M$ が成り立つ.

このとき, $\{z_1, z_2, \ldots, z_n\}$ を上半平面 $\operatorname{Im} z > 0$ 内にある $f(z)$ のすべての極とすれば, (6.12) は

$$I = 2\pi i \sum_{j=1}^{n} \operatorname{Res}\bigl(f(z), z_j\bigr) \tag{6.13}$$

と計算できる.

[証明] 条件 (2) から無限積分 (6.12) は絶対収束する. このとき $f(x)$ は**絶対可積分である**ともいう. 定数 $R > 0$ を上半平面内のすべての極 z_j が $|z_j| < R$ を満たすように取る. 原点を中心, 半径 R の上半円周 Γ_R の中で, 弧の部分を C_R, 実軸上の部分を L_R とする. すなわち, $\Gamma_R = L_R + C_R$,

L_R: $z = t$, $t: -R \to R$,

C_R: $z = Re^{it}$, $t: 0 \to \pi$.

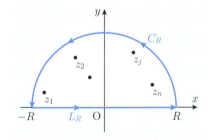

このとき留数定理により

$$\begin{aligned}
2\pi i \sum_{j=1}^{n} \operatorname{Res}\bigl(f(z), z_j\bigr) &= \int_{\Gamma_R} f(z)\,dz \\
&= \int_{L_R} f(z)\,dz + \int_{C_R} f(z)\,dz \equiv I_1(R) + I_2(R).
\end{aligned} \tag{6.14}$$

まず $I_1(R)$ から計算すると, $R \to +\infty$ とすれば

$$I_1(R) = \int_{-R}^{R} f(t)\, dt \longrightarrow \int_{-\infty}^{+\infty} f(t)\, dt$$

を得る．$I_2(R)$ については，条件 (2) により次のように評価できる．

$$|I_2(R)| = \left|\int_0^\pi f(Re^{it})\, iRe^{it}\, dt\right| \leq \int_0^\pi R\left|f(Re^{it})\right| dt$$
$$\leq \frac{\pi}{R} \max_{0 \leq t \leq \pi} R^2 \left|f(Re^{it})\right| \leq \frac{\pi M}{R}.$$

よって $R \to +\infty$ のとき $I_2(R) \to 0$ が成り立つ．以上の結果から，等式 (6.14) において $R \to +\infty$ とすれば (6.13) を得る． ∎

注意 上の証明と同様にして，(6.13) は下半平面 $\operatorname{Im} z < 0$ 内にある $f(z)$ のすべての極（実際には上半平面内の極の共役複素数）$\{w_1, w_2, \ldots, w_n\}$ における留数からも計算できる．ただし，留数定理を適用する際に上の証明の Γ_R に対応する積分路 Γ'_R は反時計回りの向きを持つから，極限 $R \to +\infty$ を取れば逆向きの無限積分 $\int_{+\infty}^{-\infty} f(x)\, dx$ を計算することになる．したがって

$$\int_{-\infty}^{\infty} f(x)\, dx = -2\pi i \sum_{j=1}^{n} \operatorname{Res}(f(z), w_j) \tag{6.15}$$

と留数の総和を (-1) 倍しなければならない． ∎

例題 6.8

定数 $a > 0$ に対して次の無限積分を計算しなさい．

$$I = \int_{-\infty}^{\infty} \frac{1}{(x^2 + a^2)^5}\, dx.$$

【解答】 有理関数 $f(x) = \frac{1}{(x^2+a^2)^5}$ は命題 6.3 の条件を満たす．分母のゼロ点の方程式 $z^2 + a^2 = 0$ の $\operatorname{Im} z > 0$ を満たす解は $z = ia$ で，命題 5.1 により $f(z)$ の 5 位の極になる．命題 6.1 から I は次のように計算できる．

$$I = 2\pi i \operatorname{Res}(f(z), ia) = 2\pi i \lim_{z \to ia} \frac{1}{4!} \frac{d^4}{dz^4}\left\{(z-ia)^5 f(z)\right\}$$
$$= \frac{\pi i}{12} \lim_{z \to ia} \frac{d^4}{dz^4} \frac{1}{(z+ia)^5} = \frac{\pi i}{12} (-1)^4 5 \cdot 6 \cdot 7 \cdot 8 \frac{1}{(2ia)^9}$$
$$= \frac{35\pi}{128 a^9}. \qquad \blacksquare$$

6.3 実定積分への応用 (II)

例題 6.9

定数 $a > 0$ に対して次の無限積分を計算しなさい.
$$I = \int_0^{+\infty} \frac{1}{x^4 + a^4}\, dx.$$

【解答】 $f(x) = \frac{1}{x^4+a^4}$ は偶関数だから, 次の積分 J から $I = \frac{J}{2}$ と計算できる.
$$J = \int_{-\infty}^{+\infty} \frac{1}{x^4 + a^4}\, dx.$$

命題 6.3 の結果を用いて J を計算する. 方程式 $z^4 + a^4 = 0$ の解は次のようになる.
$$z_k = a e^{\pi i/4 + k\pi i/2}, \quad k = 0, 1, 2, 3.$$

この中で $\operatorname{Im} z > 0$ を満たすものは, $z_0 = ae^{\pi i/4} = a\omega$ と $z_1 = ae^{3\pi i/4} = a\omega^3$ の 2 つである. ただし $\omega = e^{\pi i/4} = \frac{1+i}{\sqrt{2}}$ と置いた. すなわち, $f(z)$ の上半平面内の特異点は z_0, z_1 となり, 1 位の極である. よって
$$J = 2\pi i \left\{ \operatorname{Res}(f(z), a\omega) + \operatorname{Res}(f(z), a\omega^3) \right\}$$

を得る. ここで (6.6) と $\omega^4 = -1$ により

$$\begin{aligned}
\operatorname{Res}(f(z), a\omega) &= \left. \frac{1}{(z^4+a^4)'} \right|_{z=a\omega} = \frac{1}{4a^3\omega^3} \\
&= \frac{\omega}{4a^3\omega^4} = \frac{1}{4a^3}\left(-\frac{1+i}{\sqrt{2}}\right) = -\frac{\sqrt{2}(1+i)}{8a^3}, \\
\operatorname{Res}(f(z), a\omega^3) &= \left. \frac{1}{(z^4+a^4)'}\right|_{z=a\omega^3} = \frac{1}{4a^3\omega^9} \\
&= \frac{\omega^3}{4a^3(\omega^4)^3} = -\frac{1}{4a^3}\frac{-1+i}{\sqrt{2}} = \frac{\sqrt{2}(1-i)}{8a^3}.
\end{aligned}$$

以上から
$$I = \frac{1}{2}\, 2\pi i \left(-\frac{\sqrt{2}}{4a^3}i\right) = \frac{\pi}{2\sqrt{2}\, a^3}. \qquad \blacksquare$$

注意 一般的に, 任意の自然数 n, 定数 $a > 0$ に対して次の等式が成り立つ.
$$\int_0^{+\infty} \frac{1}{x^{2n} + a^{2n}}\, dx = \frac{\pi}{2na^{2n-1}\sin\frac{\pi}{2n}}. \tag{6.16} \blacksquare$$

6.3.3 三角関数を含む無限積分

実係数有理関数 $f(x)$ に対して, 次の三角関数を含む無限積分

$$I_c(\xi) = \int_{-\infty}^{\infty} f(x)\cos(\xi x)\,dx, \quad I_s(\xi) = \int_{-\infty}^{\infty} f(x)\sin(\xi x)\,dx$$

を計算する. ただし $\xi \neq 0$ は実定数とする.

命題 6.4

複素変数 z に対して $f(z)$ は次の条件を満たす.
(1) $f(z)$ は実軸上に極を持たない.
(2) 定数 $M > 0$ があってすべての $z \in \mathbb{C}$ に対して $|zf(z)| \leq M$ が成り立つ.

このとき, $\{z_1, z_2, \ldots, z_n\}$ を上半平面 $\mathrm{Im}\,z > 0$ 内にある $f(z)$ のすべての極, $\{w_1, w_2, \ldots, w_m\}$ を下半平面 $\mathrm{Im}\,z < 0$ 内にある $f(z)$ のすべての極とすれば

$$I_c(\xi) = \begin{cases} \mathrm{Re}\left\{2\pi i \sum_{j=1}^{n} \mathrm{Res}\bigl(e^{i\xi z}f(z), z_j\bigr)\right\}, & \xi > 0, \\ -\mathrm{Re}\left\{2\pi i \sum_{j=1}^{m} \mathrm{Res}\bigl(e^{i\xi z}f(z), w_j\bigr)\right\}, & \xi < 0 \end{cases} \quad (6.17)$$

と計算できる. 同様に

$$I_s(\xi) = \begin{cases} \mathrm{Im}\left\{2\pi i \sum_{j=1}^{n} \mathrm{Res}\bigl(e^{i\xi z}f(z), z_j\bigr)\right\}, & \xi > 0, \\ -\mathrm{Im}\left\{2\pi i \sum_{j=1}^{m} \mathrm{Res}\bigl(e^{i\xi z}f(z), w_j\bigr)\right\}, & \xi < 0. \end{cases} \quad (6.18)$$

命題 6.4 の証明の前に, 無限積分 $I_c(\xi)$ が $\xi \neq 0$ に対して収束することを確認する. $I_s(\xi)$ についても同様に確かめることができる. $f(x)$ は有理関数だから, 条件 (1), (2) により定数 $M' > 0$ があって, 導関数 $f'(x)$ は

$$(1+x^2)|f'(x)| \leq M', \quad x \in \mathbb{R} \quad (6.19)$$

を満たすとして良い. 任意の $R > 0$ に対して部分積分により

$$\int_0^R f(x)\cos(\xi x)\,dx = \frac{1}{\xi} f(R)\sin(\xi R) - \frac{1}{\xi}\int_0^R f'(x)\sin(\xi x)\,dx \quad (6.20)$$

となる. (6.20) の右辺第 1 項は条件 (2) により $R \to +\infty$ のときゼロに収束する. 一方, 右辺第 2 項の積分は (6.19) により $R \to +\infty$ のとき絶対収束する. 以上により $f(x)\cos(\xi x)$ の $[0, +\infty)$ 上の無限積分は収束する. 同様に $(-\infty, 0]$ 上の無限積分も収束する.

[命題 6.4 の証明] オイラーの公式により $e^{i\xi x} = \cos(\xi x) + i\sin(\xi x)$ だから $\mathrm{Re}(e^{i\xi x}f(x)) = f(x)\cos(\xi x)$, $\mathrm{Im}(e^{i\xi x}f(x)) = f(x)\sin(\xi x)$ となるので, (6.17), (6.18) は次の無限積分 $I(\xi)$ を計算してそれぞれ実部, 虚部を取れば良い.

$$I(\xi) = \int_{-\infty}^{\infty} e^{i\xi x} f(x)\,dx. \quad (6.21)$$

$e^{i\xi z}$ は z の整関数だから, 関数 $e^{i\xi z}f(z)$ は $f(z)$ と同じ有限個の極を除いて正則である. (6.21) を命題 6.3 と同様に留数定理を適用して計算する. ただし命題 6.3 とは異なり, 指数関数 $e^{i\xi z}$ が積分路上で発散しないようにしなければならない. すなわち, 指数の実部が非正

$$\mathrm{Re}(i\xi z) = -\xi\,\mathrm{Im}\,z \leq 0$$

となるように, ξ の符号に応じて積分路を上半平面内, 下半平面内のいずれか一方に選ぶ. その結果として ξ の符号により計算方法が異なる.

$\xi > 0$ の場合にのみ (6.21) を計算する. 上半平面内のすべての極 z_j に対して $|z_j| < R$ となるように $R > 0$ を取る. さらに L_R, C_R を

$$L_R: z = t,\ t: -R \to R, \quad C_R: z = Re^{it},\ t: 0 \to \pi$$

と定義し（命題 6.3 の図を参照）, $\Gamma_R = L_R + C_R$ と置く. 留数定理により

$$2\pi i \sum_{j=1}^n \mathrm{Res}(e^{i\xi z}f(z), z_j) = \int_{\Gamma_R} e^{i\xi z}f(z)\,dz$$

$$= \int_{L_R} e^{i\xi z}f(z)\,dz + \int_{C_R} e^{i\xi z}f(z)\,dz \equiv I_1(R) + I_2(R). \quad (6.22)$$

$I_1(R)$ から計算すると, $R \to +\infty$ のとき

$$I_1(R) = \int_{-R}^{R} e^{i\xi t} f(t)\, dt \longrightarrow \int_{-\infty}^{+\infty} e^{i\xi t} f(t)\, dt$$

を得る．条件 (2) を用いて $I_2(R)$ を評価すると

$$\begin{aligned}
|I_2(R)| &= \left| \int_0^\pi e^{i\xi R \cos t - \xi R \sin t} f(Re^{it})\, iRe^{it}\, dt \right| \\
&\leq \int_0^\pi e^{-\xi R \sin t} R \left| f(Re^{it}) \right| dt \leq \max_{0 \leq t \leq \pi} R \left| f(Re^{it}) \right| \int_0^\pi e^{-\xi R \sin t}\, dt \\
&\leq M \int_0^\pi e^{-\xi R \sin t}\, dt
\end{aligned}$$

を得る．最後の不等式右辺の積分を評価する．補題 3.1 の等式 (3.26)，ジョルダンの不等式 (3.25) により

$$\begin{aligned}
0 \leq \int_0^\pi e^{-\xi R \sin t}\, dt &= 2 \int_0^{\pi/2} e^{-\xi R \sin t}\, dt \\
&\leq 2 \int_0^{\pi/2} e^{-2\xi Rt/\pi}\, dt = \frac{\pi}{\xi R}\left(1 - e^{-\xi R}\right).
\end{aligned}$$

これから $R \to +\infty$ のとき，$I_2(R) \to 0$ となる．(6.22) で $R \to +\infty$ と極限を取り，導かれた等式両辺の実部，虚部を取れば $\xi > 0$ のときの等式 (6.17)，(6.18) を得る． ■

例題 6.10

定数 $a > 0, \xi \in \mathbb{R}$ に対して次の無限積分を計算しなさい．

$$I(\xi) = \int_{-\infty}^{+\infty} \frac{\cos(\xi x)}{x^2 + a^2}\, dx.$$

【解答】 $I(-|\xi|) = I(|\xi|)$ が成り立つから $\xi \geq 0$ のときに計算すれば良い．$\xi = 0$ のときの値 $I(0) = \frac{\pi}{a}$ は直接導かれるので，$\xi > 0$ とする．$f(z) = \frac{1}{z^2 + a^2}$ の上半平面内の特異点は $z = ia$ のみで 1 位の極である．命題 6.4 により

$$\begin{aligned}
I(\xi) &= \mathrm{Re}\left\{2\pi i \operatorname{Res}\bigl(e^{i\xi z} f(z),\, ia\bigr)\right\} \\
&= 2\pi\, \mathrm{Re}\left\{i \lim_{z \to ia} (z - ia) e^{i\xi z} f(z)\right\} = 2\pi\, \mathrm{Re}\left(i \frac{e^{-a\xi}}{2ia}\right) = \frac{\pi e^{-a\xi}}{a}.
\end{aligned}$$

以上から $\xi = 0$ の場合も含めて $I(\xi) = \frac{\pi}{a} e^{-a|\xi|}$ を得る． ■

--- 例題 6.11 ---

定数 $a \in \mathbb{R}$, $b > 0$, $\xi \neq 0$ に対して次の無限積分を計算しなさい.
$$I(\xi) = \int_{-\infty}^{+\infty} \frac{x \sin(\xi x)}{(x-a)^2 + b^2} \, dx.$$

【解答】 命題 6.4 の条件を満たす関数 $f(z) = \frac{z}{(z-a)^2+b^2}$ の特異点は $z = a \pm ib$ で, 1 位の極である. $\xi > 0$ のとき, 命題 6.1 により留数を計算すれば

$$\begin{aligned}
I(\xi) &= \text{Im} \left\{ 2\pi i \, \text{Res}\bigl(e^{i\xi z} f(z), a+ib\bigr) \right\} \\
&= \text{Im} \left[2\pi i \lim_{z \to a+ib} \{z-(a+ib)\} e^{i\xi z} f(z) \right] \\
&= \text{Im} \left\{ 2\pi i \, \frac{e^{-b\xi + ia\xi}(a+ib)}{(a+ib)-(a-ib)} \right\} = \frac{\pi e^{-b\xi}}{b} \{b \cos(a\xi) + a \sin(a\xi)\}.
\end{aligned}$$

一方, $\xi < 0$ のとき $I(\xi) = -I(-\xi)$ からも計算できるが, 直接計算すれば

$$\begin{aligned}
I(\xi) &= -\text{Im} \left\{ 2\pi i \, \text{Res}\bigl(e^{i\xi z} f(z), a-ib\bigr) \right\} \\
&= -\text{Im} \left[2\pi i \lim_{z \to a-ib} \{z-(a-ib)\} e^{i\xi z} f(z) \right] \\
&= -\text{Im} \left\{ 2\pi i \, \frac{e^{b\xi + ia\xi}(a-ib)}{(a-ib)-(a+ib)} \right\} = \frac{\pi e^{b\xi}}{b} \{-b \cos(a\xi) + a \sin(a\xi)\}.
\end{aligned}$$

∎

6.3.4 フーリエ変換・逆フーリエ変換

$\mathbb{R}$ 上で絶対可積分となる実関数 $f(x)$, 実パラメータ ξ に対して, 積分変換

$$\begin{aligned}
\mathscr{F}[f](\xi) = \widehat{f}(\xi) &= \frac{1}{\sqrt{2\pi}} \int_{-\infty}^{+\infty} f(x) e^{-i\xi x} \, dx \\
&= \frac{1}{\sqrt{2\pi}} \int_{-\infty}^{+\infty} f(x) \cos(\xi x) \, dx - i \frac{1}{\sqrt{2\pi}} \int_{-\infty}^{+\infty} f(x) \sin(\xi x) \, dx
\end{aligned}$$

を $f(x)$ の**フーリエ変換**という. 例題 3.8 で既に e^{-kx^2} ($k > 0$ は定数) のフーリエ変換を計算した: $\mathscr{F}\bigl[e^{-kx^2}\bigr] = \frac{1}{\sqrt{2k}} e^{-\xi^2/(4k)}$.

例6.2 関数 $f(x) = \frac{1}{x^2+a^2}$ ($a > 0$) は絶対可積分な偶関数だから, 例題 6.10 により $f(x)$ のフーリエ変換は $\widehat{f}(\xi) = \frac{\sqrt{\pi}}{\sqrt{2}\,a} e^{-a|\xi|}$ となる. □

例6.3　関数 $f(x) = e^{-a|x|}$ $(a > 0)$ のフーリエ変換を直接計算することができ，次のようになる．

$$\widehat{f}(\xi) = \frac{1}{\sqrt{2\pi}} \int_{-\infty}^{+\infty} e^{-a|x|} e^{-i\xi x}\, dx$$

$$= \frac{1}{\sqrt{2\pi}} \left\{ \int_{0}^{+\infty} e^{-(a+i\xi)x}\, dx + \int_{-\infty}^{0} e^{(a-i\xi)x}\, dx \right\}$$

$$= \frac{1}{\sqrt{2\pi}} \left\{ \left[-\frac{e^{-(a+i\xi)x}}{a+i\xi} \right]_{0}^{\infty} + \left[\frac{e^{(a-i\xi)x}}{a-i\xi} \right]_{-\infty}^{0} \right\}$$

$$= \frac{1}{\sqrt{2\pi}} \left(\frac{1}{a+i\xi} + \frac{1}{a-i\xi} \right) = \frac{\sqrt{2}\,a}{\sqrt{\pi}(\xi^2 + a^2)}.$$
□

連続な絶対可積分関数 $f(x)$ のフーリエ変換 $\widehat{f}(\xi)$ が再び $\mathbb{R}$ 上で絶対可積分であるならば，フーリエ変換の**反転公式**が成り立つ．

$$\frac{1}{\sqrt{2\pi}} \int_{-\infty}^{+\infty} \widehat{f}(\xi) e^{ix\xi}\, d\xi = f(x). \tag{6.23}$$

ただし，絶対可積分関数 $g(\xi)$ に対して

$$\mathscr{F}^{-1}[g](\xi) = \widehat{g}(-\xi) = \frac{1}{\sqrt{2\pi}} \int_{-\infty}^{+\infty} g(\xi) e^{i\xi x}\, dx$$

を $g(\xi)$ の**逆フーリエ変換**という．実際に，関数 $f(x) = \frac{1}{x^2+a^2}$ に対しては 例6.2, 例6.3 から (6.23) が確かめられる．一般的には $f(x)$ が絶対可積分であっても，$\widehat{f}(\xi)$ が絶対可積分になるとは限らない．例えば，定数 $a > 0$ に対して関数 $f(x)$ を

$$f(x) = \begin{cases} \sqrt{2\pi}\, e^{-ax}, & x \geq 0, \\ 0, & x < 0 \end{cases} \tag{6.24}$$

と定義すれば，例6.3 の計算から $\widehat{f}(\xi) = \frac{1}{a+i\xi}$ となり，$\widehat{f}(\xi)$ の無限積分は条件収束さえしない．このような関数に対しても反転公式 (6.23) を導きたい．そこで次のような**コーシーの主値**（valeur principale de Cauchy）を導入する．

$$\text{v.p.} \int_{-\infty}^{+\infty} g(x)\, dx = \lim_{R \to \infty} \int_{-R}^{R} g(x)\, dx \tag{6.25}$$

v.p. は valeur principale の略である．例えば，連続な奇関数 $g(x)$ に対しては

6.3 実定積分への応用 (II)

$$\text{v.p.} \int_{-\infty}^{+\infty} g(x)\,dx = 0$$

となる. 無限積分が収束すれば, コーシーの主値は無限積分に一致する. 一般的に主値積分の意味でフーリエ変換の**反転公式**

$$\frac{1}{\sqrt{2\pi}}\text{v.p.}\int_{-\infty}^{+\infty} \widehat{f}(\xi)e^{ix\xi}\,d\xi$$
$$= \begin{cases} f(x), & x \text{ は } f(x) \text{ の連続点}, \\ \dfrac{f(x+0)+f(x-0)}{2}, & x \text{ は } f(x) \text{ の不連続点} \end{cases} \tag{6.26}$$

が成り立つ.

命題 6.4 の証明により, $\zeta \in \mathbb{C}$ の有理関数 $F(\zeta)$ が命題 6.4 の条件 (1), (2) を満たせば, $F(\xi)e^{ix\xi}$ の無限積分は $x \neq 0$ のとき収束して次の等式が成り立つ.

$$\text{v.p.}\int_{-\infty}^{+\infty} F(\xi)e^{ix\xi}\,d\xi = \int_{-\infty}^{+\infty} F(\xi)e^{ix\xi}\,d\xi$$
$$= \begin{cases} 2\pi i \displaystyle\sum_{j=1}^{n} \text{Res}\left(e^{ix\zeta}F(\zeta), \zeta_j\right), & x > 0, \\ -2\pi i \displaystyle\sum_{k=1}^{m} \text{Res}\left(e^{ix\zeta}F(\zeta), \omega_k\right), & x < 0. \end{cases}$$

ここに, $\{\zeta_j\}, \{\omega_k\}$ はそれぞれ上半平面内, 下半平面内にある $F(\zeta)$ のすべての極の集合を表す.

例6.4 (6.24) で与えられる関数 $f(x)$ のフーリエ変換

$$F(\xi) = \widehat{f}(\xi) = \frac{1}{a+i\xi} = -\frac{i}{\xi - ia} = \frac{a}{\xi^2+a^2} - i\frac{\xi}{\xi^2+a^2}$$

に対して反転公式 (6.26) を確かめよう. $F(\zeta)$ は上半平面内に唯一の特異点である 1 位の極 $\zeta = ia$ を持つ. よって $x > 0$ のとき

$$\text{v.p.}\int_{-\infty}^{+\infty} F(\xi)e^{ix\xi}\,d\xi = 2\pi i\,\text{Res}\left(e^{ix\zeta}F(\zeta), ia\right)$$
$$= 2\pi i \lim_{\zeta \to ia}(\zeta - ia)e^{ix\zeta}F(\zeta) = 2\pi i\left(-ie^{-xa}\right) = 2\pi e^{-ax}.$$

次に，$F(\zeta)$ は下半平面内で正則だから，$x < 0$ に対してコーシーの積分定理により積分の主値はゼロとなる．最後に，$x = 0$ のときには

$$\text{v.p.}\int_{-\infty}^{+\infty} F(\xi)\,d\xi = \lim_{R\to\infty}\int_{-R}^{R}\left(\frac{a}{\xi^2+a^2} - i\frac{\xi}{\xi^2+a^2}\right)d\xi$$
$$= \lim_{R\to\infty} 2a\int_0^R \frac{1}{\xi^2+a^2}\,d\xi = \pi$$

を得る．$f(+0) = \sqrt{2\pi}$, $f(-0) = 0$ だから，以上の計算により反転公式 (6.26) を関数 (6.24) に対して確かめることができた． □

(6.25) と同様に特異積分に対してもコーシーの主値を定義できる．関数 $f(x)$ が開区間 (a, b) 内の点 c で発散するとき

$$\text{v.p.}\int_a^b f(x)\,dx = \lim_{\varepsilon\to +0}\left(\int_a^{c-\varepsilon} f(x)\,dx + \int_{c+\varepsilon}^b f(x)\,dx\right)$$

によって特異積分の主値を定義する．実軸上に1位の極を持つ実係数有理関数 $f(x)$ に対して，命題 6.4 の結果を次のように拡張できる．

命題 6.5

複素変数 z に対して $f(z)$ は次の条件を満たす．
(1) $f(z)$ は実軸上に有限個の1位の極 $\{x_1, x_2, \ldots, x_\ell\}$ を持つ．
(2) 正定数 M があってすべての $z \in \mathbb{C}$ に対して $|zf(z)| \le M$ が成り立つ．

このとき，$\{z_1, z_2, \ldots, z_n\}$ を上半平面 $\operatorname{Im} z > 0$ 内にある $f(z)$ のすべての極，$\{w_1, w_2, \ldots, w_m\}$ を下半平面 $\operatorname{Im} z < 0$ 内にある $f(z)$ のすべての極とすれば次式を得る．

$$\text{v.p.}\int_{-\infty}^{+\infty} e^{i\xi x} f(x)\,dx$$
$$= \begin{cases} 2\pi i\left\{\displaystyle\sum_{j=1}^n \operatorname{Res}(e^{i\xi z}f(z), z_j) + \frac{1}{2}\sum_{k=1}^\ell \operatorname{Res}(e^{i\xi z}f(z), x_k)\right\}, & \xi > 0, \\ -2\pi i\left\{\displaystyle\sum_{j=1}^m \operatorname{Res}(e^{i\xi z}f(z), w_j) + \frac{1}{2}\sum_{k=1}^\ell \operatorname{Res}(e^{i\xi z}f(z), x_k)\right\}, & \xi < 0. \end{cases}$$
(6.27)

積分の主値は特異積分に対してのみ取り，無限積分は条件収束する．

[証明] $\xi > 0$ の場合を示す．さらに簡単のために実軸上の特異点はただ 1 つ x_1 のみとする．x_1 の ε 近傍が $f(z)$ の他の極を含まないように $\varepsilon > 0$ を十分小さく取り，$R > 0$ を上半平面内のすべての極 z_j と x_1 に対して $|z_j| < R$, $|x_1| < R - \varepsilon$ を満たすように取る．反時計回りの向きを持つ閉曲線 $\Gamma_{\varepsilon, R}$ を $\Gamma_{\varepsilon, R} = C_R + L_- + \gamma_\varepsilon + L_+$,
$C_R \colon z = Re^{it},\ t\colon 0 \to \pi$,
$L_- \colon z = t,\ t\colon -R \to x_1 - \varepsilon$,

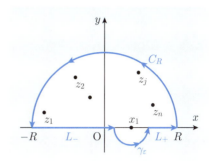

$\gamma_\varepsilon \colon z = x_1 + \varepsilon e^{it},\ t\colon \pi \to 2\pi$, $L_+ \colon z = t,\ t\colon x_1 + \varepsilon \to R$ と取ると，等式

$$2\pi i \left\{ \sum_{j=1}^n \mathrm{Res}\bigl(e^{i\xi z} f(z), z_j\bigr) + \mathrm{Res}\bigl(e^{i\xi z} f(z), x_1\bigr) \right\}$$
$$= \int_{\Gamma_{\varepsilon, R}} e^{i\xi z} f(z)\, dz = \left(\int_{L_-} + \int_{\gamma_\varepsilon} + \int_{L_+} + \int_{C_R} \right) e^{i\xi z} f(z)\, dz$$
$$= \int_{-R}^{x_1 - \varepsilon} e^{i\xi t} f(t)\, dt + \int_{x_1 + \varepsilon}^{R} e^{i\xi t} f(t)\, dt$$
$$+ \int_{\gamma_\varepsilon} e^{i\xi z} f(z)\, dz + \int_{C_R} e^{i\xi z} f(z)\, dz$$

が成り立つ．最後の項については (6.22) の $I_2(R)$ と全く同じ議論により，$R \to +\infty$ のとき $\int_{C_R} e^{i\xi z} f(z)\, dz \to 0$ が導かれる．$z = x_1$ は $f(z)$ の 1 位の極だから，$e^{i\xi z} f(z)$ の 1 位の極にもなっている．必要ならば ε を選び直して $e^{i\xi z} f(z)$ を $z = x_1$ でローラン展開すれば，$z = x_1$ で正則な関数 $g(z)$ があって

$$e^{i\xi z} f(z) = \frac{\beta_1}{z - x_1} + g(z), \quad |z - x_1| < 2\varepsilon$$

が成り立つ．ただし $\beta_1 = \mathrm{Res}\bigl(e^{i\xi z} f(z), x_1\bigr)$ である．したがって

$$J(\varepsilon) = \int_{\gamma_\varepsilon} e^{i\xi z} f(z)\, dz = \int_{\pi}^{2\pi} \left\{ \frac{\beta_1}{\varepsilon e^{it}} + g(x_1 + \varepsilon e^{it}) \right\} i\varepsilon e^{it}\, dt$$
$$= \beta_1 \pi i + i\varepsilon \int_{\pi}^{2\pi} g(x_1 + \varepsilon e^{it}) e^{it}\, dt.$$

最後の等式の右辺第2項は $\varepsilon \to +0$ のときにゼロに収束するので

$$\lim_{\varepsilon \to +0} J(\varepsilon) = \beta_1 \pi i = \pi i \operatorname{Res}\bigl(e^{i\xi z} f(z), x_1\bigr)$$

を得る．以上の等式を合わせて $\varepsilon \to +0, R \to +\infty$ と極限を取れば

$$2\pi i \left\{ \sum_{j=1}^n \operatorname{Res}\bigl(e^{i\xi z} f(z), z_j\bigr) + \operatorname{Res}\bigl(e^{i\xi z} f(z), x_1\bigr) \right\}$$
$$= \text{v.p.} \int_{-\infty}^{+\infty} e^{i\xi x} f(x)\, dx + \pi i \operatorname{Res}\bigl(e^{i\xi z} f(z), x_1\bigr)$$

が従い，これから $\xi > 0$ のときの (6.27) が導かれる． ■

例6.5 $f(x) = \frac{1}{x}$, $\xi = 1$ として (6.27) を適用する．このとき，$z = 0$ が $f(z) = \frac{1}{z}$ のただ1つの特異点で1位の極だから

$$\text{v.p.} \int_{-\infty}^{+\infty} \frac{e^{ix}}{x}\, dx = \pi i \operatorname{Res}\left(\frac{e^{iz}}{z}, 0\right) = \pi i \times 1 = \pi i.$$

一方，定義から

$$\text{v.p.} \int_{-\infty}^{+\infty} \frac{e^{ix}}{x}\, dx = \lim_{\varepsilon \to +0} \left(\int_{\varepsilon}^{+\infty} \frac{e^{ix}}{x}\, dx + \int_{-\infty}^{-\varepsilon} \frac{e^{ix}}{x}\, dx \right)$$
$$= \lim_{\varepsilon \to +0} \left(\int_{\varepsilon}^{+\infty} \frac{e^{ix}}{x}\, dx - \int_{\varepsilon}^{+\infty} \frac{e^{-ix}}{x}\, dx \right)$$
$$= \lim_{\varepsilon \to +0} 2i \int_{\varepsilon}^{+\infty} \frac{\sin x}{x}\, dx = 2i \int_0^{+\infty} \frac{\sin x}{x}\, dx.$$

以上の等式から例題3.6と同じ正弦積分に関する結果が導かれる． □

留数定理のラプラス変換とその反転公式への応用は省略する．岩下[3, 第8章] を参照しなさい．

6.3.5 多価関数の無限積分

最初に，定数 $0 < a < 1$, 実係数有理関数 $f(x)$ に対して次の広義積分を考える．

$$I = \int_0^{+\infty} x^{a-1} f(x)\, dx.$$

命題 6.6

複素変数 z に対して $f(z)$ は次の条件を満たす．
(1) $f(z)$ は区間 $[0, +\infty)$ 上には特異点を持たない．
(2) 正定数 M があって，任意の $z \in \mathbb{C}$ に対して $|zf(z)| \leq M$ が成り立つ．

このとき，$\{z_1, z_2, \ldots, z_n\}$ を $f(z)$ のすべての極とすれば

$$\int_0^{+\infty} x^{a-1} f(x)\, dx = \frac{\pi}{\sin(a\pi)} \sum_{j=1}^n \operatorname{Res}\{(-z)^{a-1} f(z), z_j\} \quad (6.28)$$

を得る．ただし $(-z)^{a-1}$ は主値 $e^{(a-1)\operatorname{Log}(-z)}$ を表す．

注意 べき関数 $(-z)^{a-1}$ を使う理由は，$[0, +\infty)$ を避けてべき関数を1価正則に定義するためである．z^{a-1} を使うのであれば，対数関数 $\log z = \ln|z| + i \arg z$ の分枝を $0 \leq \arg z < 2\pi$ と選んで，$z^{a-1} = e^{(a-1)\log z}$ と定義すれば良い（命題 6.7 参照）．□

[証明] 原点の ε 近傍が $f(z)$ の極 z_j を1つも含まないように $\varepsilon > 0$ を十分小さく取り，すべての極 z_j に対して $|z_j| < R$ が成り立つように $R > 0$ を十分大きく取る．このとき閉曲線 $\Gamma_{\varepsilon,R}$ を $\Gamma_{\varepsilon,R} = C_R + L_- + \gamma_\varepsilon + L_+$，

$C_R\colon z = Re^{it},\ t\colon 0 \to 2\pi,$
$L_-\colon z = te^{2\pi i} = t,\ t\colon R \to \varepsilon,$
$\gamma_\varepsilon\colon z = \varepsilon e^{it},\ t\colon 2\pi \to 0,$
$L_+\colon z = t,\ t\colon \varepsilon \to R$

と定義し，この曲線上で $(-z)^{a-1} f(z) = e^{(a-1)\operatorname{Log}(-z)} f(z)$ を積分しよう．

次の点を注意しておく．関数 $(-z)^{a-1}$ は $\Gamma_{\varepsilon,R}$ で囲まれる領域で1価正則であるが，$\Gamma_{\varepsilon,R}$ 上に連続に拡張できても閉区間 $[\varepsilon, R]$ 上では1価でも正則でもなく，定理 6.1 の留数定理をそのまま適用できるわけではない．しかし，$L_\pm$ の部分を $\operatorname{Im} z \gtrless 0$ 内にある線分で近似した後の極限操作により次の等式が成立する（演習問題 **6.9** 参照）．

$$\int_{\Gamma_{\varepsilon,R}} (-z)^{a-1} f(z)\, dz = 2\pi i \sum_{j=1}^n \operatorname{Res}\{(-z)^{a-1} f(z), z_j\}. \quad (6.29)$$

ここに $L_\pm$ 上の $(-z)^{a-1}$ をそれぞれ

$$(-z)^{a-1} = \begin{cases} e^{(a-1)\operatorname{Log}\{-(t-i0)\}} = t^{a-1}e^{(a-1)\pi i}, & z \in L_-, \\ e^{(a-1)\operatorname{Log}\{-(t+i0)\}} = t^{a-1}e^{-(a-1)\pi i}, & z \in L_+ \end{cases}$$

と解釈する．ただし $t \pm i0 = \lim_{y \to \pm 0}(t+iy)$. このとき

$$\int_{L_-}(-z)^{a-1}f(z)\,dz + \int_{L_+}(-z)^{a-1}f(z)\,dz$$

$$= \int_R^\varepsilon t^{a-1}e^{(a-1)\pi i}f(t)\,dt + \int_\varepsilon^R t^{a-1}e^{-(a-1)\pi i}f(t)\,dt$$

$$= \int_\varepsilon^R \{e^{-(a-1)\pi i} - e^{(a-1)\pi i}\}t^{a-1}f(t)\,dt$$

$$= -2i\sin\{(a-1)\pi\}\int_\varepsilon^R t^{a-1}f(t)\,dt = 2i\sin(a\pi)\int_\varepsilon^R t^{a-1}f(t)\,dt.$$

したがって

$$\int_{\Gamma_{\varepsilon,R}}(-z)^{a-1}f(z)\,dz = 2i\sin(a\pi)\int_\varepsilon^R t^{a-1}f(t)\,dt$$
$$+ \int_{C_R}(-z)^{a-1}f(z)\,dz + \int_{\gamma_\varepsilon}(-z)^{a-1}f(z)\,dz$$

を得る．$(-z)^{a-1}f(z)$ の C_R, γ_ε 上の積分をそれぞれ $I(R), J(\varepsilon)$ と置けば，$I(R)$ は次のように評価できる．

$$|I(R)| = \left|\int_0^{2\pi}(-Re^{it})^{a-1}f(Re^{it})iRe^{it}\,dt\right|$$
$$\leq \frac{2\pi}{R^{1-a}}\max_{0\leq t\leq 2\pi}R|f(Re^{it})| \leq \frac{2\pi M}{R^{1-a}}. \tag{6.30}$$

ここに，$0 < t < 2\pi$ に対して等式 $\operatorname{Arg}(-e^{it}) = \operatorname{Arg}\{e^{i(t-\pi)}\} = t - \pi$ と

$$\left|(-Re^{it})^{a-1}\right| = \left|e^{(a-1)\ln R + i(1-a)(\pi-t)}\right| = e^{(a-1)\ln R} = R^{a-1}$$

および $f(z)$ の条件 (2) を用いた．$1 - a > 0$ により (6.30) から $R \to +\infty$ のとき $I(R) \to 0$ が従う．また，$J(\varepsilon)$ を評価すれば

$$|J(\varepsilon)| = \left|\int_{2\pi}^0(-\varepsilon e^{it})^{a-1}f(\varepsilon e^{it})i\varepsilon e^{it}\,dt\right| \leq 2\pi\varepsilon^a\max_{0\leq t\leq 2\pi}\left|f(\varepsilon e^{it})\right| \tag{6.31}$$

6.3 実定積分への応用 (II)

となる. $f(z)$ は $z=0$ を特異点に持たないので $z=0$ の近傍で有界となり, (6.31) から $\varepsilon \to +0$ のとき $J(\varepsilon) \to 0$ を得る. 以上の結果を合わせて等式 (6.29) の両辺で極限 $R \to +\infty, \varepsilon \to +0$ を取れば, (6.28) が従う. ∎

例題 6.12

$0 < a < 1$ に対して次の広義積分を計算しなさい.
$$\int_0^{+\infty} \frac{x^{a-1}}{x+3}\,dx.$$

【解答】 $f(x) = \frac{1}{x+3}$ と置けば, 複素変数 z に対して $f(z)$ は $z=-3$ を 1 位の極に持ち, $0 < a < 1$ だから命題 6.6 の条件 (1), (2) を満たす. したがって (6.28) により
$$\int_0^{+\infty} \frac{x^{a-1}}{x+3}\,dx = \frac{\pi}{\sin(a\pi)} \operatorname{Res}\{(-z)^{a-1} f(z), -3\} = \frac{3^{a-1}\pi}{\sin(a\pi)}. \quad ∎$$

次に, 実係数有理関数 $f(x)$ に対して対数関数を含む広義積分を考える.
$$I = \int_0^{+\infty} f(x) \ln x\,dx.$$

命題 6.7

複素変数 z に対して $f(z)$ は次の条件を満たす.
(1) $f(z)$ は実軸上には特異点を持たず, $f(-z) = f(z)$ である.
(2) 正定数 M があって任意の $z \in \mathbb{C}$ に対して $|z^2 f(z)| \le M$ が成り立つ.

このとき $\{z_1, z_2, \ldots, z_n\}$ を上半平面 $\operatorname{Im} z > 0$ 内の $f(z)$ のすべての極とすれば
$$\int_0^{+\infty} f(x) \ln x\,dx = -\pi \operatorname{Im}\left\{\sum_{j=1}^n \operatorname{Res}(f(z) \log z, z_j)\right\} \quad (6.32)$$

を得る. ただし対数関数 $\log z$ は $-\frac{\pi}{2} < \arg z \le \frac{3\pi}{2}$ と選んだ分枝を表す.

[証明] 対数関数 $\log z = \ln |z| + i \arg z$ の分枝の選び方により, $\log z$ は原点および虚軸の負の部分を除いて 1 価正則になる. $\varepsilon > 0$ を十分小さく, $R > 0$ を十分大きく選べば, すべての極 z_j に対して $\varepsilon < |z_j| < R$ が成り立つ. このとき閉曲線 $\Gamma_{\varepsilon, R} = C_R + L_- + \gamma_\varepsilon + L_+$ において各曲線を

$C_R\colon z = Re^{it},\ t\colon 0 \to \pi$,
$L_-\colon z = -t,\ t\colon R \to \varepsilon$,
$\gamma_\varepsilon\colon z = \varepsilon e^{it},\ t\colon \pi \to 0$,
$L_+\colon z = t,\ t\colon \varepsilon \to R$

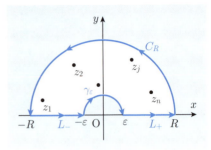

と定義する．留数定理により次の等式を得る．

$$2\pi i \sum_{j=1}^{n} \mathrm{Res}(f(z)\log z, z_j) = \int_{\Gamma_{\varepsilon,R}} f(z)\log z\, dz$$
$$= \left(\int_{C_R} + \int_{L_-} + \int_{\gamma_\varepsilon} + \int_{L_+}\right) f(z)\log z\, dz. \tag{6.33}$$

$f(x)$ が偶関数であることを使えば

$$\left(\int_{L_-} + \int_{L_+}\right) f(z)\log z\, dz = \int_R^\varepsilon f(-t)(\ln t + \pi i)(-1)\, dt + \int_\varepsilon^R f(t)\ln t\, dt$$
$$= 2\int_\varepsilon^R f(t)\ln t\, dt + \pi i \int_\varepsilon^R f(t)\, dt$$

を得る．$f(z)\log z$ の $C_R,\ \gamma_\varepsilon$ 上の積分を $I(R),\ J(\varepsilon)$ と置いて評価する．まず

$$|I(R)| = \left|\int_0^\pi f(Re^{it})(\ln R + it)\, iRe^{it}\, dt\right|$$
$$\leq \pi \max_{0\leq t\leq \pi} R(\ln R + \pi)\bigl|f(Re^{it})\bigr| = \frac{\pi(\ln R + \pi)}{R} \max_{0\leq t\leq \pi} R^2\bigl|f(Re^{it})\bigr|$$
$$\leq \frac{\pi M(\ln R + \pi)}{R}$$

を得る．ここに最後の不等式で $f(z)$ の条件 (2) を使った．これから $R \to +\infty$ のとき $I(R) \to 0$ を得る．$J(\varepsilon)$ については

$$|J(\varepsilon)| = \left|\int_\pi^0 f(\varepsilon e^{it})(\ln \varepsilon + it)\, i\varepsilon e^{it}\, dt\right| \leq \pi\varepsilon\bigl(|\ln \varepsilon| + \pi\bigr) \max_{0\leq t\leq \pi}\bigl|f(\varepsilon e^{it})\bigr|$$

を得るが，$f(z)$ は $z = 0$ で正則だから ε が十分小さいとき $|z| \leq \varepsilon$ に対して

$|f(z)|$ は有界である．したがって $\varepsilon \to +0$ のとき $J(\varepsilon) \to 0$ が成り立つ．以上の結果を合わせれば，(6.33) の両辺で $R \to +\infty, \varepsilon \to +0$ として

$$2\int_0^{+\infty} f(t)\ln t\, dt + \pi i \int_0^{+\infty} f(t)\, dt = 2\pi i \sum_{j=1}^n \mathrm{Res}\bigl(f(z)\log z, z_j\bigr)$$

が成り立つ．この等式の実部を取れば (6.32) が導かれる． ∎

例題 6.13

正定数 a に対して次の広義積分を計算しなさい．
$$I = \int_0^{+\infty} \frac{\ln x}{x^2 + a^2}\, dx.$$

【解答】 $f(z) = \frac{1}{z^2 + a^2}$ は命題 6.7 の条件を満たし，$f(z)$ の上半平面内の特異点は 1 位の極 $z = ia$ のみである．$z = ia$ の近傍で $\log z = \mathrm{Log}\, z$ だから (6.6) により

$$I = -\pi\, \mathrm{Im}\left\{\mathrm{Res}\bigl(f(z)\log z, ia\bigr)\right\} = -\pi\, \mathrm{Im}\left(\left.\frac{\mathrm{Log}\, z}{2z}\right|_{z=ia}\right)$$
$$= -\pi\, \mathrm{Im}\left(\frac{\ln a + \frac{\pi}{2}i}{2ia}\right) = \frac{\pi \ln a}{2a}.$$
∎

偶関数ではない実係数有理関数 $f(x)$ に対しては，次の結果が成り立つ．

命題 6.8

複素変数 z に対して有理関数 $f(z)$ は次の条件を満たす．
(1) $f(z)$ は区間 $[0, +\infty)$ 上に特異点を持たない．
(2) 正定数 M があって任意の $z \in \mathbb{C}$ に対して $|z^2 f(z)| \le M$ となる．
このとき，$\{z_1, z_2, \ldots, z_n\}$ を $f(z)$ のすべての極とすれば

$$\int_0^{+\infty} f(x)\ln x\, dx = -\frac{1}{2}\sum_{j=1}^n \mathrm{Res}\left[f(z)\{\mathrm{Log}(-z)\}^2, z_j\right] \quad (6.34)$$

を得る．

証明は関数 $f(z)\{\mathrm{Log}(-z)\}^2$ を命題 6.6 の証明にある積分路 $\Gamma_{\varepsilon, R}$ に沿って積分し，留数定理を適用すれば良い（演習問題 **6.10**）．

6章の演習問題

6.1 次の関数 $f(z)$ の特異点とその型を述べなさい．さらに各特異点における留数を計算しなさい．ただし n は自然数．

(1) $\dfrac{1}{(z-z_0)^n}$　(2) $\dfrac{e^z}{z^3+8}$　(3) $\dfrac{z}{(z^2+2)^2}$　(4) $\dfrac{e^{-\pi z/2}}{z^2(z+i)}$

(5) $\dfrac{z^2}{(3z+2)^3}$　(6) $\dfrac{\sin z}{z^2(2z+\pi)}$　(7) $\dfrac{\sin z - z}{z^6}$　(8) $\dfrac{\cos z - 1}{z^n}$

(9) $(z+z^5)\sin\dfrac{1}{z^2}$　(10) $z^n e^{2/z}$　(11) $\dfrac{\sin(z^2)}{z^n}$　(12) $\dfrac{(\sinh z)^2}{z^3}$

(13) $\dfrac{1}{\sin z - 2}$　(14) $\dfrac{1}{3-e^z}$　(15) $\cosh^2\dfrac{2}{z-\pi}$　(16) $\cot z - \dfrac{1}{z}$

(17) $z^n \cos\dfrac{3}{z}$　(18) $z^n \sin\dfrac{2}{z}$　(19) $\dfrac{1}{e^z-(1+i)}$　(20) $\dfrac{z}{\sin z}$

6.2 留数定理を用いて次の複素積分を計算しなさい．ただし n は自然数とする．

(1) $\displaystyle\int_{|z|=2}\dfrac{z^2}{(z-i)^2}\,dz$　(2) $\displaystyle\int_{|z|=1}\dfrac{e^z}{2z^2+1}\,dz$　(3) $\displaystyle\int_{|z-i|=3}\dfrac{z+1}{z^2-2z}\,dz$

(4) $\displaystyle\int_{|z|=3}\dfrac{\sin z}{(z-2i)^3}\,dz$　(5) $\displaystyle\int_{|z+i|=2}\dfrac{z}{(z-1)^2(z+2)}\,dz$

(6) $\displaystyle\int_{|z|=2}\dfrac{1}{z^3(z+4i)^2}\,dz$　(7) $\displaystyle\int_{|z|=3}\dfrac{z^3}{z^4+2}\,dz$

(8) $\displaystyle\int_{|z-1|=\sqrt{2}}\dfrac{1}{z^6-1}\,dz$　(9) $\displaystyle\int_{|z|=2}\dfrac{z^3+2z}{z^4+z^2+1}\,dz$

(10) $\displaystyle\int_{|z|=\sqrt{2}}\dfrac{\sin\frac{\pi z}{2}}{(z-1)^2(z^2+4)}\,dz$　(11) $\displaystyle\int_{|z|=2}\tan z\,dz$

(12) $\displaystyle\int_{|z|=n}\tan(\pi z)\,dz$　(13) $\displaystyle\int_{|z+1|=3}e^z\cot z\,dz$

(14) $\displaystyle\int_{|z|=2}z^3\cos\dfrac{1}{z}\,dz$　(15) $\displaystyle\int_{|z+i|=3}\dfrac{\cosh z}{e^{4z}-1}\,dz$

(16) $\displaystyle\int_{|z+i|=3}\dfrac{\sinh z}{e^{4z}-1}\,dz$　(17) $\displaystyle\int_{|z|=1}z^n e^{1/z}\,dz$

(18) $\displaystyle\int_{|z|=2}z^2 e^{1/(z-i)}\,dz$

6.3 次の等式を導きなさい．

$$\dfrac{\pi(2n)!}{2^{2n-1}(n!)^2}=4\,\dfrac{2n-1}{2n}\,\dfrac{2n-3}{2n-2}\cdots\dfrac{3}{4}\,\dfrac{1}{2}\,\dfrac{\pi}{2}$$

6.4 自然数 n に対して次の定積分を計算しなさい.
$$I = \int_0^{2\pi} \sin^{2n}\theta \, d\theta$$

6.5 次の定積分または無限積分を計算しなさい. ただし n は自然数, $\xi > 0$ とし, 正定数 a は制限がある場合にはそれに従う.

(1) $\displaystyle\int_0^{2\pi} \frac{dx}{a + \cos x}, \ a > 1$

(2) $\displaystyle\int_0^{\pi} \frac{dx}{1 - 2a\cos x + a^2}, \ a < 1$

(3) $\displaystyle\int_0^{2\pi} \frac{\sin x}{1 - 2a\sin x + a^2} \, dx, \ a > 1$

(4) $\displaystyle\int_0^{2\pi} \frac{1}{3 + 2\sin x} \, dx$

(5) $\displaystyle\int_0^{2\pi} \frac{1}{3 - 2\cos x + \sin x} \, dx$

(6) $\displaystyle\int_0^{\pi/2} \frac{1}{a + \sin^2 x} \, dx$

(7) $\displaystyle\int_0^{\pi} \frac{1}{(a + \cos x)^2} \, dx, \ a > 1$

(8) $\displaystyle\int_0^{\pi} \frac{\cos(nx)}{1 - 2a\cos x + a^2} \, dx, \ a < 1$

(9) $\displaystyle\int_0^{2\pi} \frac{\sin(nx)}{1 - 2a\sin x + a^2} \, dx, \ a < 1$

(10) $\displaystyle\int_0^{\infty} \frac{x^2}{(x^2+3)(x^2+5)} \, dx$

(11) $\displaystyle\int_0^{\infty} \frac{x^2}{(x^2+2)^2(x^2+4)} \, dx$

(12) $\displaystyle\int_0^{+\infty} \frac{x^2}{x^4 + a^4} \, dx, \ a > 0$

(13) $\displaystyle\int_{-\infty}^{\infty} \frac{x^2 + 3}{(x^2 + 2x + 2)^2} \, dx$

(14) $\displaystyle\int_0^{+\infty} \frac{x \sin x}{x^2 + a^2} \, dx$

(15) $\displaystyle\int_{-\infty}^{+\infty} \frac{\sin(2x)}{x^2 - x + 1} \, dx$

(16) $\displaystyle\int_{-\infty}^{+\infty} \frac{\cos(\xi x)}{x^4 + a^4} \, dx$

(17) $\displaystyle\int_{-\infty}^{+\infty} \frac{x \sin(\xi x)}{x^4 + a^4} \, dx$

(18) $\displaystyle\int_0^{+\infty} \frac{x^2 \cos(\xi x)}{(x^2 + a^2)^2} \, dx$

(19) $\displaystyle\int_0^{+\infty} \frac{x^3 \sin(\xi x)}{(x^2 + a^2)^2} \, dx$

6.6 (1) 定数 $a > 0$ に対して無限積分 $\displaystyle\int_0^{+\infty} \frac{1}{x^6 + a^6} \, dx$ を計算しなさい.
(2) 等式 (6.16) を導きなさい.

6.7 自然数 n に対して無限積分 $\displaystyle\int_0^{+\infty} \frac{1}{(1 + x^2)^n} \, dx$ を計算しなさい.

6.8 次の広義積分を計算しなさい. ただし a は正定数.

(1) $\displaystyle\int_0^{+\infty} \frac{1}{\sqrt[3]{x}(x+2)} \, dx$ (2) $\displaystyle\int_0^{+\infty} \frac{1}{\sqrt{x}(x+3)^2} \, dx$ (3) $\displaystyle\int_0^{+\infty} \frac{1}{\sqrt[3]{x}(2x+3)^2} \, dx$

(4) $\displaystyle\int_0^{+\infty} \frac{\ln x}{(x^2+a^2)^2}\, dx$ (5) $\displaystyle\int_0^{+\infty} \frac{x^2 \ln x}{(x^2+a^2)^3}\, dx$

6.9 閉曲線 $\Gamma(R,\varepsilon,\delta) = C(R,\tau) + \ell_-(R,\varepsilon,\delta) + \gamma(\varepsilon,\delta) + \ell_+(\varepsilon,\delta)$,

$$C(R,\delta)\colon z = Re^{it},\ t\colon \delta \to 2\pi - \delta, \quad \ell_-(R,\varepsilon,\delta)\colon z = te^{(2\pi-\delta)i},\ t\colon R \to \varepsilon,$$

$$\gamma(\varepsilon,\delta)\colon z = \varepsilon e^{it},\ t\colon 2\pi - \delta \to \delta, \quad \ell_+(R,\varepsilon,\delta)\colon z = te^{\delta i},\ t\colon \varepsilon \to R$$

上で $(-z)^{a-1} f(z)$ を積分し, $R \to +\infty,\ \varepsilon \to +0,\ \delta \to +0$ と極限を取って (6.28) を導きなさい.

6.10 命題 6.8 を証明しなさい. ただし $t \in L_+$ に対して $\mathrm{Log}(-t) = \ln t - \pi i$, $t \in L_-$ に対して $\mathrm{Log}(-t) = \ln t + \pi i$ と解釈する.

6.11 $f(x)$ が命題 6.7 の条件 (1), (2) を満たすとき, 命題 6.7 の証明の積分路 $\Gamma_{\varepsilon,R}$ に沿って $f(z)(\log z)^2$ を積分し, 次の等式を示しなさい. ただし $\{z_1, z_2, \ldots, z_n\}$ は $f(z)$ の上半平面内の極.

$$\int_0^{+\infty} f(x)(\ln x)^2\, dx = -\pi\,\mathrm{Im}\left[\sum_{j=1}^n \mathrm{Res}\{f(z)(\log z)^2, z_j\}\right] + \frac{\pi^2}{2}\int_0^{+\infty} f(x)\, dx$$

6.12 次の積分を計算しなさい. ただし, a, b は正定数.

(1) $\displaystyle\int_0^{+\infty} \frac{\ln x}{x^2 + ax + a^2}\, dx$ (2) $\displaystyle\int_0^{+\infty} \frac{\ln x}{(x+2)^2}\, dx$ (3) $\displaystyle\int_0^{+\infty} \frac{\ln x}{(x+a)^2 + b^2}\, dx$

(4) $\displaystyle\int_0^{+\infty} \frac{(\ln x)^2}{x^2 + a^2}\, dx$ (5) $\displaystyle\int_0^{+\infty} \frac{(\ln x)^2}{(x^2+a^2)(x^2+b^2)}\, dx$

6.13 命題 6.6 証明の積分路 $\Gamma_{\varepsilon,R}$ の $L_\pm$ を $z = 1$ を中心とする半径 δ の半円でう回するように修正した経路を $\Gamma_{\varepsilon,\delta,R}$ とする. $\dfrac{\{\mathrm{Log}(-z)\}^2}{z^2 - 1}$ を $\Gamma_{\varepsilon,\delta,R}$ 上で積分して次の積分の値を求めなさい.

$$\int_0^{+\infty} \frac{\ln x}{x^2 - 1}\, dx.$$

6.14 $f(z) = \frac{1}{z}\mathrm{Log}(1 - z)$ を $|z| = r\ (0 < r < 1)$ 上で積分することにより次の積分 $I(r)$ を計算しなさい.

$$I(r) = \int_0^\pi \ln\left(1 - 2r\cos\theta + r^2\right) d\theta.$$

また $r > 1$ に対する $I(r)$ を求めなさい.

6.15 自然数 $m, n\ (m < n)$ に対して $f(z) = \frac{z^{m-1}}{z^n + 1}$ を扇形 $|z| < R,\ 0 < \arg z < \frac{2\pi}{n}$ の周 Γ_R 上積分することにより, 次の等式を導きなさい.

$$\int_0^{+\infty} \frac{x^{m-1}}{x^n + 1}\, dx = \frac{\pi}{n \sin \frac{m\pi}{n}}.$$

7 等角写像

既に 1.3 節で見たように,複素関数 $w = f(z)$ は z 平面から w 平面への写像を定める.この章では写像としての複素関数の性質に注目する.特に正則関数の等角写像としての性質を調べ,2 次元流体への応用を紹介する.

キーワード

等角写像　ジューコフスキー変換
ジューコフスキー翼

7.1 等角写像

複素数平面上の 2 曲線 C_1, C_2 は点 z_0 で交わり，**なめらか**である．すなわちそれぞれ z_0 で接線を持つとする．2 つの接線のなす角を z_0 における C_1 と C_2 のなす角という．$w = f(z)$ による曲線 C_1, C_2 の像をそれぞれ Γ_1, Γ_2 とし，その交点を $w_0 = f(z_0)$ と置く．w_0 における Γ_1 と Γ_2 のなす角が z_0 における C_1 と C_2 のなす角と向きまで込めて一致するとき，$w = f(z)$ は z_0 において**等角**であるという．

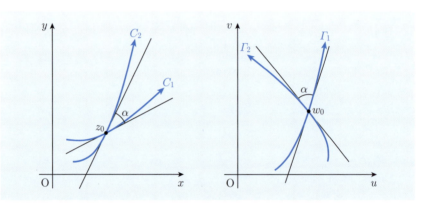

写像 $w = f(z)$ が等角となるための条件を調べる．$z = z(t), a \leq t \leq b$ で与えられる曲線 C はなめらかである，すなわち $z'(t) \neq 0$ とする．C 上の点 $z_0 = z(t_0), a < t_0 < b$ に対して，$z'(t_0)$ は C の z_0 における接線ベクトルで，$\arg z'(t_0)$ は C の接線が z_0 において実軸の正方向となす角を表す．$f(z)$ による C の像を Γ，$w_0 = f(z_0)$ とすれば，Γ は $w = w(t) = f(z(t)), a \leq t \leq b$ と表示できる．$f(z)$ が z_0 で正則ならば

$$w'(t_0) = f'(z(t_0))z'(t_0) = f'(z_0)z'(t_0).$$

もしも $f'(z_0) \neq 0$ ならば $w'(t_0) \neq 0$ だから，Γ も w_0 の近傍でなめらかで

$$\arg w'(t_0) = \arg(f'(z_0)z'(t_0)) = \arg f'(z_0) + \arg z'(t_0) \tag{7.1}$$

が成り立つ．これは，Γ の w_0 における接線が実軸の正方向となす角は C の z_0

における接線が実軸の正方向となす角に $\arg f'(z_0)$ を加えたものになることを意味する．z_0 を通るという条件のもとで曲線を変えてもこの結果は変わらないから，$f'(z_0) \neq 0$ ならば $w = f(z)$ は z_0 で等角となる．

$f'(z_0) = 0$ となる点 z_0 において等角かどうかを調べる．偏角 $\arg f'(z_0)$ を定義できないので等式 (7.1) は成り立たない．

例7.1 $w = f(z) = z^3$ を $z = 0$ で考える．曲線として原点を通る2直線
$$C_1 : z = e^{\pi i/4}t,\ t : -2 \to 2, \quad C_2 : z = e^{3\pi i/4}t,\ t : -2 \to 2$$
を選ぶ．このとき C_1 と C_2 のなす角は $\frac{\pi}{2}$ である．f による像もまた直線で
$$\Gamma_1 = f(C_1) : w = e^{3\pi i/4}t^3,\ t : -2 \to 2,$$
$$\Gamma_2 = f(C_2) : w = e^{9\pi i/4}t^3,\ t : -2 \to 2$$
となる．$w = 0$ での Γ_1 と Γ_2 のなす角は $\frac{3\pi}{2}$ で，元の角の3倍になる． □

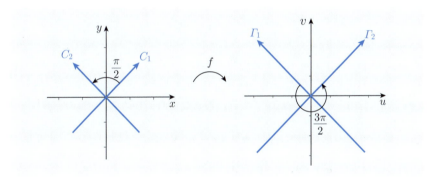

領域 D の任意の点 z で $w = f(z)$ が等角であるとき，$w = f(z)$ は D 上の**等角写像**であるといい，次の結果を得る．

定理 7.1
領域 D 上で正則な関数 $f(z)$ が D の各点で $f'(z) \neq 0$ を満たすならば，$w = f(z)$ は D 上の等角写像になる．

1.3節で紹介した 例1.10 の平行移動：$w = z + \alpha$，例1.11 の相似・回転：

$w = \alpha z \; (\alpha \neq 0)$ は $\mathbb{C}$ 上の等角写像であり，例1.12の反転：$w = \frac{1}{z}$ は $\mathbb{C} \setminus \{0\}$ 上の等角写像である．

条件 $f'(z) \neq 0$ は等角というだけでなく，局所的に $w = f(z)$ が一対一写像であることを意味する．実際に，$f(z) = u(x, y) + iv(x, y) \; (z = x + iy)$, $z_0 = x_0 + iy_0, f(z_0) = w_0 = u_0 + iv_0$ とすれば，$f'(z_0) \neq 0$ により

$$u_x(x_0, y_0)^2 + v_x(x_0, y_0)^2 > 0 \tag{7.2}$$

が成り立つ．複素関数 $w = f(z)$ を xy 平面の点 (x_0, y_0) の近傍から uv 平面の点 (u_0, v_0) の近傍への実変換 $F(x, y) = (u, v)$ とみなして，そのヤコビ行列式 $J(x, y)$ を計算すれば

$$J(x_0, y_0) = \frac{\partial(u, v)}{\partial(x, y)}(x_0, y_0) = \begin{vmatrix} u_x(x_0, y_0) & u_y(x_0, y_0) \\ v_x(x_0, y_0) & v_y(x_0, y_0) \end{vmatrix}$$
$$= u_x(x_0, y_0)v_y(x_0, y_0) - u_y(x_0, y_0)v_x(x_0, y_0)$$

を得る．コーシー-リーマンの関係式 $v_y = u_x, -u_y = v_x$ と不等式 (7.2) から $J(x_0, y_0) = u_x(x_0, y_0)^2 + v_x(x_0, y_0)^2 > 0$ が従う．逆写像定理により，F は 2 点 $(x_0, y_0), (u_0, v_0)$ の近傍間で一対一となり，C^1 級の逆変換 F^{-1} を持つ．$F^{-1}(u, v) = (\varphi(u, v), \psi(u, v))$ と置くとき，逆関数 $z = f^{-1}(w) = \varphi(u, v) + i\psi(u, v)$ が $w = w_0$ で正則になることを確かめる．2 つの等式

$$u\bigl(\varphi(u, v), \psi(u, v)\bigr) = u, \quad v\bigl(\varphi(u, v), \psi(u, v)\bigr) = v \tag{7.3}$$

の両辺を u で偏微分すれば，連鎖律により

$$\begin{cases} u_x \varphi_u + u_y \psi_u = 1, \\ v_x \varphi_u + v_y \psi_u = 0 \end{cases}$$

を得る．これを φ_u, ψ_u に関する連立 1 次方程式と考えてクラメルの公式を適用して解く．係数行列式であるヤコビ行列式 J を用いて

$$\varphi_u = \frac{v_y}{J}, \quad \psi_u = -\frac{v_x}{J} \tag{7.4}$$

となる．また (7.3) を v で偏微分すれば同様にして

7.1 等角写像

$$\varphi_v = -\frac{u_y}{J}, \quad \psi_v = \frac{u_x}{J} \tag{7.5}$$

が従い，(7.4), (7.5) と $f(z)$ の正則性からコーシー-リーマンの関係式 $\varphi_u = \psi_v$, $\varphi_v = -\psi_u$ が導かれる．よって $z = f^{-1}(w)$ は $w = w_0$ で正則となり，(7.4) と $v_y = u_x$ により次のように逆関数の微分法が成り立つ．

$$\frac{d}{dw}f^{-1}(w) = \varphi_u + i\psi_u = \frac{v_y - iv_x}{u_x^2 + v_x^2} = \frac{u_x - iv_x}{u_x^2 + v_x^2} = \frac{1}{u_x + iv_x} = \frac{1}{\dfrac{d}{dz}f(z)}.$$

さて $f'(z_0) \neq 0$ ならば，等角性により z_0 の近傍にある微小な図形 ΔD は近似的に相似な図形 ΔE に移される．このとき相似比はどうなるか．$f(z)$ は z_0 で正則だから

$$\lim_{z \to z_0} \frac{f(z) - f(z_0)}{z - z_0} = f'(z_0)$$

となるが，$\frac{|f(z) - f(z_0)|}{|z - z_0|}$ は $z_0, f(z_0)$ それぞれを端点とする 2 つの微小線分の相似比となる．したがって

$$\lim_{z \to z_0} \left|\frac{f(z) - f(z_0)}{z - z_0}\right| = |f'(z_0)|$$

により，極限における相似比は $|f'(z_0)|$ となる．

既に 例7.1 で見たように $f'(z) = 0$ となる点では等角にはならないが，次の結果が成り立つ．

命題 7.1

点 z_0 で正則な関数 $f(z)$ に対して，z_0 は $f'(z)$ の $(m-1)$ 位のゼロ点とする．このとき z_0 で交わる 2 つの曲線のなす角は写像 $w = f(z)$ により m 倍される．

次の結果は調和関数が等角写像のもとで不変であることを示している．

定理 7.2

$h(x, y)$ は領域 D 上の調和関数であるとし，正則関数 $w = f(z)$ により D は $w = u + iv$ 平面の領域 Ω に一対一かつ等角に移されるとする．$w = f(z)$ の逆関数を $f^{-1}(w) = \varphi(u, v) + i\psi(u, v)$ と書くとき，$H(u, v) = h(\varphi(u, v), \psi(u, v))$ は Ω 上の調和関数である．

第 7 章 等角写像

[証明] 連鎖律により $H_u = h_x \varphi_u + h_y \psi_u$ だからさらにこれを u で偏微分し，h が C^2 級であることを使えば

$$\begin{aligned}H_{uu} &= (h_{xx}\varphi_u + h_{xy}\psi_u)\varphi_u + h_x\varphi_{uu} \\ &\quad + (h_{yx}\varphi_u + h_{yy}\psi_u)\psi_u + h_y\psi_{uu} \\ &= \varphi_u^2 h_{xx} + \psi_u^2 h_{yy} + 2h_{xy}\varphi_u\psi_u + h_x\varphi_{uu} + h_y\psi_{uu}\end{aligned}$$

を得る．同様にして

$$H_{vv} = \varphi_v^2 h_{xx} + \psi_v^2 h_{yy} + 2h_{xy}\varphi_v\psi_v + h_x\varphi_{vv} + h_y\psi_{vv}$$

が成り立つので，2 式を加えて

$$\begin{aligned}H_{uu} + H_{vv} &= (\varphi_u^2 + \varphi_v^2)h_{xx} + (\psi_u^2 + \psi_v^2)h_{yy} + 2h_{xy}(\varphi_u\psi_u + \varphi_v\psi_v) \\ &\quad + h_x(\varphi_{uu} + \varphi_{vv}) + h_y(\psi_{uu} + \psi_{vv})\end{aligned}$$

となる．ここで (7.4), (7.5) から φ, ψ がコーシー-リーマンの関係式 $\psi_v = \varphi_u$, $\psi_u = -\varphi_v$ を満たし，$\varphi_u\psi_u + \varphi_v\psi_v = -\varphi_u\varphi_v + \varphi_v\varphi_u = 0$ が成り立つこと，さらに φ, ψ が調和関数であることを使えば

$$H_{uu} + H_{vv} = (\varphi_u^2 + \varphi_v^2)(h_{xx} + h_{yy}) = 0$$

を得る．ここに最後の等式で h が調和関数であることを用いた．∎

定理 7.2 とポアソンの積分公式 (3.52) を次の定理と合わせれば，$\mathbb{C}$ とは異なる任意の単連結領域 D 上でラプラス方程式のディリクレ境界値問題を解くことができる．

定理 7.3（リーマンの写像定理）

D を複素数平面とは異なる任意の単連結領域，z_0 を D 内の任意の点とする．このとき D を単位円の内部 $\Omega = \{|w| < 1\}$ へ一対一に移す正則関数 $f(z)$ で，$f(z_0) = 0, f'(z_0) > 0$ を満たすものがただ 1 つ存在する．

定理の証明については，L. V. アールフォルス[1, 第 6 章] あるいは辻 [10, 第 13 章] を参照しなさい．

7.2　ジューコフスキー変換

この節では翼理論で重要な役割を演じるジューコフスキー変換を紹介する．正定数 a, b に対して

$$w = f(z) = \frac{b}{2a}\left(z + \frac{a^2}{z}\right) \tag{7.6}$$

を**ジューコフスキー**（Joukowski）**変換**という．

$$f'(z) = \frac{b}{2a}\left(1 - \frac{a^2}{z^2}\right)$$

だから，$z = 0, \pm a$ を除いて等角写像である．まず，この変換が原点中心半径 a の円の外部 $|z| > a$ を複素数平面から実軸上の線分 $[-b, b]$ を除いた領域 $\mathbb{C} \setminus [-b, b]$ へ移すことを確かめる．極形式 $z = re^{i\theta}, r > a$ を使えば

$$\begin{aligned} f(re^{i\theta}) &= \frac{b}{2}\left(\frac{r}{a}e^{i\theta} + \frac{a}{r}e^{-i\theta}\right) = \frac{b}{2}\left\{\left(\frac{r}{a} + \frac{a}{r}\right)\cos\theta + i\left(\frac{r}{a} - \frac{a}{r}\right)\sin\theta\right\} \\ &= b\left\{\cosh\left(\ln\frac{r}{a}\right)\cos\theta + i\sinh\left(\ln\frac{r}{a}\right)\sin\theta\right\} \end{aligned}$$

を得る．$w = u + iv$ と置き，r を固定して θ を消去すれば，u, v は

$$\frac{u^2}{b^2\cosh^2\left(\ln\frac{r}{a}\right)} + \frac{v^2}{b^2\sinh^2\left(\ln\frac{r}{a}\right)} = 1 \tag{7.7}$$

を満たす．すなわち z が円 $|z| = r$ 上を 1 周するとき，w は (7.7) で与えられる楕円を 1 周する．この楕円の焦点は，$\cosh^2 x - \sinh^2 x = 1$ を使って

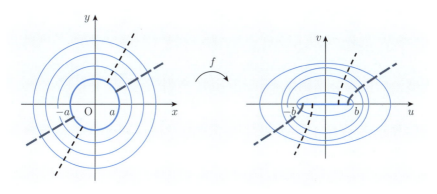

$$z = \pm\sqrt{b^2 \cosh^2\left(\ln\frac{r}{a}\right) - b^2 \sinh^2\left(\ln\frac{r}{a}\right)} = \pm b$$

と，r によらず一定となる．$r \to +\infty$ とすれば楕円 (7.7) の長径，短径は共に無限大になり，$r \to a+0$ とすれば，区間 $[-b, b]$ （ただし二重）に収束する．一方，θ を固定し $\cosh^2 x - \sinh^2 x = 1$ を使って r を消去すれば，u, v は

$$\frac{u^2}{b^2 \cos^2\theta} - \frac{v^2}{b^2 \sin^2\theta} = 1 \tag{7.8}$$

を満たす．すなわち原点を通る直線 $\mathrm{Arg}\, z = \theta$ の $|z| > a$ の部分は (7.8) で与えられる双曲線上に移る（前ページ図の破線部分）．このとき焦点は再び $z = \pm b$ である．円の内部 $|z| < a$ も同様に，変換 (7.6) により同じ領域 $\mathbb{C} \setminus [-b, b]$ へ移される．

原点以外の点を中心とする円 $C : z = (c + id) + re^{it}, t : 0 \to 2\pi$ は

$$u = \frac{b(r\cos t + c)}{2a}\left\{1 + \frac{a^2}{r^2 + c^2 + d^2 + 2r(c\cos t + d\sin t)}\right\},$$
$$v = \frac{b(r\sin t + d)}{2a}\left\{1 - \frac{a^2}{r^2 + c^2 + d^2 + 2r(c\cos t + d\sin t)}\right\}$$

で与えられる曲線 $\Gamma : w = u + iv$ 上に移る．円 C が実軸に中心を持つとき，Γ は実軸に対称な曲線となる．一方で，中心が実軸を離れれば飛行機翼の断面形状の曲線に移る（下図参照，ただし $a = b = 2$ とした）．これらの曲線は**ジューコフスキー翼**と呼ばれている．

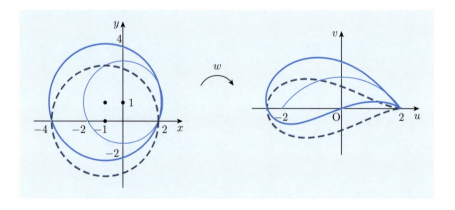

(7.6) の $f(z)$ を複素速度ポテンシャルに持つ流れについて調べる．簡単のために $U = \frac{b}{2a}$ と置く．$|z| \to +\infty$ のとき $f(z)$ は Uz に近づくから，$|z|$ が大きくなれば一様流（2.5 節の 例2.22 参照）に近づく．一方，複素ポテンシャル $\frac{Ua^2}{z}$ を持つ流れは二重湧出しと呼ばれ，あらかじめ調べておく必要があり，次の例で扱うことにする．

例7.2 （二重湧出し） 点 $z = -\varepsilon$ で湧出し，点 $z = \varepsilon$ で吸込む等しい強さ $\mu > 0$ の流れを考える（ 例2.23 参照）．ただし，ε は十分小さな正定数とする．この流れの複素速度ポテンシャルは

$$g(z) = \mu \operatorname{Log}(z + \varepsilon) - \mu \operatorname{Log}(z - \varepsilon)$$

で与えられる．例題 4.2(4) の $\operatorname{Log}(1+z)$ のマクローリン展開を使えば，$|z| > \varepsilon$ において次のようにローラン展開できる．

$$\begin{aligned}
g(z) &= \mu \operatorname{Log}\left(1 + \frac{\varepsilon}{z}\right) - \mu \operatorname{Log}\left(1 - \frac{\varepsilon}{z}\right) \\
&= \mu \left\{ \sum_{n=1}^{\infty} \frac{(-1)^{n-1}}{n} \frac{\varepsilon^n}{z^n} + \sum_{n=1}^{\infty} \frac{1}{n} \frac{\varepsilon^n}{z^n} \right\} \\
&= 2\mu \left\{ \frac{\varepsilon}{z} + \frac{1}{3}\left(\frac{\varepsilon}{z}\right)^3 + \cdots + \frac{1}{2m+1}\left(\frac{\varepsilon}{z}\right)^{2m+1} + \cdots \right\}.
\end{aligned}$$

最後の等式の右辺で $\frac{\varepsilon}{z}$ の 3 次以上の項を十分小さいとして無視すれば，$g(z)$ は $\frac{2\varepsilon\mu}{z}$ で近似できる．ただし ε を十分小さく取ると同時に，μ を必要に応じて十分大きく取る．そこで実定数 c に対して複素速度ポテンシャル

$$f(z) = \frac{c}{z}$$

が定める流れを**二重湧出し**と呼ぶ．流線すなわち $\operatorname{Im} f(z)$ の等高線は右図のようになる． □

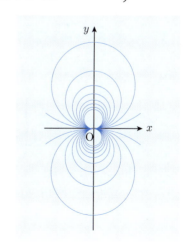

ジューコフスキー変換

$$f(z) = U\left(z + \frac{a^2}{z}\right)$$

が定める流れに戻ろう．一様流 Uz と二重湧き出し $\frac{a^2 U}{z}$ の重ね合わせになっている．$U = \frac{1}{2}$, $a = 2$ の場合の流線は下図のようになる．ジューコフスキー変換 $f(z)$ は半径 a の円の外側 $|z| > a$ を移す変換だから，$f(z)$ は半径 a の円柱を過ぎる一様流を表す複素速度ポテンシャルでもある．

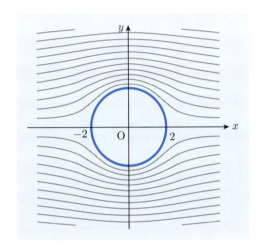

ジューコフスキー翼を過ぎる一様流を表す複素速度ポテンシャルを構成しよう．$U > 0$ として $w = U\left(z + \frac{a^2}{z}\right)$ を z について解く．2次方程式の解だから2価になるが，平方根の主値 $\sqrt{w} = e^{\mathrm{Log}\, w / 2}$ に対して

$$z = g(w) = \begin{cases} \dfrac{w + \sqrt{w^2 - 4a^2 U^2}}{2U}, & \mathrm{Re}\, w \geq 0, \\ \dfrac{w - \sqrt{w^2 - 4a^2 U^2}}{2U}, & \mathrm{Re}\, w < 0 \end{cases}$$

と選ぶ．$\mathrm{Im}\, z_0 > 0$ を満たす z_0 に対して $a_0 = |z_0 - a|$ と置くと，$|z - z_0| > a_0$ を過ぎる一様流を表す複素速度ポテンシャルは

$$f(z) = U\left(z - z_0 + \frac{a_0^2}{z - z_0}\right)$$

だから，合成関数 $\varphi(z) = f(g(z))$ を考えれば，$\varphi(z)$ が求める複素速度ポテン

シャルの1つとなる. $U = \frac{1}{2}$, $a = 2$ のとき, $z_0 = -1$, $z_0 = -1+i$ に対する流線は下のそれぞれ左図, 右図のようになる.

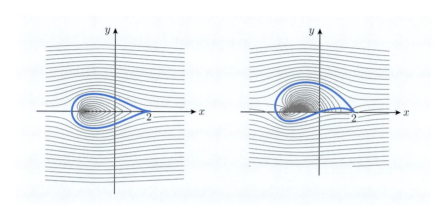

円柱を過ぎる流れで最も一般的なものは (7.6) に渦糸を加えたものである. さらに実軸と θ の角をなす一様流を考えれば, 複素速度ポテンシャルは

$$f(z) = U\left(e^{-i\theta}z + \frac{a^2 e^{i\theta}}{z}\right) + \frac{\kappa}{2\pi i}\operatorname{Log} z$$

で与えられる. これらを含めた流体へのさらに進んだ応用については流体の専門書, 例えば巽[8, 第8章]等を参照しなさい.

7章の演習問題

7.1 命題 7.1 を証明しなさい.

7.2 領域 D 上で正則な任意の関数 $f(z), g(z)$ に対して
$$U(x,y) = \text{Re}\{\overline{z}f(z) + g(z)\}$$
は次の方程式を満たすことを示しなさい. このとき $U(x,y)$ は**重調和関数**と呼ばれる.
$$\Delta^2 U(x,y) = \frac{\partial^4 U(x,y)}{\partial x^4} + 2\frac{\partial^4 U(x,y)}{\partial x^2 \partial y^2} + \frac{\partial^4 U(x,y)}{\partial y^4} = 0.$$

特に D が単連結領域ならば, 任意の重調和関数 $U(x,y)$ は上の形に表すことができることを導きなさい.

参 考 文 献

[1] L. V. アールフォルス，『複素解析』，現代数学社，1982.
[2] 今井　功，『複素解析と流体力学』，日本評論社，1989.
[3] 岩下弘一，『工科のための偏微分方程式』，数理工学社，2017.
[4] W. カプラン，『工科のための複素解析入門』，東京図書，1977.
[5] 岸　正倫，藤本担孝，『複素関数論』，学術図書，1980.
[6] 島田三郎，『詳説演習 関数論』，培風館，1991.
[7] R. A. Silverman, "Complex Analysis with Applications", Dover, 1974.
[8] 巽　友正，『流体力学』，培風館，1982.
[9] R. V. チャーチル，J. W. ブラウン，『複素関数入門』，マグロウヒル出版社，1989.
[10] 辻　正次，『複素函数論』，眞書店，1968.
[11] 樋口禎一，渡邉公夫，『複素解析学の基礎・基本』，牧野書店，1976.
[12] 藤本敦夫，『複素解析学概説（改訂版）』，培風館，1990.
[13] K. マイベルク，P. ファヘンアウア，『工科系の数学 6　関数論』，サイエンス社，1999.
[14] 山本　稔，坂田定久，『複素解析へのアプローチ』，裳華房，1992.

索　引

あ　行

1価関数　16
位数（極）　150
位数（ゼロ点）　153
一致の定理　139
一様収束　122
一様流　72, 197

渦糸　72
渦なし　70
ヴィルティンガー微分　51

オイラーの公式　29
オイラーの微分方程式　60

か　行

開集合　47
回転　17
各点収束　122
カゾラティ-ワイエルシュトラスの定理　154

幾何級数　22, 122
逆フーリエ変換　176
逆離散フーリエ変換　33
境界　47
鏡像　17
共役調和関数　68
共役複素数　4

極　150, 153
極形式　9
虚軸　8
虚部　2

グリーンの定理　82
グルサの定理　107

原始関数　94

コーシー-アダマールの公式　127
コーシーの根号判定法　24
コーシーの主値　176
コーシー積　26
コーシーの積分公式　106
コーシーの積分定理　93
コーシーの評価式　113
コーシー-リーマンの関係式　44
コーシー-リーマンの微分方程式　49, 51, 52
広義一様収束　122
項別積分定理　123
項別微分定理　124
弧長線積分　78
弧長線素　78
孤立特異点　150

さ　行

最大値の原理　112

索　引

実軸　8
実速度ポテンシャル　71
実部　2
ジューコフスキー変換　195
収束円　127
収束する優級数　25, 123
収束半径　127
重調和関数　200
主枝　19, 55, 60
主値　19, 55, 60
主要部（ローラン展開）　150
循環　91
条件収束　23
除去可能な特異点　150
ジョルダン閉曲線　81
ジョルダンの不等式　100
真性特異点　150

吸込み流　72

整関数　47
整級数　126
正弦積分　100
正則　47
正則部分（ローラン展開）　150
正の向き（曲線）　90, 107
積分路　80, 86
接線ベクトル　78
絶対値級数　23, 122
絶対収束　23, 122
絶対値　4

相似　17

た　行

代数学の基本定理　114
多価関数　16
ダランベールの公式　127
ダランベールの判定法　24

単一閉曲線　81
単連結領域　83

調和関数　67
中心　126

テイラー展開　133, 134
ディリクレ核　31

等角　190
等角写像　191
等ポテンシャル線　71
特異点　144
ド・モアブルの公式　12

な　行

なめらか（曲線）　78, 190
二重湧き出し　197

は　行

反転　17
反転公式（フーリエ変換）　176, 177

比較判定法（級数）　25

フーリエ変換　104, 175
複素三角関数　62
複素指数関数　29
複素数平面　8
複素積分　86
複素双曲線関数　61
複素速度　71
複素速度ポテンシャル　71
複素対数関数　55
不定積分　94
フレネル積分　103
分枝　19, 55

閉曲線　81
閉集合　47

ベッセル関数　156
偏角　9
偏角の主値　9

ポアソンの積分公式　115

ま行

マクローリン展開　134

無限多価　55

モレラの定理　111

や行

有理型関数　152

ら行

ラグランジュの三角恒等式　31
ラプラス方程式　67
ランベルト級数　142

リーマンの写像定理　194
リーマンの定理　156

リウヴィルの定理　114
離散フーリエ変換　32
留数　158
留数定理　163
流線　72
流量　91
領域　47

連結　47

ローラン級数　144
ローラン展開　144

わ行

ワイエルシュトラスの二重級数定理　142
ワイエルシュトラスの優級数定理　123
湧出し流　72
湧出し量　91

欧字

n 乗根　12, 19, 59

著者略歴

岩 下 弘 一
(いわ　した　ひろ　かず)

1987年　筑波大学大学院博士課程数学研究科修了　理学博士
現　在　名古屋工業大学大学院工学研究科准教授

主要著書

「入門講義　微分積分」（共著，裳華房，2006）
「工科のための　偏微分方程式」（数理工学社，2017）

工科のための数理 = MKM-8
工科のための **複素解析**

2018 年 5 月 10 日 ⓒ　　　　　　　　　　初　版　発　行

著　者　岩下弘一　　　　　発行者　矢沢和俊
　　　　　　　　　　　　　印刷者　小宮山恒敏

【発行】　　　　株式会社　**数理工学社**
〒151-0051　東京都渋谷区千駄ヶ谷1丁目3番25号
編集☎（03）5474-8661（代）　　サイエンスビル

【発売】　　　　株式会社　**サイエンス社**
〒151-0051　東京都渋谷区千駄ヶ谷1丁目3番25号
営業☎（03）5474-8500（代）　　振替 00170-7-2387
FAX☎（03）5474-8900

印刷・製本　小宮山印刷工業（株）

≪検印省略≫

本書の内容を無断で複写複製することは，著作者および出版者の権利を侵害することがありますので，その場合にはあらかじめ小社あて許諾をお求め下さい。

ISBN978-4-86481-054-8

PRINTED IN JAPAN

サイエンス社・数理工学社の
ホームページのご案内
http://www.saiensu.co.jp
ご意見・ご要望は
suuri@saiensu.co.jp まで．

═━═━═━═━═━ 新・工科系の数学 ═━═━═━═━═━

工科系 線形代数 [新訂版]
　　　筧　三郎著　2色刷・A5・上製・本体1950円

工学基礎
フーリエ解析とその応用 [新訂版]
　　　畑上　到著　2色刷・A5・上製・本体1950円

工学基礎 **ラプラス変換とZ変換**
　　　原島・堀共著　2色刷・A5・上製・本体1900円

工学基礎 **代数系とその応用**
　　　平林隆一著　2色刷・A5・上製・本体2200円

工学基礎 **離散数学とその応用**
　　　徳山　豪著　2色刷・A5・上製・本体1950円

工学基礎 **数値解析とその応用**
　　　久保田光一著　2色刷・A5・上製・本体2250円

工学基礎 **最適化とその応用**
　　　矢部　博著　2色刷・A5・上製・本体2300円

＊表示価格は全て税抜きです．

═━═━ 発行・数理工学社／発売・サイエンス社 ═━═━

━━━━ 工学のための数学 ━━━━

工学のための 線形代数
村山光孝著　2色刷・A5・上製・本体2200円

工学のための データサイエンス入門
－フリーな統計環境Rを用いたデータ解析－
間瀬・神保・鎌倉・金藤共著
2色刷・A5・上製・本体2300円

工学のための 関数解析
山田　功著　2色刷・A5・上製・本体2550円

工学のための フーリエ解析
山下・田中・鷲沢共著　2色刷・A5・上製・本体1900円

工学のための 離散数学
黒澤　馨著　2色刷・A5・上製・本体1850円

工学のための 最適化手法入門
天谷賢治著　2色刷・A5・上製・本体1600円

工学のための 数値計算
長谷川・吉田・細田共著　2色刷・A5・上製・本体2500円

＊表示価格は全て税抜きです．
━━━━ 発行・数理工学社／発売・サイエンス社 ━━━━

======== 工科のための数理 ========

初歩からの 入門数学
吉村・足立共著　2色刷・A5・上製・本体2000円

工科のための 線形代数
吉村善一著　2色刷・A5・上製・本体1850円

工科のための 微分積分
佐伯・山岸共著　2色刷・A5・上製・本体2300円

工科のための 常微分方程式
足立俊明著　2色刷・A5・上製・本体2200円

工科のための 確率・統計
大鑄史男著　2色刷・A5・上製・本体2000円

工科のための 偏微分方程式
岩下弘一著　A5・上製・本体2900円

工科のための 複素解析
岩下弘一著　A5・上製・本体2300円

＊表示価格は全て税抜きです．

======== 発行・数理工学社／発売・サイエンス社 ========